森林病虫害防治

主　编　李艳杰
副主编　宋　微

科学出版社
北京

内 容 简 介

本书分为基本技能和综合应用两个模块。基本技能模块为森林病虫害防治基本技术，包括 3 个项目、7 个任务，各任务由相关知识、实操训练、自测练习等环节组成；综合应用模块为主要森林病虫害防治，包括 4 个项目、8 个任务，各任务均以林业生产中森林病虫害防治典型工作任务为载体，由知识准备、计划制订、任务实施、知识迁移、任务评价、自测练习等环节组成。本书重视理论与实践相结合，注重对学生学习兴趣和综合能力的培养。

本书既可作为高职高专院校、成人高等学校森林病虫害防治、林业有害生物控制技术、森林保护、园林植物病虫害防治等相关课程的教材，也可作为中等职业教育和相关企业培训教材。

图书在版编目（CIP）数据

森林病虫害防治/李艳杰主编. —北京：科学出版社，2023.3
ISBN 978-7-03-073000-8

Ⅰ．①森…　Ⅱ．①李…　Ⅲ．①森林植物-病虫害防治　Ⅳ．①S763

中国版本图书馆 CIP 数据核字（2022）第 156490 号

责任编辑：李　莎　宋　丽 / 责任校对：赵丽杰
责任印制：吕春珉 / 封面设计：东方人华平面设计部

科 学 出 版 社出版
北京东黄城根北街 16 号
邮政编码：100717
http://www.sciencep.com

北京九州迅驰传媒文化有限公司 印刷
科学出版社发行　　各地新华书店经销
*
2023 年 3 月第 一 版　　开本：787×1092　1/16
2023 年 3 月第一次印刷　　印张：18 3/4
字数：441 000

定价：56.00 元
（如有印装质量问题，我社负责调换〈九州迅驰〉）
销售部电话 010-62136230　编辑部电话 010-62138978-2046

本书编写人员

主　编　李艳杰
副主编　宋　微
编　者（按姓氏拼音排序）
　　　　蔡　萍　辽宁生态工程职业学院
　　　　李艳杰　辽宁生态工程职业学院
　　　　刘　莹　辽宁生态工程职业学院
　　　　宋　微　江苏农林职业技术学院
　　　　苏　家　辽宁生态工程职业学院
　　　　苏宏钧　国家林业和草原局生物灾害防控中心
　　　　王艳霞　辽宁生态工程职业学院
　　　　王怡然　辽宁生态工程职业学院

前　　言

控制森林病虫害的发生与危害是农林业生产的主要工作任务之一，也是国家公共危机管理和防灾减灾工程的重要内容。"森林病虫害防治"是高等职业教育林业技术专业的核心课程，多年来肩负着为国家和地方培养从事森林病虫害监测与防治方面高层次技术技能人才的重任。为全面贯彻党的教育方针，落实立德树人根本任务，为适应高等职业教育和森林病虫害防治事业发展的新理念、新技术和新要求，进一步加强职业技能培训效果，提高学生的实际操作水平，由辽宁生态工程职业学院牵头，组织相关院校骨干教师和行业企业技术骨干组成编写团队，进行了本书的编写工作。

本书的编写是在尊重科学、尊重自然规律的前提下，以新形态教材核心要素为设计理念，拆分原有知识体系，依据实际工作岗位对从业人员的专业能力和职业素养的要求，重新梳理和构建教学内容。本书的特色具体体现在以下几个方面。

（1）整体设计。按照学生认知特点和行业发展趋势设计了两个递进式教学模块：基本技能模块和综合应用模块，对应从森林病虫害防治基本技术到森林病虫害综合治理的学习过程。

（2）教学内容选取。在充分调研的基础上，根据实际工作岗位需求进行选取，内容由浅入深、循序渐进。同时，将我国森林病虫害防治工作的新策略、新技术、新方法引入书中，体现了本书的实用性和先进性。

（3）教学组织形式。基本技能模块以相关知识和实操训练为主；综合应用模块以典型工作任务为载体，按照任务驱动、"教、学、做"一体化模式组织项目教学，体现本书以学生为主体，突出技术技能培养的职业教育特色。

（4）学习任务评价。在重点任务学习完成后，设置了多项指标的评价标准，对学生的学习态度、知识、能力和素质实施全面考核，体现本书注重过程培养，促进学生德技并修、全面发展的新理念。

（5）数字资源辅助。编写团队以本书内容为基础，开发制作了数字资源，包括教学设计、教学课件、课程习题、教学图片、微课、动画、虚拟训练等，体现了本书配套资源丰富、教学手段的全面提升。

（6）区域应用特点。根据南北方因气候不同而森林病虫害种类存在差异的特点，本书将各地区具有代表性的森林病虫害种类纳入教学内容中，方便各校教师在教学中选择性使用，体现了本书的适用性和可选择性。

本书由李艳杰担任主编，宋微担任副主编。具体编写分工如下：绪论和任务 1.1 由刘莹编写；任务 1.2 由宋微编写；任务 2.1、任务 2.2 由苏家编写；任务 2.3 由王艳霞编写；任务 3.1、任务 3.2 由王怡然编写；任务 4.1、任务 4.2、任务 5.1、任务 5.2、任务

6.1、任务 6.2 由李艳杰编写；任务 7.1 由蔡萍编写；任务 7.2 由苏宏钧编写。各任务相应的数字资源由相应的编者制作完成。全书由李艳杰统稿。

由于编者专业水平有限，书中难免存在不足之处，望各位读者予以批评指正。另外，本书引用了大量文献资料，在此谨对原创作者表示衷心的感谢。

编　者

目　　录

绪论 ……………………………………………………………………………………………… 1

模块一　基本技能——森林病虫害防治基本技术

项目 1　认识森林病虫害 ……………………………………………………………………… 5

　　任务 1.1　认识林木病害 ………………………………………………………………… 5

　　　　1.1.1　林木病害的相关概念 ………………………………………………………… 6

　　　　1.1.2　林木病害的病原 ……………………………………………………………… 6

　　　　1.1.3　林木病害三要素 ……………………………………………………………… 7

　　　　1.1.4　林木病害的症状 ……………………………………………………………… 7

　　　　1.1.5　各类病原及所致病害 ………………………………………………………… 9

　　　　1.1.6　林木病害的发生过程 ………………………………………………………… 25

　　　　1.1.7　林木病害的侵染循环 ………………………………………………………… 27

　　　　1.1.8　林木病害的流行 ……………………………………………………………… 29

　　　　1.1.9　林木病害的诊断 ……………………………………………………………… 31

　　　　实训一　林木病害症状类型识别 …………………………………………………… 33

　　　　实训二　林木病害病原识别 ………………………………………………………… 36

　　　　自测练习 ……………………………………………………………………………… 38

　　任务 1.2　认识森林昆虫 ………………………………………………………………… 40

　　　　1.2.1　昆虫纲的特征 ………………………………………………………………… 40

　　　　1.2.2　昆虫的外部形态识别 ………………………………………………………… 41

　　　　1.2.3　昆虫主要内部器官系统及与防治的关系 …………………………………… 49

　　　　1.2.4　昆虫的生物学特性 …………………………………………………………… 52

　　　　1.2.5　森林昆虫与环境的关系 ……………………………………………………… 60

　　　　1.2.6　森林昆虫的主要类群 ………………………………………………………… 65

　　　　实训三　昆虫的外部形态识别 ……………………………………………………… 68

　　　　实训四　昆虫主要类群识别（一） ………………………………………………… 71

　　　　实训五　昆虫主要类群识别（二） ………………………………………………… 76

　　　　自测练习 ……………………………………………………………………………… 79

项目 2　森林病虫害防治原理分析与方法选择 ……………………………………………… 83

　　任务 2.1　森林病虫害防治原理与措施 ………………………………………………… 83

　　　　2.1.1　森林植物检疫 ………………………………………………………………… 85

2.1.2　林业技术防治 ……………………………………………………………… 89
　　　2.1.3　生物防治 ……………………………………………………………………… 91
　　　2.1.4　物理机械防治 ………………………………………………………………… 95
　　　2.1.5　化学防治 ……………………………………………………………………… 97
　　　自测练习 …………………………………………………………………………… 97

　　任务 2.2　林业防治药剂药械的使用与维护 …………………………………………… 98
　　　2.2.1　农药的分类 …………………………………………………………………… 99
　　　2.2.2　农药的加工剂型 ……………………………………………………………… 100
　　　2.2.3　农药产品标签识别 …………………………………………………………… 101
　　　2.2.4　化学农药的稀释计算 ………………………………………………………… 102
　　　2.2.5　农药的施用方法 ……………………………………………………………… 103
　　　2.2.6　农药的合理使用 ……………………………………………………………… 107
　　　2.2.7　农药的安全使用 ……………………………………………………………… 108
　　　2.2.8　常用的林业防治药械 ………………………………………………………… 109
　　　实训六　常用化学农药的识别 …………………………………………………… 111
　　　实训七　林业常用药剂配制与质量检测 ………………………………………… 115
　　　实训八　林业常用防治药械使用与保养 ………………………………………… 118
　　　自测练习 …………………………………………………………………………… 122

　　任务 2.3　飞机防治病虫害作业 ………………………………………………………… 123
　　　2.3.1　飞机防治的特点 ……………………………………………………………… 124
　　　2.3.2　飞机防治的原则 ……………………………………………………………… 124
　　　2.3.3　飞机防治的常用机型 ………………………………………………………… 124
　　　2.3.4　飞机施药设备 ………………………………………………………………… 125
　　　2.3.5　飞机防治的农药种类与剂型 ………………………………………………… 125
　　　2.3.6　飞机防治作业的基本条件 …………………………………………………… 126
　　　实训九　飞机防治林业病虫害作业 ……………………………………………… 127
　　　自测练习 …………………………………………………………………………… 131

项目 3　森林病虫害调查与监测预报 ……………………………………………………… 132

　　任务 3.1　森林病虫害一般性调查 ……………………………………………………… 132
　　　3.1.1　一般性调查的类型 …………………………………………………………… 132
　　　3.1.2　一般性调查的工作流程与内容 ……………………………………………… 133
　　　3.1.3　森林病虫害调查的方法 ……………………………………………………… 135
　　　实训十　林木病虫标本采集与制作 ……………………………………………… 140
　　　自测练习 …………………………………………………………………………… 147

　　任务 3.2　森林病虫害监测预报 ………………………………………………………… 147
　　　3.2.1　森林病虫害监测预报的概念、内容及形式 ………………………………… 148

　　3.2.2　森林病虫害监测预报的工作流程与内容 ························ 149
　　3.2.3　预测预报的基本方法 ··· 151
　　自测练习 ··· 154

模块二　综合应用——主要森林病虫害防治

项目4　林木根茎病虫害防治 ··· 157
　任务4.1　林木根茎病害调查与防治 ······································ 158
　　4.1.1　苗木立枯病调查与防治（任务载体）···························· 158
　　4.1.2　其他苗木病害防治 ·· 164
　　自测练习 ·· 167
　任务4.2　林木根茎害虫调查与防治 ······································ 168
　　4.2.1　金龟子类地下害虫调查与防治（任务载体）···················· 169
　　4.2.2　其他地下害虫防治 ·· 173
　　自测练习 ·· 181

项目5　林木枝干病虫害防治 ··· 185
　任务5.1　林木枝干病害调查与防治 ······································ 186
　　5.1.1　杨树烂皮病调查与防治（任务载体一）························· 186
　　5.1.2　松材线虫病调查与防治（任务载体二）························· 191
　　5.1.3　其他枝干病害及防治 ·· 198
　　自测练习 ·· 206
　任务5.2　林木枝干害虫调查与防治 ······································ 206
　　5.2.1　杨树天牛调查与防治（任务载体一）··························· 207
　　5.2.2　松突圆蚧调查与防治（任务载体二）··························· 214
　　5.2.3　其他枝干害虫及防治 ·· 219
　　自测练习 ·· 227

项目6　林木叶部病虫害防治 ··· 229
　任务6.1　林木叶部病害调查与防治 ······································ 230
　　6.1.1　杉木炭疽病调查与防治（任务载体一）························· 230
　　6.1.2　青杨叶锈病调查与防治（任务载体二）························· 236
　　6.1.3　其他叶部病害防治 ·· 240
　　自测练习 ·· 246
　任务6.2　林木叶部害虫调查与防治 ······································ 247
　　6.2.1　松毛虫调查与防治（任务载体一）····························· 247
　　6.2.2　美国白蛾调查与防治（任务载体二）··························· 257
　　6.2.3　其他食叶害虫及防治 ·· 262

自测练习 ·· 270

项目 7　林木种实病虫害防治 ································· 272

　　任务 7.1　林木种实病害调查与防治 ······················ 273
　　　　7.1.1　种实霉烂病调查与防治（任务载体）··········· 273
　　　　7.1.2　其他种实病害调查与防治 ····················· 276
　　　　自测练习 ·· 278
　　任务 7.2　林木种实害虫调查与防治 ······················ 278
　　　　7.2.1　落叶松球果花蝇调查与防治（任务载体）······· 279
　　　　7.2.2　其他种实害虫调查与防治 ····················· 282
　　　　自测练习 ·· 286

参考文献 ·· 288

绪　　论

森林病虫造成的灾害是林业发展和生态建设的重要制约因素，不仅具有严重的危害性和毁灭性，还具有生物灾害的特殊性和治理上的长期性、艰巨性。第三次全国林业有害生物普查（2014～2017 年），以危害为导向，对造成一定危害的病虫害进行了较为全面的调查，记载昆虫类有害生物 9 目 212 科 5030 种，发生面积 1142.82 万 hm^2，占林业有害生物发生总面积的 60.23%。其中：鳞翅目 41 种，如美国白蛾、春尺蠖、马尾松毛虫、落叶松毛虫、云南松毛虫、黄褐天幕毛虫、舞毒蛾、刚竹毒蛾、微红梢斑螟、杨小舟蛾等；鞘翅目 31 种，如松褐天牛、栗山天牛、青杨楔天牛、光肩星天牛、星天牛、榆紫叶甲、纵坑切梢小蠹、红脂大小蠹、铜绿异丽金龟等；半翅目 19 种，如松突圆蚧、日本松干蚧、枣大球蚧等。这 3 个目的害虫约占害虫总数的 92%，是造成虫害和虫灾的主要类群，是当前和今后一个时期防控工作的重点。记载病原微生物 772 种，发生面积 2700.74 万 hm^2，占林业有害生物发生总面积的 12.01%，如杉木炭疽病、青杨叶锈病、杨黑斑病、杨树烂皮病、松赤枯病、松落针病等。2020 年，全国主要林业有害生物持续高发频发、偏重发生，全年发生面积 1278.44 万 hm^2，为近 10 年来发生面积最大的一年，同比上升 3.37%。其中，虫害发生面积 790.62hm^2，同比下降 2.56%；病害发生面积 295.14 万 hm^2，同比上升 28.61%。

1. 我国森林病虫害的发生特点

由于不同纬度、不同区域林木生长及分布种类差异较大，导致林木病虫害种类、分布、种群优势及危害程度等也存在较大差异，发生和危害情况复杂。林木病虫害的发生呈现出以下特点：①常发性林木虫害发生面积居高不下，总体呈上升趋势；②偶发性林木虫害大面积爆发，损失严重；③危险性和外来检疫性病原及害虫不断出现，扩散蔓延迅速并爆发成灾；④多种次要性病虫害在一些地区上升为主要病虫害，致使造成危害的种类增加。另外，外来有害生物不断入侵，检疫性病虫危害持续猖獗。经过多年努力，全国森林病虫害防治工作发展迅速，但仍存在着基础设施薄弱、防治环境复杂、防治施工困难、防治手段落后及科技含量低等问题。随着全球经济贸易增多、物流更加便捷和频繁等因素的影响，森林病虫害对森林生态安全依然构成严重威胁，特别是重大检疫性病虫害还未得到彻底遏制，防治形势严峻、任务艰巨。

2. 本课程的性质与任务

"森林病虫害防治"是高职院校涉林专业的一门核心专业课程，学习中以基本技能模块为基础，在学生认识林木病虫害，掌握森林病虫害防治原理与方法选择，以及森林病虫害调查与监测预报等各项基本技能后，进入综合应用模块训练，通过林木根茎病虫害防治、林木枝干病虫害防治、林木叶部病虫害防治、林木种实病虫害防治 4 个项目的学习，全面提升学生森林病虫害防治理论水平与实践能力。

本课程融入林业其他技术，需要学生掌握相关基础知识，如树木学、森林植物学等知识能够使学生正确识别危害或寄主名称，森林环境学知识能够使学生分析病虫害发生与环境的相互关系，加深对病虫害发生规律的理解，运用合理的防治技术，制定切实可行的防治方案或防治历，取得较好的防治成效。

3. 本课程的学习方法

"森林病虫害防治"是一门实践性、时间性及理论性较强的课程，为了真正学好本课程，学生应明确学习目的，热爱林业事业，建立保护森林生态安全的意识，了解我国林业发展现状和林业在环境保护中的主体地位，立志在林业行业中施展自己的才华，担负起新时代赋予林业专业人才的职责使命。在学习过程中，要通过观察、反复比较，正确识别常见林木害虫、病原物、林业害鼠、害兔的种类；要结合相关林业知识，善于归纳总结，分析森林病虫害的发生和变化规律；要勇于实践，将理论与实践相结合，在实践中总结经验，从容面对复杂的森林病虫害，制定好防治方案；要注重培养生态环境保护意识，尊重自然、爱护自然，保护良好的生态环境和生物多样性，采用综合的防治方法，合理规范选用化学农药，做到对环境最大限度的保护。只有做到以上这些方面，才能取得良好的学习效果，成为德品兼修的森林病虫害防治和管理人才。

模块一

基本技能——森林病虫害防治基本技术

📖 模块概述

本模块主要讲解森林病虫害防治基本技术,内容包括认识林木病害、认识森林昆虫、森林病虫害防治方法选择、防治药剂药械使用、飞机防治病虫害作业、森林病虫害一般性调查和森林病虫害监测预报等。建议在教学中,以多媒体教室、森林病虫害防治实训室及实训基地为依托,开展相关知识、实操训练、自测练习等环节的学习,从而帮助学生快速掌握上述基础知识和基本技术,为综合应用模块的学习奠定基础。

项目 1　认识森林病虫害

○　知识目标

* 具备林木病害基本概念、症状类型、病原及侵染循环的基本知识。
* 具备诊断林木病害的基本常识与基本知识。
* 具备昆虫外部形态识别与生物学特性的基本知识。
* 具备昆虫分类学及生态学的基本知识。

○　能力目标

* 认识林木病害，能识别林木病害的症状类型，会区分病状与病征。
* 能对林间发生的生理病害和侵染性病害进行诊断。
* 认识森林昆虫，会识别昆虫外部形态特征。
* 能识别森林昆虫的主要类群，会编制和使用昆虫检索表。
* 会利用昆虫的生物学和生态学特性分析害虫的发生规律。

○　素质目标

* 培养学生树立以森林资源保护、维护生态安全为己任的强烈责任感。
* 培养学生运用基础知识与技能勇于探索和积极创新的工作意识。
* 培养学生在实践训练中的沟通协调和团结协作的精神。
* 培养学生运用辩证方法分析和解决问题的能力。

任务 1.1　认识林木病害

在长期的进化过程中，植物进化出一整套适应环境的生存策略，形成抵御外界不良因子侵袭的防护系统和自身内部相对于环境变化而进行调节的机制。只有当防护系统被击破或内部调节机制受到干扰时，病害才可能发生。林木病害是植物病害的一个组成部分，认识林木病害一方面从理论上对林木病害发生的原因和发展规律等方面进行理解，另一方面在实践上预防、减轻和控制各种不利因素对林木造成的危害，保护它们正常生长发育。

相 关 知 识

1.1.1 林木病害的相关概念

1. 林木病害和病变

在林木生长发育过程中，如果外界条件不适宜或遭受病原有害生物的侵染，林木就会在生理上、组织上、形态上发生一系列反常的病理变化，导致林产品的产量降低、质量变劣，甚至导致局部或整株死亡，造成经济损失或影响生态平衡，这种现象称为林木病害。例如，杨树腐烂病常引起杨树主干和枝条皮层腐烂，甚至全株死亡；杉木黄化病会引起杉木叶片发黄，生长缓慢，严重时也会造成死亡。

林木病害的发生有一定的病理变化过程，简称病变。

2. 林木损害

林木由于虫咬、机械伤害，以及雹害、风害等在短时间内受到外界因素袭击造成的损害，受害林木在生理上没有发生病理变化过程，不能称为病害，而称为损害。

3. 林木病害和林木损害的区别

林木损害和林木病害是两个不同的概念，不能等同视之。在实际情况中，二者又有着紧密的联系。林木损害可以削弱植物的生长活力，降低它们对病害的抗性；其造成的伤口还可为一些微生物提供入侵的通道，成为病害发生的开端。有的环境因素既能对林木植物造成损害，也能造成病害。例如，高浓度有毒气体的集中排放，往往造成植物叶片的急性损害，而低浓度有毒气体的缓慢释放，对植物的影响则是慢性的，引起病害，而且还不能从浓度、时间等方面明确区分二者。在实践中，有时还需要根据具体的情况来区别和判断林木病害和林木损害。因此，研究和治理林木病害，同样不能忽视林木损害。

4. 病变的不同形式

林木的病变，首先表现在生理功能上，如呼吸作用和蒸腾作用加强，同化作用降低，酶活性改变，以及水分、养分吸收与运输失常等，称为生理病变；其次是内部组织的变化，如叶绿体减少或增加，细胞体积和数目增减或细胞坏死，细胞壁加厚等，称为组织病变；最后导致外形变化，如叶斑、枯梢、根腐、畸形等，称为形态病变。生理病变是组织病变和形态病变的基础，组织病变和形态病变又进一步扰乱了林木正常的生理程序，互相影响的结果是使病变逐渐加深。

1.1.2 林木病害的病原

病原又称为病原物，也可称为病原生物或病原体，是导致林木发生病变的原因之一，病原一般分为两类，即生物性病原（侵染性病原）和非生物性病原（非侵染性病原）。

（1）生物性病原，是指引起林木病害的病原生物，主要有真菌、细菌、病毒、植原体、类病毒、寄生性种子植物、线虫和螨类等。病原物属菌类的称为病原菌。这类由生物因子引起的植物病害能相互侵染，有侵染过程，称为侵染性病害或传染性病害，也称寄生性病害。

（2）非生物性病原，是指不适宜林木生长发病的环境条件。例如，温度过高引起灼伤；低温引起冻害；土壤水分不足引起枯萎；排水不良、积水造成根系腐烂，直至植株枯死；营养元素不足引起缺素症；空气和土壤中的有害化学物质及农药使用不当引起药害等。这类非生物因子引起的病害，不能互相侵染，没有侵染过程，称为非侵染性病害或非传染性病害，也称生理性病害。

1.1.3　林木病害三要素

林木病害的发生必须具备三要素：病原物、寄主、适宜的环境条件。

病原物是指能引起林木病害的病原生物；受病原物侵染的林木称为寄主。病原物与寄主双方既有亲和力，又具有对抗性，病原物要夺取寄主的养料进行生活，寄主常产生自卫反应，抑制病原物的扩展，两者构成一个有机的寄主-病原物体系。

林木病害的进展快慢除取决于寄主、病原物外，环境条件也起重要的作用。当环境条件有利于林木生长而不利于病原物生长时，病害就难以发生和发展；相反，林木病害就容易发生，林木受害严重。因此，林木病害是病原物、寄主、环境条件三要素共同作用的结果。在生产上，选育抗病品种，研究营林措施等对预防林木病害有着同等重要的意义。

1.1.4　林木病害的症状

林木感病后发病的顺序，首先是生理病变，继而是组织病变，最后是形态病变。

发病林木经过一定的病理程序，最后表现出的病态特征，称为病害的症状。对某些侵染性病原引起的病害来说，病害症状包括寄主的病变特征和病原物在寄主发病部位上产生的营养体和繁殖体两方面的特征。发病林木在外部形态上发生的病变特征，称为病状；病原物在寄主发病部位上产生的繁殖体和营养体等结构，称为病征。所有的林木病害都有病状，但并非都有病征。病害的病原不同，对林木的影响也各不相同，因此林木的症状也千差万别，有的是病征显著，有的是病状显著。

1.　病状

病状是寄主感病后，其本身所表现出的不正常状态，大致可归纳为以下几种类型。

（1）变色（观察杨树花叶病毒病、栀子黄化病等标本）。林木病部细胞内叶绿素的形成受到抑制或被破坏，其他色素形成过多，从而表现出不正常的颜色。常见的有褪绿、黄化、白化、花叶及红化等。叶片因叶绿素均匀减少变为淡绿色或黄绿色称为褪绿；叶绿素形成受抑制或被破坏，使整叶均匀发黄称为黄化，另外，植物营养贫乏或失调也可以引起黄化；植物因各种原因丧失叶绿素会使整叶发白，称为白化；叶片局部细胞的叶绿素减少使叶片绿色浓淡不均，呈现黄绿相间或浓绿与浅绿相间的斑驳（有时还使叶片凹凸不平）称为花叶，花叶是林木病毒病的重要病状；叶绿素消失后，花青素形成过剩，叶片变紫或变红称为红化。

（2）坏死（观察杨树褐斑病、杨树灰斑病、柿树角斑病、苹果轮纹病等标本，仔细观察其形状、颜色，以及病斑上是否有霉点、小黑点等出现）。林木病部细胞和组织死亡，但不解体的称为坏死，常表现为斑点、叶枯、溃疡、枯梢、疮痂、立枯和猝倒等。斑点是最常见的病状，主要发生在茎、叶、果实等器官上。根据颜色的不同，斑点一般分为褐斑、黑斑、灰斑、白斑、黄斑、紫斑、红斑和锈斑等；根据斑点形状的不同，可分为圆斑、角斑、条斑、环斑、轮纹斑和不规则斑等。

（3）腐烂（观察松树烂皮病、杨树溃疡病、桃树腐烂病、银杏茎腐病等标本）。发病组织的细胞坏死并解体，原生质被破坏以致组织溃烂称为腐烂，如根腐、茎腐、果腐、块腐和块根腐烂等。根据发病组织的质地不同，有湿腐（软腐）、干腐之分。

（4）枯萎（观察榆树枯萎病、松材线虫枯萎病等标本）。根部和茎部的腐烂都能引起枯萎，其中，典型的枯萎是指植物茎部或根部的维管束组织受害后，大量菌体或病菌分泌的毒素堵塞或破坏导管，使水分运输受阻而引起植物凋萎枯死的现象。

（5）畸形（观察杨树根癌病、泡桐丛枝病、桃缩叶病、松瘤锈病等标本）。林木受病原物侵染后，引起植株局部器官的细胞数目增多，生长过度或受抑制而引起畸形。常见的畸形包括徒长、矮缩、丛枝、瘤肿。病株生长比健株细长称为徒长；植株节间缩短，分蘖增多，病株比健株矮小称为矮缩；植株节短枝多，叶片变小称为丛枝；根茎或叶片形成突出的增生组织称为瘤肿。

（6）流胶或流脂（观察桃树流胶病、针叶树流脂病等标本）。感病植物细胞分解为树脂或树胶自树皮流出，常称之为流脂病或流胶病。该类病的病原复杂，有生理性因素，又有侵染性因素，或是两类因素综合作用的结果。

2. 病征

病征是指病原物在植物病部表面的特征，是鉴定病原和诊断病害的重要依据之一。病征往往在病害发展过程中的某一阶段才出现，有些病害不表现病征，如生理性病害。病征主要有下列 6 种类型。

（1）霉状物（观察霜霉、青霉、黑霉、赤霉、绿霉等标本）。病原真菌感染植物后，其营养体和繁殖体在病部产生各种颜色的霉层。

（2）絮状物（观察紫纹羽病标本）。病部产生大量疏松的棉絮状物或蛛网状物。

（3）粉状物（观察黄栌白粉病标本）。病部产生各种颜色的粉状物。

（4）锈状物（观察苹果锈病标本）。病部表面形成多个疱状物，破裂后散出白色或铁锈色粉状物。

（5）点粒状物（观察柑橘炭疽病标本）。病部产生黑色点状或粒状物，半埋或全埋在组织表皮下，不易与组织分离；也有全部暴露在病部表面的，易从病组织上脱落。

（6）脓胶状物（观察桃细菌性穿孔病标本）。病部溢出含细菌的脓状黏液，即菌脓，干后成黄褐色胶粒或菌膜。

1.1.5　各类病原及所致病害

1. 非生物性病原及所致病害

非生物性病原是指一切不利于作物正常生长发育的气候、环境、营养、有害物等因素。非生物性病原引起的林木病害是不能相互传染的，因此，被称为非传染性病害或非侵染性病害，也称为生理性病害。

1）气候不适

气候不适是指温度、水分、光照、风等气候不适宜林木生长。①高温容易造成灼伤，如树皮的溃疡和皮焦、叶片上产生的白斑和灼环等。林木的日灼常发生在树干的南面或西南面。日灼造成的伤口有利于蛀干害虫和枝干病害病原的侵入。低温主要是引起林木发生冻害和冷害。低于10℃的冷害常造成植物变色、坏死和表面斑点，出现芽枯、顶枯；0℃以下的低温所造成的冻害，使幼芽或嫩叶出现水渍状暗褐斑，之后组织逐渐死亡。霜冻、冻拔是常见的低温冻害。②土壤水分过多，植物根部窒息，导致根变色或腐烂，地上部叶片变黄、落叶、落花；水分过少，引起植物旱害，植物叶片萎蔫下垂，叶间、叶缘、叶脉间或嫩梢发黄枯死，造成早期落叶、落花、落果，严重时植株凋萎，甚至枯死。③光照不足，导致植株徒长、黄化，结构脆弱，易倒伏；光照过强，一般伴随高温、干旱，引起日灼、叶烧和焦枯。④高温季节的强风加大蒸腾作用，导致植株水分失调，严重时导致萎蔫，甚至枯死。

2）环境污染

环境污染主要是指空气污染，还有水源污染、土壤污染等。空气污染主要来源是化工废气，如硫化物、氟化物、氯化物等，引起植物斑驳、褪绿、矮化、枯黄、"银叶"、叶色红褐或黄褐、叶缘焦枯、小叶扭曲、早衰、提早落叶等。

3）营养失调

营养失调包括营养缺乏和营养过剩。①营养缺乏包括缺氮、缺磷、缺钾、缺钙、缺镁、缺硫、缺铁、缺锰、缺锌等。表现为老叶叶脉发黄、早衰，幼叶黄化、顶枯，叶色褪绿或变色，生长迟缓，植株矮小，叶片出现斑点或皱缩、簇生，根系不发达等。②营养过剩会导致对林木的毒害，如钠和镁过量导致的碱伤害，使植株吸水困难；硼和锌过量导致植株褪绿、矮化、叶枯等。

4）林木药害

林木药害是指化学农药或激素使用不当对林木引起的伤害。发生林木药害时，林木表现出穿孔、斑点、焦灼、枯萎、黄化、畸形、落叶、落花、落果、基部肥大、生长迟缓等症状。

2. 生物性病原及所致病害

1）真菌

真菌在自然界分布极为广泛，是一类庞大的生物类群。目前，世界上已描述的真菌有 1 万余属 12 万余种。大多数真菌是腐生的，少数真菌可以寄生在人类、动物或植物体上引起病害。

（1）真菌的一般性状。真菌在自然界分布很广，在空气、水、土壤中都有存在。有些真菌对人类是有益的，有些是有害的。在林业上，80%以上的林木病害是由真菌引起的。

真菌没有根、茎、叶的分化，不含叶绿素，不能进行光合作用，也没有维管束组织。真菌有细胞壁和真正的细胞核，细胞壁由几丁质和半纤维素构成，所需营养物质全靠其他生物有机体供给，营异养生活，典型的繁殖方式是产生各种类型的孢子。

真菌的个体发育分为营养阶段和繁殖阶段，即真菌先经过一定时期的营养生长，然后形成各种复杂的繁殖结构，产生孢子。

（2）真菌营养体。真菌进行营养生长的菌体，称为营养体。典型的营养体为纤细多枝的丝状体。单根细丝称为菌丝，菌丝可不断生长分枝，许多菌丝集聚在一起，称为菌丝体。菌丝通常呈管状，直径 5～6μm，管壁无色透明。有些真菌的细胞质中含有各种色素，因此菌丝体表现出不同的颜色，尤其是老龄菌丝体。高等真菌的菌丝有隔膜，称为有隔菌丝。隔膜将菌丝分成多个细胞，其上有微孔，细胞间的原生质和养分能够流通。每个菌丝细胞有 1～2 个或几个细胞核。低等真菌的菌丝一般无隔膜，称为无隔菌丝，其菌体是 1 个多核的大细胞，但当它形成繁殖器官、受到损伤或营养不足时，也可产生隔膜，这种隔膜上没有微孔（图 1-1）。有些真菌的营养体为卵圆形的单细胞，如酵母菌。

1. 无隔菌丝；2. 有隔菌丝。

图1-1　真菌的营养菌丝（仿北京林业大学）

真菌的孢子萌发产生芽管，芽管继续生长形成菌丝。菌丝的顶端部分向前生长，它的每一部分都具有生长能力。菌丝的正常功能是摄取养分，并不断生长发育。寄生在林木上的真菌以菌丝从林木组织的细胞间或细胞内吸收营养物质。多数专性寄生菌（如白粉菌、锈菌、霜霉菌等），能以菌丝上形成的特殊吸收器官——吸器，伸入寄主细胞内吸收养分。吸器的形状有瘤状、分枝状、掌状等（图1-2）。有些真菌可以形成根状分枝，称为假根。假根使真菌的营养体固着在基物上，并吸取营养。

图1-2　真菌的3种吸器类型（仿北京林业大学）

　　有些真菌的菌丝在一定条件下发生变态，交织成各种形状的特殊结构，如菌核、菌索、菌膜和子座等。它们对于真菌的繁殖、传播，以及增强对环境的抵抗力有很大作用。

　　（3）真菌繁殖体。真菌在生长发育过程中，经过营养生长阶段后，即进入繁殖阶段，形成各种繁殖体。真菌繁殖的基本单位是孢子，其功能相当于高等植物的种子。任何产生孢子的组织或结构统称为子实体，其功能相当于高等植物的果实。子实体和孢子形式多样，其形态是真菌分类的重要依据之一。

　　真菌的繁殖方式分无性繁殖和有性繁殖两种，无性繁殖产生无性孢子，有性繁殖产生有性孢子。①真菌的无性繁殖，是指不经过两性配合过程直接由菌丝分化形成孢子的繁殖方式，所产生的孢子类型有游动孢子、孢囊孢子、分生孢子、芽孢子、厚垣孢子。无性孢子在1个生长季节中，可以重复产生、重复侵染，为再侵染来源，但其对不良环境的抵抗力很弱。②真菌的有性繁殖，是指通过两性细胞或两性器官的结合而产生孢子的繁殖方式。性细胞称为配子，产生配子的母细胞称为配子囊。真菌的有性繁殖是配子或配子囊相结合。有性孢子形成的过程分为质配、核配和减数分裂3个阶段，所产生的孢子类型有接合子、卵孢子、接合孢子、子囊孢子、担孢子。低等真菌质配后随即进行核配，因此双核阶段很短；高等真菌质配后经过较长时间才进行核配，双核阶段较长。

真菌从孢子萌发开始，经过一定的营养生长和繁殖阶段，最后又产生同一种孢子的过程，称为真菌的生活史或发育循环。典型的真菌生活史包括无性阶段和有性阶段（图1-3）。

图1-3　真菌生活史

真菌的有性孢子在适宜的条件下萌芽，产生芽管，伸长后发育成菌丝体，在寄主细胞间或细胞内吸取养分，生长蔓延，经过一定的营养生长后，产生无性繁殖器官，并生成无性孢子飞散传播，无性孢子再萌发，又形成新的菌丝体，并扩展繁殖，这就是无性阶段。当环境条件不适宜或是真菌生长后期，则进行有性繁殖。从菌丝体上产生配子囊或配子，经质配进入双核阶段，再经核配形成双倍体的细胞核，又经过减数分裂形成含有单倍体细胞核的有性孢子，这就是有性阶段。有性孢子1年只发生1次，数量较少，常是休眠孢子，经过越冬或越夏后，次年再行萌发，成为初次侵染的来源。也有一些真菌能以菌核、厚垣孢子的形态越冬。

1种真菌的生活史只在1种寄主上完成的寄生方式，称为单主寄生；同1种真菌需在2种以上的寄主上才能完成生活史的寄生方式，称为转主寄生，前一个寄生的植物称为寄主，后一个寄生的植物称为转主寄主。

有些真菌的生活史只有无性繁殖阶段，或极少进行有性繁殖，如泡桐炭疽病菌；有些以有性繁殖为主，如落叶松癌肿病菌；有些以菌丝体为主，不产生或很少产生孢子，如丝核菌；还有的真菌能产生几种不同类型的孢子，如锈菌。

综上所述，真菌的生活史是真菌的个体发育和系统发育的过程。研究真菌的生活史，在林木病害防治中有着重要的意义。

（4）真菌的主要类群及致病特点。

① 真菌的分类。真菌的分类单位包括界（kingdom）、门（phylum）、纲（class）、目（order）、科（family）、属（genus）、种（species），必要时在两个分类单位之间还可以再加一级，如亚门（subphylum）、亚种（subspecies）等。界以下、属以上的分类单位都有固定的词尾，如门（-mycota）、纲（-mycetes）、目（-ales）、科（-aceae）。

以禾柄锈菌为例，说明其分类地位：

真菌界（Fungi）

    担子菌门（Basidiomycota）

        冬孢菌纲（Teliomycetes）

            锈菌目（Uredinales）

                柄锈菌科（Puccaceae）

                    柄锈菌属（*Puccinia*）

                        禾柄锈菌（*Puccinia graminis* Pers.）

真菌分类一般是根据真菌的形态学、细胞学特性及个体发育和系统发育的资料，采取自然系统分类法，其中，有性生殖和有性孢子的形态特征是重要的依据。随着科学技术的发展，特别是近年来分子生物学技术，如核酸杂交、氨基酸序列测定等的应用，将曾经分归为菌物的有机体划分在 3 个不同的类群中，包括真菌界、假菌界和原生生物界。与森林植物病害相关的病原真菌就归属在这 3 个不同的类群中。

假菌界（Chromista）

    卵菌门（Oomycota）

    丝壶菌门（Hyphochytriomycota）

    网黏菌门（Labyrinthu lomycota）

原生生物界（Protoctists）

    根肿菌门（Plasmodiophoromycota）

    网柱黏菌门（Dictyosteliomycota）

    集胞黏菌门（Acrasiomycota）

    黏菌门（Myxomycota）

真菌界（Fungi）

    壶菌门（Chytridiomycota）

    接合菌门（Zygomycota）

    子囊菌门（Ascomycota）

    担子菌门（Basidiomycota）

    半知菌门（Deuteromycota）

真菌的分类阶元与高等植物相同，种是真菌最基本的分类单位。

② 真菌的命名。采用国际通用的双名法，前 1 个名称是属名（第 1 个字母要大写），后 1 个名称是种名，种名之后加定名人的姓氏（可以缩写），如有更改学名者，最初的定名人应加括号表示。

国际命名原则中规定 1 种真菌只能有 1 个名称，如果 1 种真菌的生活史中包括有性阶段和无性阶段，按有性阶段命名是合法的。半知菌中的真菌，只知其无性阶段，因而都是根据无性阶段的特征而命名的。如果发现其有性阶段，正规的名称应该是有性阶段的名称。对于有性阶段不常出现的真菌，应按其无性阶段的特征命名。

③ 与森林植物病害密切相关的病原真菌类群。

a．卵菌门（Oomycota）。与森林植物病害密切相关的病原菌有假菌界的卵菌门（Oomycota）中的霜霉菌目（Peronosporales）。这类真菌多数生活于水中，少数为两栖和陆生，潮湿环境有利于其生长发育，其营养体多为无隔的菌丝体，少数为原质团或具细胞壁的单细胞。无性繁殖产生游动孢子，它是由菌丝顶端或孢囊梗顶端膨大形成囊状物——孢子囊，孢子囊内的液泡作网状扩展，将原生质分割成许多小块，每 1 小块就形成 1 个内生的游动孢子。游动孢子没有细胞壁，有 1～2 根鞭毛，能在水中游动，靠水传播。有性繁殖主要有 2 个游动配子结合产生接合子和 2 个大小不同的配子囊结合产生卵孢子。后者是在菌丝上长出 2 个形状和大小都不同的配子囊，大的为藏卵器，小的为雄器，相配合时雄器产生的受精管伸入藏卵器内，随后雄器中的细胞质和细胞核通过受精管进入藏卵器，经过质配和核配，最后卵球发育成厚壁的卵孢子（图 1-4）。其中，引起花木病害的重要病原菌有腐霉属（*Pythium*）、疫霉属（*Phytophthora*）和霜霉属（*Peronospora*）等。

1．游动孢子囊及游动孢子；2．接合子；3．雄器、藏卵器和卵孢子。

图1-4　卵菌门孢子类型

b．接合菌门（Zygomycotina）。此门真菌近 600 种，绝大多数为腐生菌，少数为弱寄生菌。引起林木病害的主要有根霉菌，可造成林木种实霉烂等。

接合菌门的营养体多为无隔的发达菌丝体。无性繁殖大多产生孢子囊，产生不能游动的具细胞壁的孢囊孢子。有性繁殖是由 2 个形状相似、性别不同的配子囊相结合，融合成 1 个厚壁的大细胞，经过质配和核配，形成接合孢子（图 1-5）。

1. 孢子囊和孢囊孢子；2. 配子囊产生接合孢子。

图1-5　接合菌门的孢子类型

c．子囊菌门（Ascomycotina）。此门真菌已知有 15 000 种，是较高等的真菌。大多数陆生，有寄生在植物和动物上的，也有腐生在各种基物上的。与林木病害关系密切的主要有白粉菌、核菌、腔菌和盘菌等，可引起林木白粉病、煤污病、炭疽病、枯梢病、烂皮病及落叶病等。

子囊菌门真菌的营养体为有隔的分枝菌丝体。菌丝体时常交织在一起成为疏丝组织或拟薄壁组织，从而形成菌核、子座等变态类型。菌核是菌丝体纵横交织成鼠粪形、圆形、角形或不规则形外部坚硬、内部松软的变形物。菌核对高温、低温和干燥的抵抗力较强，是渡过不良环境的休眠体。当环境适宜时，菌核可以萌发产生菌丝体或直接生成繁殖器官。子座是由菌丝体或菌丝体与部分寄主组织结合而成的一种垫状物，上面或内部形成产生孢子的器官。子座是真菌从营养阶段到繁殖阶段的过渡形式，还有渡过不良环境的作用。

子囊菌门真菌的无性繁殖，是指在特化菌丝形成的分生孢子梗上产生各种各样的分生孢子，分生孢子梗分枝或不分枝，散生或丛生，着生形式多样。分生孢子着生在分生孢子梗顶端、侧面或串珠状地形成；单胞、双胞或多胞；圆形、卵形、棍棒形、圆柱形、线形、镰刀形或腊肠形；无色或有色。

子囊菌门的真菌有性繁殖是产生子囊和子囊孢子。子囊是由 2 个形状不同的配子囊——雄器和产囊体相结合，在产囊体上长出许多产囊丝，在产囊丝顶端形成的，子囊内通常形成 8 个内生孢子，称为子囊孢子。

子囊有棍棒形、椭圆形、圆筒形、圆形等，有的裸生于菌丝体上或寄主植物表面，有的着生在由菌丝形成的固定形状的子实体——子囊果中。子囊果分为 4 种类型（图 1-6）。

1. 裸露的子囊果；2. 闭囊壳；3. 子囊壳；4. 子囊盘。

图1-6　子囊果类型

闭囊壳：子囊果呈球形，无孔口，完全封闭。

子囊壳：子囊果呈烧瓶形，有明显的壳壁组织，有侧丝，子囊为单壁，顶端有孔口。

子囊腔（假囊壳）：子囊着生在由子座形成的空腔内，可有假侧丝，子囊壁双层，子囊果发育后期形成孔口。

子囊盘：开口呈盘状、杯状或碗状。

d．担子菌门（Basidiomycotina）。担子菌门真菌是最高级的一类真菌，已知12 000种。全部为陆生菌，有寄生和腐生两种生活方式，其中包括可供人类食用和药用的真菌。与林木病害关系密切的有锈菌、黑粉菌和层菌等，引起林木锈病、竹类黑粉病、根腐及木材腐朽等。

担子菌门真菌的营养体多为有隔双核的发达菌丝体，它可以在基物里吸收养分大量增长，构成白色、暗光、锈色和橙色的菌丝体，有的形成菌核、菌膜、菌索等变态结构。其中，菌膜是由菌丝体交织而成的丝片状物，常见于腐朽木的木质部；菌索是菌丝体平行排列或互相缠绕集结成的绳索状物，与树根相似，粗细不一，长短不同，可抵抗不良环境，条件适宜时，在菌索顶端处又恢复生长和对寄主的侵染力。

担子菌门真菌除少数种类外一般没有无性繁殖。有性繁殖除锈菌外，通常不形成特殊分化的性器官，而由双核菌丝体在顶端直接形成棒状的担子，经过核配和减数分裂在担子上产生 4 个小梗，每个小梗上产生 1 个担孢子。高等担子菌的担子散生或聚生在担子果上。担子果形状多样，如蘑菇、木耳、云芝等的担子果。担孢子为单胞、单核、单倍体，形状有椭圆形、圆形、狭长形、香蕉形、多角形等（图 1-7），有色或无色。

1. 菌膜；2. 菌核；3. 菌索；4、5. 担子果；6. 担子。

图1-7　担子菌门菌丝组织体及担子果

担子菌门中的锈菌目真菌与林木植株关系密切，该目真菌属专性寄生菌，菌丝发达有隔，孢子具多型现象。典型的锈菌可顺序产生五种孢子，分别为性孢子、锈孢子、夏孢子、冬孢子、担孢子。有些锈菌必须在分类上并不完全相同的植物上完成其生活史，有些锈菌在一株植物上即可完成其生活史。所有锈菌所致的病害统称为锈病。常见的林木锈病有红松疱锈病、松针锈病、落叶松杨锈病、梨桧柏锈病等。

e．半知菌门（Deuteromycotina）。半知菌门真菌已知 15 000 种，其在个体发育中，不进入有性阶段或有性阶段很难观察到，目前研究只发现其无性阶段，所以称为半知菌。半知菌陆生、腐生或寄生。林木病原真菌，有半数左右属于半知菌，会引起种实霉烂和苗木枯死、叶斑、炭疽和疮痂，树木枝条枯死及主干溃疡等病害。

半知菌门的真菌是有隔膜且分枝的发达菌丝体。无性繁殖从菌丝体上形成分化程度不同的分生孢子梗，梗上产生分生孢子。分生孢子梗散生或聚生。聚生者可形成分生孢子梗束和分生孢子座，前者是 1 束排列较紧密的直立分生孢子梗，顶端或侧面产生分生孢子，后者是由许多聚集成垫状的短梗形成，顶端产生分生孢子。有些半知菌形成盘状或球状的孢子果，称为分生孢子盘或分生孢子器（图 1-8）。分生孢子盘由菌丝体组成，上面有成排的短分生孢子梗，顶端产生分生孢子。分生孢子器是有孔口和拟薄壁组织的器壁，其内壁形成分生孢子梗，顶端着生分生孢子，分生孢子器生在基质的表面或埋于基质和子座内。孢子果在外表上为黑色小点，其中，孢子果内的分生孢子常具胶质物，在潮湿条件下，常结成卷曲的长条，称为分生孢子角。分生孢子以风、雨水和昆虫为主要传播媒介。

不着生在孢子果内的分生孢子常见有 4 种类型：①分生孢子，在由菌丝特化而成的分生孢子梗上的某一部位以断裂等方式形成的孢子；②节孢子，由一丛短菌丝在细胞分隔处收缩断裂而形成的短柱状孢子；③芽孢子，由 1 个细胞生芽而形成，当芽长到正常大小时，脱离母细胞，或与母细胞相连接，继续发生芽体，形成假菌丝；④厚垣孢子，由菌丝或分生孢子中的个别细胞原生质浓缩、细胞壁变厚，形成的休眠细胞，能适应不良环境和越冬（图 1-9）。

1. 分生孢子盘；2. 分生孢子器。

图1-8　半知菌门的孢子果

1. 分生孢子；2. 节孢子；3. 芽孢子；4. 厚垣孢子。

图1-9　半知菌门孢子类型

（5）真菌的生理生态特性。真菌都是异养生物，必须从外界吸收糖类作为能量来源。碳是构成真菌细胞成分的主要元素，氮是构成活细胞的基本物质。真菌还需要一些无机盐类及微量元素，如钾、磷、硫、镁、锌、锰、硼和铁等，但真菌不需要钙。真菌菌丝分泌各种水解酶，将寄主细胞中不溶性的脂肪、蛋白质、糖类等高分子有机物分解为可溶性物质，然后靠菌丝管壁的透性、弹性和细胞的高渗透压吸收利用。

真菌的生长发育还与温度、湿度、光和酸碱度（pH 值）等外界环境条件有关。①真菌对温度的要求有一个最低、最高和最适的范围。超出这个范围，真菌就不能正常生长和繁殖。植物病原真菌多为喜温菌，适宜温度为 20～25℃，最低温度为 2℃，最高温度为 40℃。某些木材腐朽菌可在 50℃下生长。多数真菌对高温比较敏感，而对低温忍受能力强,很多真菌能耐-40℃以下低温而不死。但真菌孢子萌发的适宜温度为10~30℃。温度对真菌繁殖的影响很大,通常在生长季节进行无性繁殖,在温度比较低时进行有性繁殖。有些真菌的有性繁殖需要冰冻的刺激,其有性孢子往往在越冬以后才产生。②真菌是喜湿的生物,整个生活史几乎离不开水。大多数真菌的孢子在萌发时空气的相对湿度在90%以上,有的孢子必须在水滴或水膜中才能萌发。多数真菌的菌丝体在相对湿度为75%时生长最好,因湿度太高会使氧的供应受到限制。③大多数真菌菌丝体在散光下和黑暗中生长一样好,只是在产生子实体时,有些真菌需要光照的刺激。紫外光的短时间照射常常可以促进人工培养下的真菌产生子实体。多数真菌孢子的萌发与光照关系不大。④真菌适宜于在微酸性的基质中生长,有些真菌对酸度的适应能力很强。在自然条件下,酸碱度不是影响孢子萌发的决定因素。

2)细菌

(1)细菌的一般性状。林业有害细菌大多是原核生物界的薄壁菌门和厚壁菌门的一些类群,一般没有荚膜,也不形成芽孢。植物病原细菌全部都是杆状菌,大小为(1~3μm)×(0.5~0.8μm)。绝大多数植物病原细菌从细胞膜长出细长的鞭毛,伸出细胞壁外,鞭毛是细菌运动的工具。鞭毛通常为3~7根,最少为1根。生在菌体一端或两端的,称为极毛,着生在菌体周围的称为周毛(图 1-10)。鞭毛的有无、数目和着生位置是细菌分类的重要依据之一。

细菌的繁殖方式很简单,一般是裂殖,即细菌的细胞生长到一定限度时,在菌体中部产生隔膜,随后分裂成2个大小相似的新个体。细菌繁殖的速度很快,在适宜条件下1h分裂1次至数次,有的只要20min就能分裂1次。细菌能在人工培养基上生长繁殖。在固体培养基上形成各种形状和颜色的菌落,通常以白色和黄色的菌落为多,也有褐色的。菌落的颜色与细菌产生的色素有关。细菌生长繁殖的适宜温度一般为26~30℃,耐低温,对高温较敏感,通常在50℃左右处理10min,多数细菌死亡。大多数植物病原菌是好气性的,在中性或微碱性(pH 值为7.2)的基物上生长良好。

1. 无鞭毛;2. 单极鞭毛;3. 单极多鞭毛;
4. 双极多鞭毛;5. 周生鞭毛。

图1-10 细菌形态及鞭毛

不同的细菌对染料的反应不同。染色反应中最重要的是革兰氏染色反应。细菌用结晶紫染色和碘液处理后,再用乙醇或丙酮冲洗,不褪色的是革兰氏阳性反应,褪色的是革兰氏阴性反应。植物病原细菌中,绝大多数是革兰氏阴性反应,只有棒杆菌属是革兰氏阳性反应。

(2)细菌病害的症状特点。林木细菌病害的病征不如真菌病害明显,通常只有在潮湿的情况下,病部才有黏稠状的菌脓溢出。细菌性叶斑病的共同特点是:病斑受叶脉限制多呈多角形,初期呈水渍状,后变为褐色至黑色,病斑周围出现半透明的黄色晕圈,空气潮湿时有菌脓溢出。腐烂型病害常有恶臭味。枯萎型的病害,在茎的断面可看到维管束组织变褐色,并有菌脓从中溢出。切取一小块病组织制成水压片,在显微镜下检查,如有大量细菌从病组织中涌出，则为细菌病害。根据这一特点，可以对植物细菌病害做出初步的诊断。若进一步鉴定细菌的种类，除要观察形态和纯培养性状外，还要研究染色反应和各种生理生化反应，以及它的致病性和寄主范围等特性。

细菌所致林木病害的症状主要有 4 种类型。①斑点。主要发生在叶片、果实和嫩枝上。由于细菌侵染，引起植物局部组织坏死而形成斑点或叶枯，如杉木细菌性叶枯病、核桃黑斑病。有的叶斑在病后期，病斑中部坏死组织脱落而形成穿孔，如桃树细菌性穿孔病。还有寄生在树干韧皮部引起溃疡斑的杨树细菌性溃疡病。②腐烂。植物幼嫩、多汁的组织被细菌侵染后，通常表现出腐烂症状。常见的有花卉的鳞茎、球根和块根的软腐病，如鸢尾细菌性软腐病。这类症状表现为组织解体，流出带有臭味的液汁。③枯萎。有些细菌侵入寄主植物的维管束组织，在导管内扩展破坏了输导系统，引起植株萎蔫，如杨树细菌性枯萎病。④畸形。有些细菌侵入植物后，引起根或枝干局部组织过度生长形成肿瘤；或使新枝、须根丛生；或出现枝条带化等多种畸形症状，如冠瘿病。

3）病毒

（1）病毒的一般性状。植物病毒是一种不具细胞结构和形态的寄生物，体积极小，只有在电子显微镜下才可观察到。病毒粒子结构简单，其形状主要有杆状、丝状、子弹状和球状；大小以纳米计算。病毒粒子是由蛋白质和核酸两部分组成。蛋白质在外形成衣壳，核酸在内形成心轴，没有包膜。病毒是耗氧生物，只存在于活体细胞中，迄今还没有发现能培养病毒的合成培养基。病毒具有很强的增殖能力，它的增殖方式显然不同于细菌的繁殖，而是采取核酸样板复制的方式。首先是病毒本身的核糖核酸（RNA）与蛋白质衣壳分离，在寄主细胞内可以分别复制出与它本身在结构上相对应的蛋白质和RNA，然后 RNA 进入蛋白质衣壳中形成新的病毒粒子。病毒在增殖的同时，也破坏了寄主正常的生理活动，从而使植物表现出病害症状。

（2）病毒病害的症状特点。植物病毒病大部分属于系统侵染的病害，植物感染病毒后，往往全株表现症状。植物病毒病的症状大致分为 3 类。①变色。变色可发生在叶片、花瓣、茎及果实和种子上。花叶是最常见的变色类型，变色区与不变色区界限分明，变色部分呈近圆形，界限不分明的称为斑驳；花叶和斑驳症状发生在花瓣上的称为碎锦病；有的病叶叶脉明亮，多属于花叶症的前期症状。②坏死与变质。最常见的坏死症状是枯斑，主要是寄主对病毒侵染的过敏性坏死反应引起的，有的表现为条斑坏死、同心坏死或坏死环、叶脉网纹样环及顶端坏死等。果实或木本植物表皮木栓化后，中央呈星状开裂或纵裂即为变质。③畸形生长。植物感染病毒后，表现出各种反常的生长现象。一种是生长减缩，表现为矮缩或矮化，前者是指病株部分节间缩短，后者是指全株按比例缩小变矮。另一种是叶、茎（枝干）及根部的畸形生长。叶上常见的有卷叶、线叶、皱缩、蕨叶、小叶症状，还有叶脉上长出耳状突起物的称为耳突。

植物病毒病症状的另一重要特点是只有明显的病状，而始终不出现病征。这在诊断上有助于将病毒和其他病原物引起的病害区分开来。但是植物病毒病的病状却往往容易同非侵染病害，特别是缺素症、药害、空气污染等相混淆。因为非侵染性病害也不表现病征，有些病状表现得也很相似。但二者在自然条件下有不同的分布规律。感染病毒病的植株在田间的分布多是分散的，病株四周还会有健康的植株，并且改善环境条件和增施营养元素或排除污染后，不能使有些病株逐步恢复健康。

4）植原体

（1）植原体的一般性状。植原体（类菌原体 MLO）是指原核生物界软壁菌门柔膜菌纲植原体属（*Phytoplasma*）的一类生物。软壁菌门中与植物病害有关的统称为植原体，包括植原体属和螺原体属（*Spiroplasma*），后者基本形态为螺旋形，只有 3 个种，寄生于双子叶植物。植原体属与林业关系密切，常见的泡桐丛枝病、枣疯病等均为本属所致。

植原体外层无细胞壁，只有 3 层单位膜组成的原生质膜包围，厚度为 7～8nm，菌体大小为 200～1000nm，其形态在寄主细胞内为球形或椭圆形，繁殖期可以是丝状或哑铃状，但在穿过细胞壁上的胞间连丝或寄主植物筛板孔时，可以变成丝状、杆状或哑铃状等变形体状（图 1-11）。在实验室内，它也能透过细菌滤器，没有革兰氏染色反应。由于没有细胞壁，它也不会合成肽聚糖和胞壁酸等，对青霉素等抗生素也不敏感，但对四环素类药物相当敏感。细胞内只有原核结构，包括颗粒状的核糖体和丝状的 DNA。植原体大量存在于韧皮部疏导组织筛管中，通过筛板孔移动，从而侵染整个植株。在人工培养基上不能培养，以裂殖、出芽繁殖或缢缩断裂法繁殖。

1～3. 3 层单位膜；4. 核酸链；5. 核糖体；6. 蛋白质；7. 细胞质。

图1-11　植原体模式图

（2）植原体的致病特点。植原体造成的植物病害都是系统侵染的病害。它们侵入植物后，主要寄生在植物韧皮部的筛管和伴胞细胞中，有时也寄生在韧皮部的薄壁细胞中。植原体病害的症状是全株性的，危害林木的主要症状类型是丛枝（包括丛芽、花变叶），其次是黄化、带化、瘿瘤及僵果等。

植原体的传播和病毒相似，可以通过带病的无性繁殖材料、嫁接或菟丝子传播和传染。但在自然条件下，植原体主要是由介体昆虫传播的。介体昆虫中最主要的是叶蝉，它能传播大多数植原体病害，少数是木虱、蝽象、飞虱等，如茶翅蝽传播泡桐丛枝病等。

5）林业有害线虫

（1）林业有害线虫的形态特征及习性。线虫属于线形动物门、线虫纲，在自然界分布广，种类多。部分线虫可寄生在植物上引起植物线虫病害。同时，线虫还能传播其他病原物，如真菌、病毒、细菌等，加剧病害的严重程度。此外，还有利用线虫捕食真菌、细菌的。

线虫体呈圆筒状、细长，两端稍尖，形如线状，多为乳白色或无色透明。植物寄生性线虫大多虫体细小，需要用显微镜观察。线虫体长一般为 0.5～2.0mm，宽 0.03～0.05mm。雌雄同型线虫的雌成虫和雄成虫都是线形的，雌雄异型线虫的雌成虫为柠檬形或梨形，但它们在幼虫阶段都是线形的。通常有卵、幼虫和成虫 3 个虫态。卵通常为椭圆形，半透明，产在植物体内、土壤中或留在卵囊内；幼虫有 4 个龄期，1 龄幼虫在卵内发育并完成第 1 次蜕皮后从卵内孵出，再经 3 次蜕皮发育为成虫。植物线虫一般为两性生殖，也有孤雌生殖。多数线虫完成 1 代只要 3～4 周的时间，在 1 个生长季中可完成若干代。

植物寄生线虫大多生活在 15cm 以内的耕作层内，特别是根围。在土壤中的活动性不强，每年迁移的距离不超过 1～2m，被动传播是线虫的主要传播方式，包括水、昆虫和人为传播。适宜线虫发育的温度为 20～30℃，适宜的土壤温度为 10～17℃，多数线虫在砂壤土中容易繁殖和侵染植物。

植物病原线虫多以幼虫或卵在土壤、病株、残体、带病种子（虫瘿）和无性繁殖材料等场所越冬，在寒冷和干燥条件下还可以休眠或滞育的方式长期存活。低温干燥条件下，多数线虫的存活期会更长。

（2）林业有害线虫的致病特点。大多数种类的线虫在土壤中生活，因此线虫病害多数发生在植物的根和地下茎上。最常见的症状是根系上着生许多大小不等的肿瘤，即根结，若将根结剖开，可见到白色的线虫。或者根系因生长点被破坏而使生长受到抑制；或者根系和地下茎腐烂坏死。当根系和地下茎受害后，反映到全株上，则使植株生长衰弱，矮小，发育缓慢，叶色变淡，甚至萎黄，类似缺肥造成的营养不良现象。

有些线虫也能危害植物的地上部分，如茎、叶、芽、花、穗部等，造成茎叶卷曲或组织坏死（如枯斑），幼芽坏死，以及形成叶瘿或穗瘿（种瘿）等。有的线虫可危害树木的木质部，破坏疏导组织，使全株萎蔫直至枯死。这与细菌和个别真菌引起的枯萎病基本相似，如松材线虫病。危害林木的重要有害线虫有根结线虫、松材线虫等。

6）林业害螨

螨类属于节肢动物门、蜘蛛纲、蜱螨目。它们与昆虫的主要区别是：体分节不明显，无头、胸、腹三段之分；无触角；无复眼；无翅；仅有 1～2 对单眼；有 4 对足（少数只有 2 对）；生活史经过卵、幼螨、若螨和成螨 4 个发育阶段。

螨类体长小于 1mm，常为圆形或椭圆形，一般分为前体段和后体段。前体段又分为颚体段和前肢体段；后体段分后肢体段和末体段。颚体段（相当于昆虫的头部），与前肢体段相连，着生有口器，口器由于食性不同分咀嚼式和刺吸式 2 类；肢体段（相当于昆虫的胸部）一般着生 4 对足，着生前 2 对足的为前肢体段，着生后 2 对足的为后肢体段。末体段（相当于昆虫的腹部）与后肢体段紧密联系，很少有明显分界，肛门和生殖孔一般开口于该体段的腹面（图 1-12）。

图1-12　螨类体躯分段

螨类一般卵生。多为两性生殖，也有孤雌生殖的。发育阶段雌雄有别：雌虫经过卵、幼虫、第1若虫、第2若虫及成虫期；雄虫没有第2若虫期。幼虫期的足有3对，若虫期以后有4对足。螨类繁殖很快，1年最少繁殖2～3代，多则20～30代。危害林木的螨类主要包括叶螨和瘿螨。

a．叶螨科（Tetranychidae）。体微小，长1mm以下，圆形或椭圆形。雄螨腹部尖削。体通常为红色、暗红色。口器为刺吸式。背刚毛24或26根成横排分布。植食性，只危害叶片，常群聚于叶背吸取汁液。

b．瘿螨科（Eriophyidae）。体极微小，长约0.1mm，蠕虫形，狭长。刺吸式口器。成螨、若螨只有2对足，位于体躯前部。前肢体段背板呈盾状；后肢体段延长，具许多环纹。植食性，多在叶、芽或果实上吸取汁液，常引起畸形或形成虫瘿，有的危害部位隆起似1层毛毡（俗称毛毡病）。

7）寄生性种子植物

根据对寄主的依赖程度不同，寄生性种子植物可分为两类：一类是半寄生种子植物，有叶绿素，能进行正常的光合作用，但根多退化，导管直接与寄主植物相连，从寄主植物内吸收水分和无机盐，如寄生在林木上的槲寄生；另一类是全寄生种子植物，没有叶片或叶片退化成鳞片状，因而没有足够的叶绿素，不能进行正常的光合作用，导管和筛管与寄主植物相连，从寄主植物内吸收全部或大部分养分和水分，如菟丝子。

有害植物常见类群有如下几种。

① 菟丝子（Cuscuta spp.）。

a．分布及危害。菟丝子是菟丝子科Cuscutaceae、菟丝子属Cuscuta植物的通称，又称黄鳝藤、无根草、金线草，是攀缘寄生的草本植物，有着植物"吸血鬼"之称。菟丝子在全世界广泛分布，在我国各地均有发生。我国已发现的菟丝子约有11种，常见有日本菟丝子和中国菟丝子，在木本植物上以日本菟丝子发生危害较为普遍；寄主范围广，主要寄生于豆科、菊科、蓼科、杨柳科、蔷薇科、茄科、百合科、伞形科等木本和草本植物上，危害多种林木。被害植株黄色，有细藤缠绕，枝叶紊乱不伸展，枝条常有缢痕。幼苗被害严重时，可全株枯死。

菟丝子除本身对植物有害外，还能传播植原体和病毒，引起多种植物病害。

b．鉴别特征。藤本，无根和叶，或叶退化成鳞片，不具叶绿体；茎线形，细长分枝，缠绕于其他物体上，黄色、黄白色或红褐色；花小，白色、黄色或粉红色，无梗或具短梗，穗状、总状或簇生成头状花序；蒴果球形或卵形，周裂或不规则破裂；种子 2～4 粒，胚乳肉质，种胚弯曲线状或螺旋形，无子叶或稀具细小的鳞片状遗痕。

c．生物学特性。菟丝子以成熟种子脱落在土壤中休眠越冬，在南方也有以藤茎在被害寄主上过冬。以藤茎过冬的，翌年春季温湿度适宜时即可继续生长攀缠危害。经越冬后的种子，次年春末初夏，当温湿度适宜时种子在土中萌发，长出淡黄色细丝状的幼苗。随后不断生长，藤茎上端部分作旋转向四周伸出，当碰到寄主时，便紧贴于其上缠绕，不久在其与寄主的接触处形成吸盘，并伸入寄主体内吸取水分和养料。此期茎基部逐渐腐烂或干枯，藤茎上部分与土壤脱离，靠吸盘从寄主体内获得水分、养料，不断分枝生长，开花结果，不断繁殖蔓延危害。

夏秋季是菟丝子生长的高峰期，开花结果于 11 月。菟丝子的繁殖方法有种子繁殖和藤茎繁殖两种。每株菟丝子可产生 2500～3000 粒种子。菟丝子的传播方式有两种，一种是靠鸟类传播种子，或成熟种子脱落于土壤，再经人为耕作进一步扩散；另一种传播方式是借寄主树冠之间的接触由藤茎缠绕蔓延到邻近的寄主上，或人为将藤茎扯断后有意无意抛落在寄主的树冠上。

② 槲寄生（*Viscum* spp.）。

a．分布与危害。槲寄生为桑寄主科的寄生性绿色灌木或亚灌木。我国常见的有槲寄生、枫香寄生等。国内除新疆外，各地均有分布。在用材林、经济林、防护林、果园、四旁（路旁、沟旁、渠旁和宅旁）树上均有发生，南方林木受害较重。寄主范围很广，涉及壳斗、蔷薇、杨柳、桦木、胡桃、槭树、松、柏等多科植物。

b．鉴别特征。为半寄生常绿小灌木，茎具明显的节，圆柱状或扁平；叶对生，具基出脉，或退化呈鳞片状，雌雄异株或同株，花单生或丛生于叶腋内或枝节上，花药阔，无柄，柱头无柄或近无柄，垫状；果肉质，果枝有黏胶质，球形或椭圆形。

c．生物学特性。槲寄生寄生在其他植物上，可以从寄主植物上吸取水分和无机物，进行光合作用制造养分。它四季常青，开黄色花朵，入冬结出各色的浆果。槲寄生主要通过种子繁殖，每年秋冬季节，槲寄生的枝条上结满了橘红色的小果，以槲寄生的果实为食的鸟类会聚集在结有果实的槲寄生丛周围，一边嬉戏一边取食果实。由于槲寄生果实的果肉富有黏液，鸟类在取食的过程中会用喙在树枝上蹭，这样就会将果核粘在树枝上；有的果核被鸟类吞进肚子里，会随着粪便排出来，粘在树枝上。这些种子一般经过 3～5 年会长出新的小枝，对树木造成危害。

1.1.6　林木病害的发生过程

1. 接触期

接触期是指从病原物被动或主动地传播至植物的感病部位到侵入寄主为止的一段时间。它是病害发生的一个条件。

接触的概率受寄主植物和生态环境的影响。例如，病原所在地与寄主的距离同传播体的降落量成反比，林分的迎风面比背风面接触风传孢子的机会多，纯林比混交林接触病原物的机会多。

接触期的长短因病害种类而异。病毒、植原体和从伤口侵入的细菌，接触和侵入是同时实现的，没有接触期。大多数真菌的孢子在具备萌芽条件时，几小时便完成侵入，最多不超过 24h，而桃缩叶病菌的孢子在芽鳞间越冬，至次年春季新叶初发时才萌发侵入，接触期长达几个月。

寄主体表环境影响病原物的生存和活动。许多真菌孢子生长要求高湿度，由于植物的蒸腾作用，叶面的温度常比气温低，叶面的湿度比大气湿度高，这无疑对孢子的萌芽和芽管的生长是有利的。植物体表的外渗物质，有的可作为孢子萌发的辅助营养，有的则对孢子萌发有抑制作用。植物体表微生物群落对病原物的拮抗作用更有不可忽视的影响。

2. 侵入期

侵入期是指从病原物侵入寄主到建立寄生关系为止的一段时间。林木病害的发生都是从侵入开始的。

1）侵入途径

（1）直接穿透侵入。有些真菌（以侵入丝穿透角质层溶解表皮细胞侵入寄主）、寄生性种子植物（吸根穿透力强）、线虫（以口针穿刺）是直接穿透侵入的。

（2）自然孔口侵入。有些林木病原细菌和真菌是从自然孔口侵入的。植物体表有气孔、水孔、皮孔和蜜腺等自然孔口。因为自然孔口含有较多的营养物质和水分，所以病原菌侵入自然孔口，一般认为是其具有趋化性和趋水性的原因。

（3）伤口侵入。植物表面的伤口有自然伤口、病虫伤口和人为伤口等，有些植物病毒、细菌、真菌和线虫是从伤口侵入的。从伤口侵入的病毒，伤口只是作为它们侵入细胞的途径。有的细菌和真菌除将伤口作为侵入途径外，还可利用伤口的营养物质营腐生生活，而后进一步侵入健全组织。伤口侵入对枝干溃疡病菌和立木腐朽病菌特别重要，这是因为树木较大枝干没有自然孔口，皮层很厚也不容易直接穿透侵入。

一般直接穿透侵入的病原物亦可从自然孔口和伤口侵入，而由伤口侵入的病原物多不能直接穿透或从自然孔口侵入。

2）影响侵入的环境条件

真菌孢子萌发和侵入对外界条件有一定要求，其中影响较大的是湿度和温度。湿度决定孢子能否萌发和侵入，温度则影响孢子萌发和侵入的速度。

大多数真菌孢子，尤其是气流传播的孢子，只有在水滴中才能很好地萌发，即使在饱和湿度下萌发率也极低。细菌在水滴中最适宜于侵染。白粉菌的分生孢子，因其细胞质稠，吸水性强，孢子萌发时不膨大，需水量少，并且萌发时需要氧气，故能在很低的相对湿度下萌发。土传真菌，孢子在土壤中萌芽，若土壤湿度过高，造成土壤缺氧，对孢子萌芽和侵入不利。各种真菌孢子都有最低、最适和最高的萌发温度，在最适温度下，孢子萌发率高，萌芽快，芽管也较长。

在林木生长期间，尤其在其中某一阶段内，温度变化不大，而湿度变化则很大，所以湿度是影响病原侵入的主要条件，但这也不是绝对的。因为从孢子萌发到完成侵入，不但需要一定的温度和湿度，而且还需要一段时间。林分内饱和湿度和叶面结露一般只在降雨或夜间才能遇到。因此，从入夜到次日早晨，若气温低，侵入时间会延长，如果超过所需保湿时间，则侵入不能完成。

外界温度、湿度不仅作用于病原菌，而且也影响寄主植物的抗病性，从而间接地对病原菌的侵入发生作用。例如，苗木猝倒病在幼苗出土后遇到寒潮，使幼苗木质化迟缓，容易发病。

在防治侵染性病害上，侵入期是个关键时期，一些主要的防治措施多在于阻止病原物的侵入。

3. 潜育期

从病原物与寄主建立寄生关系开始到表现症状为止的这一段时期，称为潜育期。在此期间除极少数外寄生菌外，病原物都在寄主体内生长发育，消耗寄主体内的养分和水分，并分泌多种酶、毒素、生长激素等，影响寄主的生理代谢活动，破坏寄主组织结构，并诱发寄主发生一系列保护反应。因此，潜育期是病原物与寄主矛盾斗争最激烈的时期。

病原物在寄主体内的扩展有主动扩展和被动扩展两种形式。前者是借病原物的生长和繁殖，如真菌主要依靠菌丝的生长，病毒、植原体、细菌等则依靠繁殖增加数量；后者是借寄主输导系统流动，寄主细胞分裂和组织生长而扩展。病原物在寄主体内的扩展范围，有的是局限在侵入点的附近，形成局部侵染，如多种叶斑病、溃疡病、苗木茎腐病、根腐病、根结线虫病，以及寄生性种子植物所致的病害。但是对寄主的影响不一定是局部性的，如苗木白绢病菌只寄生在根部皮层上，由于造成根部皮层腐烂，导致全株枯死。有的则从侵入点向各个部位扩展，甚至扩展到全株，形成系统性侵染，如病毒病、植原体病和枯萎病等。系统性病害的症状，有的在全株表现，如病毒病；有的则在局部表现，如泡桐丛枝病的早期病状。

不同病害潜育期的长短差别很大，叶斑病一般几天至十几天，枝干病害有的十几天至几十天，松瘤锈病为 2～3 年，活立木腐朽病则为几年至几十年。抗病树种和生长健壮的植物感病后，潜育期延长，发病也较轻。外界温度对潜育期影响很大，在适温下潜育期会缩短。潜育期缩短会增加再侵染次数，使病害加重。

有些病原物有潜伏侵染的现象，即在不适于发病的条件下，暂时不表现症状，如苹果树腐烂病，这在植物检疫和防治上是不可忽视的问题。

4. 发病期

潜育期结束后，就开始出现症状。从症状出现到病害进一步发展的这段时期，称为发病期。

1.1.7　林木病害的侵染循环

林木病害的发展过程包括越冬（夏）、接触、侵入、潜育、发病、传播和再侵染等环节，而病害的侵染循环是指侵染性病害从一个生长季节开始发病到下一个生长季节再度发病的过程（图 1-13），一般包括病原物的越冬（夏）、病原物的传播、初侵染和再侵染等环节。

图1-13　林木病害的侵染循环示意图（仿中南林学院）

1. 病原物的越冬

病原物的越冬场所是林木下一个生长季节病害的初侵染来源。病原物在此时呈休眠状态，且有一定的场所，是病原物的薄弱环节，为防治的关键时期。

1）病株

病株（包括其他林木、转主寄主）是林木病害最重要的越冬场所。林木是多年生的，绝大多数病原物都能在病枝干、病根、病芽、病叶等组织内外越冬，成为下一个生长季节的初侵染来源。枝干和根部病害部位的病原物，往往是这类病害多年的侵染来源。

2）病残体

绝大多数非专性寄生的真菌、细菌能在生病的枯立木、倒木、枯枝、落叶、落果、残根等病残体内存活。寄生性强的病原物在病残体分解以后，不久就逐渐死亡，而腐生性强的病原物脱离病残体后，可以继续营腐生生活。

3）土壤

病原物随着病残体落到土壤中成为下一生长季节的初侵染来源，根部病害尤其如此。

4）种苗和其他繁殖材料

种子带菌不是引起林木病害的主要途径。苗木、插条、接穗、种根和其他繁殖材料的内部和表面均可能带有病原物，而成为侵染源。此外，还可以随着苗木和繁殖材料的调运，将病害传播到新的地区。

各种病原物的越冬场所不一定相同。有些病原物的越冬场所不止一处，不同越冬场所所提供的初侵染源数量不同，因此要找到它们的主要越冬场所，以便采用经济有效的方法进行防治。

2. 病原物的传播

各种病原物的传播方式是不同的。细菌和真菌的游动孢子可在水中游动，真菌菌丝的生长、线虫的爬行、菟丝子茎的生长等均可转移位置。依靠病原物主动传播的距离有限，只起传播开端作用，再依传播媒介传到远处。病原物传播的主要途径是借气流、雨水、动物和人为传播。

1）气流传播

有些真菌孢子产生在寄主体表，易于释放，或者在子实体内形成，借助各种方法将孢子释放至空气中作较长距离的传播，如霜霉菌的孢子囊、接合菌的孢囊孢子、以缝裂或盖裂方式放射的子囊孢子、担子菌的担孢子、锈菌的夏孢子和锈孢子、半知菌丝孢目的分生孢子等。风也能将病原物的休眠体或病组织，吹送到较远的地方。

由气流传播的病原物传播距离较远，病害在林间分布均匀，防治比较复杂，除注意消灭当地侵染源外，还要防治外地传入的病原侵染。

2）雨水传播

林木病原细菌、黑盘孢目和球壳孢目的分生孢子都黏聚在胶质物内，必须利用雨水把胶质溶解，才能使其从病组织或子实体中散出，随雨滴的飞溅而传播。游动孢子和以子囊壁溶解的方式放射的子囊孢子，也经雨水传播。土壤中的病原物还能随着灌溉水传播。病残体也能在流水中漂浮至远方。

雨水传播的方式虽多，但受水量和地形的限制，传播距离一般不会很远。

3）动物传播

能传播病原物的动物种类很多，有昆虫、螨类、线虫、鸟类、啮齿类等，但其中主要的是昆虫。昆虫传播病菌的方式分体外带菌和体内带菌两种，体外带菌是非专化性的，只是机械地携带，一般是接触传播；体内带菌一般为专化性的，是损伤传播。

传播病毒和植原体的昆虫，绝大多数是刺吸式口器，如蚜虫、叶蝉等。有的传毒昆虫获毒之后即可传染，但保持传毒时间较短，由蚜虫传染的大多属于此类；有的获毒之后要经过一个时期的循环期方可传毒，而且保持传毒时间较长，有的吸毒一次可以终身带毒，甚至可以传递给后代。

昆虫食性关系可将病原物传带到同一种植物，甚至同一个器官上去，因此昆虫传播的效率较高。

4）人为传播

人们在育苗、栽培管理及运输的各种活动中，常常无意识地帮助了病原物的传播，特别是调运种苗或其他繁殖材料，以及带有病原物的植物产品和包装材料，都能使病原物不受自然条件和地理条件的限制，而作远距离的传播，造成病区的扩大和新病区的形成。

3. 初侵染和再侵染

越冬后的病原物，在植物生长期引起的首次侵染，称为初侵染。在初侵染的病株上又可以产生孢子或其他繁殖体，进行再次传播引起的侵染，称为再侵染。在同一生长季节中，再侵染可能发生多次，病害的侵染循环，按再侵染的有无分为两种类型。

1）多病程病害

多病程病害是指在一个生长季节中发生初侵染后，还有多次再侵染。这类病害的病原物 1 年发生多代，潜育期短，侵染期长。多病程病害种类最多，如多数真菌和全部细菌、病毒、植原体、根结线虫和菟丝子等引起的病害，防治比较复杂，除注意防治初侵染外，还要解决再侵染问题。

2）单病程病害

单病程病害是指在一个生长季节中只有一次侵染过程，没有再侵染。这类病害有的是因为病原物一年只产生一次传播体；有的是侵入期固定，如毛竹枯梢病菌虽可产生子囊孢子和分生孢子，但它们只能在竹子发叶期从嫩枝腋处侵入，因而不可能进行再侵染；有的是由于传播昆虫 1 年 1 代，缺乏再侵染媒介，也不会有第二次侵染。单病程病害防治比较容易，只要消灭初侵染来源或防治初侵染，就可以预防该类病害的发生。

1.1.8　林木病害的流行

林木病害在一个时期或一个地区大面积发生，造成经济上的严重损失，称为病害流行。病害的侵染过程反映个体发病规律，病害流行规律则是群体发病规律。个体发病规律是群体发病规律的基础，而群体发病规律才是我们需要掌握的整体规律。防治病害的目的在于保护林木群体不因病害大量发生而减产，除检疫对象外，一般只要求防止流行，而不要求绝对无病。

1. 病害流行的类型

根据病原物的性状和病害侵染循环的不同，病害流行大致可分为两种类型。

（1）积年流行病。它们有的 1 年只形成 1 次传播，有的侵入期是固定的，或传病昆虫 1 年 1 代，所以 1 年只侵染 1 次，属于单病程病害。每年流行程度主要决定于初侵染的菌量，若菌量逐年积累，病害则逐年加重，如此经过若干年后，病害才能达到流行程度。这类病害防治比较容易，只要消灭初侵染来源或防治初侵染，就可以预防该类病害的发生。

（2）当年流行病。它们的侵染期长，有再侵染，属于多病程病害。每年开始发病时是少量而零星的，如果具备发病条件，病害即可迅速扩展蔓延造成当年病害的流行。每年流行程度与初侵染的菌量有关，其发展速度与再侵染次数有关。再侵染次数取决于完成一个病程所需要的时间，它受寄主抗性、病原物生长、发育速度及繁殖力、肥水条件、林分内湿度和温度等因素的制约。若完成一个病程的时间越短，生长季节中重复侵染的次数越多，病害发展速度就越快。

2. 林木病害的流行条件

林木病害的流行需要大量高度感病的寄主植物、大量致病力强的病原物和有利于不断进行侵染的环境条件。三者缺一不可，必须同时存在。

1）寄主植物

林木一般是多系的集合种群，同类树种的种群之间存在抗病性差异。因此，感病树种的数量和分布，是决定病害能否流行和流行程度轻重的因素。

林木抗病性和感病性在不同的发育期（甚至年龄不同的器官），表现不同。若寄主植物的易感期和病原物的侵染期相吻合，则易造成病害的流行，反之则病害发生较轻。林木的发育期大致分为苗期、幼龄期、壮龄期和成熟期。例如，苗木猝倒病和茎腐病是苗期发生的病害，溃疡病主要危害幼树，木腐病则是过熟林特有的病害。

寄主的活力，也影响其抗病性，一般在植物活力强时，抗病力也强，反之则弱。对于弱寄生生物所致病害，这种趋势最明显。例如，苹果树腐烂病，活力衰弱的植株易于感染，而活力强的植株则有很强的抗病性。

营造大面积同龄纯林易引起病害的流行。因为感病个体大量集中，又都处于同一个生长时期，一旦某种病害流行，损失会很大。

一些寄生范围广的病原物，除主要寄主植物外的其他寄主植物的数量及感病程度，对于菌量的积累也起着重要的作用。

2）病原物

在病害流行以前，有大量致病性强的病原物存在是病害流行的必备条件。病原物的致病性和寄主的感病性是相联系而存在的，寄主是病原物的生存场所，因而对病原物的致病性变异有重大影响，这种情况在一些寄生性较强的病原物中常见。病原物还可以通过杂交，或某些环境条件的直接影响而发生致病力的变异，致使一个地区优势树种不断更迭。此外，外地传入的新病原物，由于本地栽培的寄主植物对其缺乏抗病力，因而可导致病害的流行。

病原物的数量，主要是指在病害流行前病原的基数。每处的病原基数不同，对每年病害流行所造成的威胁形势就不同。病原基数的数量，是由病原物的越冬能力和越冬后的条件是否有利于病原物的保存、蓄积和发展的情况所决定的。

病原物的数量与病害流行的关系，因病害种类而异。对于单病程病害，只要树种是感病的，那么流行程度主要取决于初侵染菌量。对于多病程病害，在树种抗性相似的前提下，初侵染菌量决定中心病株的数量，而再侵的发展速度，则受潜育期、病原物繁殖能力的侵染率，以及寄主抗性和环境条件等影响。

病原物的传播效率取决于寄主的寿命、风速、风向、传病昆虫的活动能力。

3）环境条件

在病害流行之前，寄主的抗性、面积、分布、病原物的致病性、数量、质量等因素均已基本肯定，病害能否流行，要看是否具备适宜的发病条件，以及适宜条件保持时期的长短。

病害流行的气象因素有其严格的时间性，多半是在病害流行发展初期阶段。在这一时期内，若气象条件满足病害发展的要求，便成为病害流行的基础。过了此时期，即使以后出现有利于发病的环境条件，因病害流行时期推迟，其危害可能也不会很严重。

3. 林木病害流行的决定因素

林木各种流行性病害，由于病原寄生性、专化性及繁殖特性、寄主抗性不同，它们对环境条件的要求和反应也不同，不同病害或同一种病害在不同地区、不同时间造成流行的条件不是同等重要的。在一定时间、空间和地点已经具备的条件，相对稳定的因素为次要因素，最缺乏或变化最大的因素为决定性因素。对于具体病害，应分析其寄主、病原物和环境条件各方面的变化，找出决定性因素，为制定防治策略和措施提供依据。

1.1.9 林木病害的诊断

1. 诊断方法与步骤

1）林木病害的田间观察

根据症状特点区别是虫害、伤害还是病害，进一步区别是侵染性病害或非侵染性病害。虫害、伤害没有病理变化过程，而林木病害有病理变化过程，侵染性病害在田间可看到由点到面逐步扩大蔓延的趋势。注意调查和了解病株在田间的分布，病害的发生与气候、地形、地势、土质、肥水、农药及栽培管理的关系。

2）林木病害的症状观察

症状观察是首要的诊断依据，虽然操作简单，但需要在比较熟悉病害的基础上才能进行。诊断的准确性取决于症状的典型性和诊断的经验。观察症状时，注意区别是点发性症状还是散发性症状；病斑的部位、大小、长短、色泽和气味；病部组织的特点。许多病害有明显的病状，当出现病征时就能确诊，如白粉病。有些病害外表看不见病征，但认识其典型症状也能确诊，如病毒病。

3）林木病害的室内鉴定

许多病害单凭病状是不能确诊的，因为不同的病原可产生相似病状，病状也可因寄主和环境条件的变化而变化，因此有时需要进行室内病原鉴定才能确诊。一般说来，病原室内鉴定是借助放大镜、显微镜、电子显微镜及保湿、保温器械设备等，根据不同病原的特性，采取不同手段，进一步观察病原物的形态、特征特性、生理生化等特点。新病害还须请分类专家确诊病原。

4）林木侵染性病原生物的分离培养和接种

有些病害在病部表面不一定能找到病原物，有时即使检查到病原物，也可能是组织失活后长出的腐生物，因此，病原物的分离培养和接种是林木病害诊断中最科学、最可靠的方法。接种鉴定又称为印证鉴定，是通过接种使健康的林木产生相同症状，以明确病原。这对新病害或疑难病害的确诊很重要。

5）提出诊断结论

根据上述各步骤的观察鉴定结果进行综合分析，提出诊断结论，并根据诊断结论提出防治建议。

2. 诊断要点

1）非侵染性病害的诊断要点

非侵染性病害除了植物遗传性疾病之外，主要是由不良的环境因子所引起的。若在病植物上看不到任何病征，也分离不到病原物，且往往大面积同时发生同一病征，没有逐步传染扩散的现象，则可考虑为非侵染性病害。大体上可从发病范围、病害特点和病史等方面分析和确定病因。

（1）病害突然大面积同时发生。发病时间短，只有几天。大多是由于大气污染、三废污染或气候因子异常引起的病害，如冻害、干热风、日灼所致。

（2）病害只限于某一品种发生。多有生长不良或系统性症状一致的表现，则多为遗传性障碍所致。

（3）有明显的枯斑或灼伤，且多集中在植株某一部分的叶或芽上，无既往病史。大多是由于农药或化肥使用不当所致。

2）侵染性病害的诊断要点

侵染性病害常分散发生，有时还可观察到发病中心及其向周围传播、扩散的趋向，侵染性病害大多有病征（尤其是真菌病害和细菌病害）。有些真菌病害、细菌病害及所有的病毒病害，在植物表面无病征，但有一些明显的症状特点，可作为诊断的依据。

（1）真菌病害。许多真菌病害，如锈病、黑穗（粉）病、白粉病、霜霉病、灰霉病及白锈病等，常在病部产生典型的病征，依照这些特征和病征上的子实体形态，即可进行病害诊断。对病部不易产生病征的真菌病害，可以用保湿培养镜检法缩短诊断过程。即摘取植物的病器官，用清水洗净，于保湿器皿内，适温（22~28℃）培养 1~2 个昼夜，促使真菌产生子实体，然后进行镜检，对病原体做出鉴定。有些病原真菌在植物病部的植物内产生子实体，从表面不易观察，需要用徒手切片法，切下病部组织做镜检。必要时，应进行病原的分离、培养及接种实验，才能做出准确的诊断。

（2）细菌病害。植物受细菌侵染后可产生各种类型的症状，如腐烂、斑点、萎蔫、溃疡和畸形等；有的在病斑上有菌脓外溢。一些产生局部坏死病斑的植物细菌性病害，初期多呈水渍状、半透明病斑。对于腐烂型的细菌病害，一个重要的特点是腐烂的组织黏滑，且有臭味。对于萎蔫型细菌病害，剖开病茎，可见维管束变褐色，或切断病茎，用手挤压，可出现浑浊的液体。所有这些特征，都有助于细菌病害的诊断。切片镜检有无"喷菌现象"是既简单易行，又可靠的诊断技术，即剪取一小块（4mm²）新鲜的病健交界处组织，平放在载玻片上，加一滴蒸馏水，盖上盖玻片后，立即在低倍镜下观察。如果是细菌病害，在切口处可看到大量细菌涌出，呈云雾状。在田间，用放大镜或肉眼对光观察夹在玻片中的病组织，也能看到云雾状细菌溢出。此外，革兰氏染色法、血清学检验和噬菌体反应等也是细菌病害诊断和鉴定中常用的快速方法。

（3）植原体病害。植原体病害的特点是植株矮缩、丛枝或扁枝、小叶与黄化，少数出现花变叶或花变绿。只有在电镜下才能看到植原体。注射四环素以后，初期病害的症状可以隐退消失或减轻，但对青霉素类药剂不敏感。

（4）病毒病害。病毒病害的特点是有病状，而没有病征。病状多呈花叶、黄化、丛枝、矮化等。撕去表皮镜检，有时可见内含体。在电镜下可见到病毒粒体和内含体。感病植株，多为全株性发病，少数为局部性发病。田间病株多分散，零星发生，无规律性。如果是接触传染或昆虫传播的病毒，分布较集中。病毒病的病状有些类似于非侵染性病害，诊断时要仔细观察和调查，必要时还需采用枝叶摩擦接种、嫁接传染或昆虫传毒等接种实验，以证实其传染性，这是诊断病毒病的常用方法。此外，血清学检验等可快速做出正确的诊断。

（5）线虫病害。线虫病害表现出虫瘿或根结、胞囊、茎（芽、叶）坏死、植株矮化、黄化或类似缺肥的病状。鉴定时，可剖切虫瘿或肿瘤部分，用针挑取线虫制片或用清水浸渍病组织，或做病组织切片镜检。有些植物线虫不产生虫瘿和根结，可通过漏斗分离法或叶片染色法检查。必要时可用虫瘿、病株种子、病田土壤等进行人工接种。

3. 诊断注意事项

林木植物病害的症状是复杂的，每种病害虽然都有自己固定的典型特征性症状，但也有易变性。因此，在诊断病害时，要注意如下几个问题：①不同的病原可导致相同的症状，如萎蔫性病害可由真菌、细菌、线虫等病原引起；②相同的病原在同一寄主植物的不同发育期、不同的发病部位表现的症状不同，如炭疽病在苗期表现为猝倒，在成熟期危害茎、叶、果，表现为斑点型；③相同的病原对不同的寄主植物表现不同的症状；④环境条件可影响病害的症状，如腐烂病在潮湿时表现为湿腐型，在干燥时表现为干腐型；⑤缺素症、黄化症等生理性病害与病毒、支原体引起的病害症状类似；⑥在病部的坏死组织上，可能有腐生菌，容易混淆误诊。

 实 操 训 练

实训一　林木病害症状类型识别

※ **实训目标**

通过本实训，学生能够认识林木病害症状类型，会利用肉眼或放大镜区分病状与病征。

※ **实训条件**

可供 40 人操作的实训室，配备多媒体设备及放大镜、镊子、剪枝剪等用具。

供试材料：各种症状类型的林木病害标本 10 套。

※　实训模式

课前向学生布置自主学习任务，让学生到野外采摘病叶和病枝，课堂上学生将采集到的标本整理分类并加以观察，教师以启发式教学方式归纳出林木病害的相关知识。现场教学与实验观察相结合，学生分组操作，在教师的指导下完成林木病害症状类型识别。

※　实训内容

方法提示：用肉眼或放大镜观察每种标本的症状，仔细观察各种病害标本，区分每种病害的病状和病征。

（一）斑点类

常出现于果实或叶片上，分为灰斑、褐斑、黑斑、漆斑、圆斑、角斑和轮斑等。后期在病斑上出现霉层、小黑点。斑点即为病状，后期出现的霉层、点（粒）状小黑点即为病征。代表种类有杨树黑斑病、松针褐斑病等。

（二）白粉病类

白粉病是植物上发生普遍的病害，主要危害叶片、叶柄、嫩茎、芽及花瓣等幼嫩部位，被害部位初期产生近圆形或不规则形粉斑，其上布满白粉状物，即病菌的菌丝体、分生孢子梗和分生孢子。后期白粉变为灰白色或浅褐色，病叶上形成黑褐色小点，即病菌的闭囊壳。粉斑即为病状，白色粉状物及后期出现的暗色小点即为病征。代表种类有阔叶树白粉病。

（三）锈病类

锈病可危害植株的芽、叶、叶柄及幼枝等部位。发病初期在叶片正面出现淡黄色斑点即为病状，后期病斑上出现锈黄色或暗褐色粉状物、毛状物或疱状物即为病征。代表种类有青杨叶锈病、梨桧柏锈病、红松疱锈病等。

（四）煤污病类

煤污病又称煤烟病，在花木上发生普遍，发病初期是在叶面、枝梢上形成黑色小霉斑，后扩大连片，使整个叶面、嫩梢上布满黑霉层。霉斑即为病状，黑煤层或煤烟状覆盖物为病征。代表种类有桑树煤污病。

（五）炭疽类

叶、果或嫩枝受病部多形成轮状而凹陷的病斑，后期病斑上出现小黑点。病斑即为病状，后期出现的点（粒）状小黑点即为病征。代表种类有榆树炭疽病。

（六）溃疡病类

受病枝干皮层的局部坏死，病部周围常隆起，中央凹陷开裂，后期于发病部位出现小黑点。溃疡即为病状，后期出现的点（粒）状小黑点即为病征。代表种类有杨树水泡型溃疡病。

（七）腐烂病类

发生于根、枝干上，枝干皮部腐烂解体，边缘隆起不明显。后期于发病部位出现霉状物或小黑点。腐烂即为病状，后期出现的霉层和点（粒）状小黑点即为病征。代表种类有杨树烂皮病、松树烂皮病、板栗疫病。

（八）腐朽病类

根、树干或木材腐朽变质，可分为白腐、褐腐、海绵状腐朽和蜂巢状腐朽等，发病后期于发病部位出现伞状、木耳状及马蹄状等大型真菌，称为蕈体。腐朽即为病状，后期出现的蕈体即为病征。代表种类有木材根朽病。

（九）枯萎病类

枝条或整个树冠的叶片凋萎、脱落或整株枯死，后期于病部出现霉状物或菌核等。枯萎即为病状，后期出现的霉状物及菌核即为病征。代表种类有苗木立枯（猝倒）病、落叶松枯梢病等。

（十）丛枝病类

枝叶细弱，丛生。此类病害一般由植原体导致，有病状，无病征。代表种类有泡桐丛枝病。

（十一）肿瘤病类

在枝干或根部形成大小不等的瘤状物，后期于发病部位可发现菌脓或线虫体。肿瘤即为病状，菌脓和线虫体即为病征。代表种类有杨树根癌病。

（十二）变形病类

叶片皱缩、叶片变小、果实变形等，后期于病部出现白色粉状物。变形即为病状，白色粉状物即为病征。代表种类有桃树缩叶病。

（十三）流脂、流胶病类

树干上有脂状物或胶状物，病处常出现小黑点。流脂、流胶即为症状，小黑点即为病征。代表病害有桃树流胶病。

※　实训成果

每人完成一份实训报告，以表格形式列出每种病害的症状类型、危害部位，区分病征与病状。

实训二　林木病害病原识别

※　实训目标

通过本实训，学生能够学会使用显微镜观察各种病原物，并学会病原物的制片技术。

※　实训条件

可供 40 人操作的校内实训室，配备多媒体、显微镜等设备，以及载玻片、盖玻片、滴管、放大镜、镊子、解剖针、解剖刀、剪枝剪、蒸馏水、吸水纸、擦镜纸、挑针、刀片、小木板等用具。

供试材料：具有病原物的林木病害实物标本和玻片标本。

※　实训模式

现场讲解、教师示范与实验练习相结合，学生分组操作，在教师的指导下利用显微镜识别真菌营养体和繁殖体，并学会病原物的制片技术。

※　实训内容

方法提示：在学习病原物鉴定之前，必须熟练掌握显微镜的使用技术。显微镜必须轻拿轻放，按规程操作，保存时应置于干燥、无灰尘、无酸碱蒸气的地方，特别应做好防潮、防尘、防霉、防腐蚀的保养工作。

（一）显微镜的使用技术

1）认识显微镜的基本构造

显微镜的类型很多，虽有单目显微镜、双目显微镜、自然光源显微镜、电光源显微镜之分，但其基本结构相同，常用的有 XSP-3CA 显微镜。显微镜的基本结构由镜座、镜臂、镜体、目镜、物镜、调焦螺旋、紧固螺丝和载物台等组成，其中的 4 个物镜镜头分别为 4 倍、10 倍、40 倍、100 倍（油镜）。

2）使用显微镜的操作步骤

（1）取镜。用右手把持镜臂，左手托住镜座，拿取或移动，勿使其震动。

（2）放置。显微镜应放在身体左前方的平面操作台上。镜座距台边 3～4cm，镜身倾斜度不大。

（3）检查。使用前应检查部件是否完整，镜面是否清洁，若有问题应及时调换、整理擦净。

（4）调光。先用低倍镜调光，若用自然光源，光线强可用平面反光镜，光线弱可用凹面反光镜。检查不染色标本时宜用弱光，可将聚光器降低或缩小光圈，检查染色标本时宜用强光，可将聚光器升高或放大光圈。

（5）观察。应将标本片放在载物台上并用弹簧夹固定，先用低倍镜找出适宜视野，然后转换为高倍镜观察。要求姿势端正，两眼同时睁开，左眼观察，右眼绘图。

（6）归位。显微镜用后应提高镜筒，取出标本，并将镜头旋转呈"八"字形，放下镜筒，检查无误后放入箱内锁好。

（二）真菌营养体和繁殖体的识别

方法提示：真菌营养体、孢子及子实体特征是真菌分类的重要依据，在观察实物标本的基础上，可利用玻片标本进行观察识别。

1）真菌营养体观察

分别挑取腐霉菌（或黑根霉菌）和炭疽菌菌丝少许制成待检玻片，镜下观察菌丝体，比较无隔菌丝和有隔菌丝的形态特征；观察苗木茎腐病的菌核、伞菌的菌索、腐朽木材上的菌膜和国槐腐烂病或竹赤团子病标本上的子座等各种营养体变形特征。

2）真菌繁殖体观察

（1）无性孢子的观察。分别从炭疽菌和黑根霉的纯培养菌落中，以及白粉病的菌丝体上挑取少许孢子、菌丝和小球状物，制成待检玻片，依次观察厚垣孢子、孢囊孢子、分生孢子的形态特征。

（2）有性孢子的观察。以腐霉菌黑根霉、盘菌、伞菌等玻片标本为观察对象，识别卵孢子、结合孢子、子囊孢子和担孢子的形态特征。

3）真菌子实体观察

以白粉病、腐烂病、腐朽病实物标本和玻片标本为观察对象，识别闭囊壳、子囊壳、子囊腔、子囊盘等几种子实体的形态特征。

（三）病原徒手制片方法

方法提示：根据病害表现的症状选取不同的制片方法，一般病部出现粉层、霉层等病征的可选用挑取或刮取法制片，病部出现点（粒）状物的可进行切取制片，操作过程应注意安全，防止受伤。

1）挑取或刮取制片法

（1）将采集到的新鲜真菌病害标本放在桌上，选好病原体。

（2）取一载玻片用纱布擦净横放在桌上，在载玻片中央滴 1 滴蒸馏水。

（3）用解剖针（或解剖刀）尖蘸取蒸馏水，右手持解剖针（或解剖刀）向 1 个方向挑取或刮取病原体。

（4）取一干净载玻片，在其上滴一小滴蒸馏水，将挑取的病原体移入载玻片的水滴中，将盖玻片从一侧慢慢落下，以防产生气泡。

（5）将临时制片放在显微镜载物台上观察。

2）切取制片法

（1）选取病部，切成 3mm×5mm 的小块，若组织坚硬可先用水浸软化再切取。

（2）将小块病组织置于小木片上，左手食指按紧材料，右手持刀片把材料切成薄片。

（3）取一干净载玻片，在其上滴一小滴蒸馏水，将挑取的病原体移入载玻片的水滴中，将盖玻片从一侧慢慢落下，以防产生气泡。

（4）将临时制片放在显微镜载物台上观察。

※ 实训成果

（1）每人完成一份实训报告，绘制观察的真菌菌丝与孢子形态图。

（2）徒手制作两种玻片标本。

◇◇ 自 测 练 习 ◇◇

1．名词解释

林木病害、病程、病状、病征、生物病原、非生物病原、生理病害、真菌的营养体、吸器、子实体、真菌的生活史、转主寄生、单主寄生、病害流行。

2．填空题

（1）在林木生长发育过程中，如果_____或遭受_____的侵染，林木就会在生理上、组织上、形态上发生一系列反常的病理变化，导致林产品的产量降低、质量变劣，甚至导致局部或整株死亡，造成经济损失或影响生态平衡，这种现象称为林木病害。

（2）植物病害有一定的病变过程，首先是_____病变，然后是_____病变，最后是_____病变。

（3）引发植物病害的病原主要有_____和_____两大类。由_____病原引起的病害称为侵染性病害，也称_____；由_____病原引起的病害称非侵染性病害，也称_____。

（4）林木病害的发生必须具备的三要素，分别是_____、_____和_____。

（5）真菌的营养生长阶段主要靠_____来吸收养分。真菌繁殖的基本单位是_____。

（6）真菌菌丝体的特殊结构有_____、_____、_____和_____。

（7）真菌从孢子萌发开始，经过一定的营养生长和繁殖阶段，最后又产生同一种孢子的过程，称为真菌的_____。典型的真菌生活史包括_____和_____。

（8）植物病原真菌主要包括_____、_____、_____、_____和_____ 5个门。其中，最低等的真菌门是_____，最高等的真菌门是_____。

（9）接合菌无性繁殖形成_____孢子，有性繁殖形成_____孢子，菌丝为_____菌丝。

（10）真菌侵入林木的途径有_____、_____、_____。

（11）子囊果的类型有_____、_____、_____和_____。

（12）一种真菌的生活史只在一种寄主上完成的，称为_____；同一种真菌需在两种以上的寄主上才能完成生活史的，称_____。一种植物称为寄主，另一种植物称为_____。

（13）典型的锈菌顺序产生 5 种类型的孢子，即_____、_____、_____、_____和冬孢子。

（14）对于病害的发生侵染过程，人为地将其划分为 4 个时期，分别为_____、_____、_____、_____和_____。

（15）植物的细菌性病害一般由_____状细菌导致，主要以_____传播。

3. 单项选择题

（1）下列不能渡过不良环境的菌丝体结构为（　　）。
　　A. 菌核　　　B. 菌索　　　C. 吸器　　　D. 厚垣孢子
（2）（　　）是真菌为渡过不良环境而产生的繁殖体。
　　A. 菌核　　　B. 菌索　　　C. 菌丝　　　D. 子囊孢子
（3）真菌繁殖体的基本单位是（　　）。
　　A. 菌丝　　　B. 孢子　　　C. 芽管　　　D. 菌丝体
（4）引起非侵染性病害的因素有（　　）。
　　A. 真菌　　　B. 营养不良　　C. 线虫　　　D. 类病毒
（5）影响真菌孢子萌发的决定性因素是（　　）。
　　A. 温度　　　B. 光照　　　C. 湿度　　　D. pH 值
（6）典型病原细菌的形状为（　　）。
　　A. 球状　　　B. 杆状　　　C. 螺旋状　　　D. 线状
（7）典型的锈病可产生 5 种类型的孢子，其中，担孢子的产孢器官是（　　）。
　　A. 担孢子体　　　　　　B. 直接生在冬孢子上
　　C. 直接生在夏孢子上　　D. 散生于锈孢子器中
（8）半知菌无性阶段产生（　　）。
　　A. 接合孢子　　B. 子囊孢子　　C. 分生孢子　　D. 游动孢子
（9）花叶病一般是由（　　）引起的。
　　A. 细菌　　　B. 真菌　　　C. 植原体　　　D. 病毒
（10）由病毒引起的病害（　　）。
　　A. 有病征、无病状　　　　B. 有病征、有病状
　　C. 无病征、无病状　　　　D. 无病征、有病状

4. 判断题

（1）植物病原细菌可通过寄主细胞壁直接进入寄主体内。　　　（　）
（2）由植物病毒和植原体引起的病害只表现病状而没有病征。　　（　）
（3）由非侵染性病原导致的病害，既表现病状又表现病征。　　　（　）
（4）从病原物与寄主建立寄生关系到寄主开始表现症状，称为发病期。（　）
（5）所有的锈菌都能够产生 5 种孢子。　　　　　　　　　　　　（　）

5. 简答题

（1）什么是林木病害？试列举 2～3 种当地林木的主要真菌病害。
（2）林木病害的症状、病征各有哪些类型？
（3）简述生理性病害的诊断要点。
（4）简述真菌病害的症状特点。
（5）列表比较病原真菌 5 个门的主要分类特征。

6. 论述题

试述林木病害的诊断方法与步骤。

任务 1.2　认识森林昆虫

昆虫是森林病虫害中极其重要的类群，但并不是所有昆虫都危害森林植物，对植物有害的称为害虫，直接或间接对人类有益的称为益虫。昆虫在长期的演化过程中，为适应环境条件的变化形成了各自不同的形态结构。本任务通过对昆虫的认知，掌握昆虫体躯分段分节特点，熟悉昆虫分类的依据和方法，识别常见昆虫类群，了解它们的生物学与生态学特点，为更好地保护益虫、防治害虫奠定基础。

1.2.1　昆虫纲的特征

昆虫是动物界中最大的一个类群，分布最广、种类繁多。现已知昆虫的种类有 100 多万种，约占所有动物种类的 80%。在分类学上的地位属于节肢动物门、昆虫纲。它们具有节肢动物的共同特征：身体由系列体节组成，整个体躯备有几丁质的外骨骼，有些体节具有分节的附肢；体腔就是血腔，循环系统位于身体背面，神经系统位于身体腹面。昆虫除具有节肢动物所共有的特征外，与其他动物最主要的区别是：成虫体躯分头、胸、腹 3 部分；胸部具有 3 对足，通常还有 2 对翅；在生长发育过程中，需要经过一系列内部结构和外部形态上的变化,即变态;具外骨骼。以蝗虫为例观察昆虫纲特征(图 1-14)。

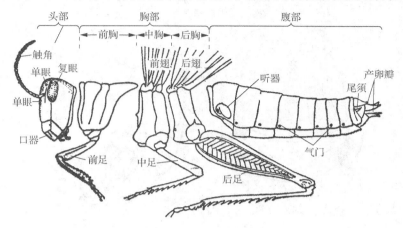

图1-14 蝗虫体躯侧面观

在节肢动物门中,与昆虫纲相近的几个主要纲有蛛形纲、甲壳纲、唇足纲和重足纲,特征比较见表 1-1。

表 1-1 节肢动物门主要纲的特征对比

纲名	体躯分段	复眼	单眼	触角	足	翅	生活环境	代表种
昆虫纲	头、胸、腹	1 对	0~3 个	1 对	3 对	2 对或 0~1 对	陆生或水生	蝗虫
蛛形纲	头胸部、腹部	无	2~6 对	无	2~4 对	无	陆生	蜘蛛
甲壳纲	头胸部、腹部	1 对	无	2 对	至少 5 对	无	水生、陆生	虾、蟹
唇足纲	头部、胴部	1 对	无	1 对	每节 1 对	无	陆生	蜈蚣
重足纲	头部、胴部	1 对	无	1 对	每节 2 对	无	陆生	马陆

1.2.2 昆虫的外部形态识别

1. 头部

昆虫头部位于身体最前端,以膜质的颈与胸部相连。一般呈圆形或椭圆形。在头壳的形成过程中,由于体壁内陷,表面形成一些沟和缝,因此将头壳分成头顶、颊、额、唇基、后头等几个区域(图 1-15)。头部的附器有触角、复眼、单眼和口器,是昆虫的感觉和取食中心。

由于口器着生的位置不同,昆虫的头部可分为 3 种头式。①下口式。口器向下,头部和体躯纵轴约成直角,如蝗虫、蟋蟀、鳞翅目幼虫等,大多见于植食性昆虫。②前口式。口器向前,头部和体躯纵轴近平行,如步甲,大多见于捕食性昆虫。③后口式。口器向后,头部和体躯纵轴成锐角,如蝉、蚜虫等,多为刺吸式口器昆虫。

1．正面观；2．侧面观。

图1-15　昆虫头部的构造

1）触角

昆虫除少数种类外，头部一般有 1 对触角。触角一般着生于额两侧，由许多环节组成。基部第 1 节称为柄节，第 2 节称为梗节，梗节以后的各小节统称鞭节（图 1-16）。

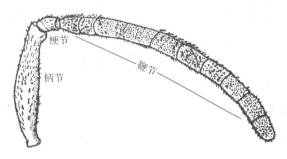

图1-16　触角的基本构造

触角是昆虫重要的感觉器官，表面上有许多感觉器，具嗅觉和触觉的功能，昆虫借以觅食和寻找配偶。例如，蚜小蜂用触角敲打蚜虫，以确定该蚜虫是否适宜寄生；地老虎对发酵的糖、醋、酒表现出较强的正趋性；不少昆虫的雌成虫活动能力差，甚至无翅，但却能分泌性引诱物质吸引雄虫前来交配，这些都与触角的作用有关。

昆虫触角的形状因昆虫的种类和雌雄不同而多种多样。常见类型有丝状或线状、念珠状、棒状或球杆状、锯齿状、栉齿状或羽状、膝状或肘状、鳃片状、环毛状、刚毛状、具芒状等。

2）口器

口器是昆虫的取食器官。各种昆虫因食性和取食方式的不同，其口器构造也有不同的类型。取食固体食物的为咀嚼式，取食液体食物的为吸收式，兼食固体和液体两种食物的为嚼吸式。吸收式口器按其取食方式又可分为把口器刺入林木或动物组织内取食的刺吸式、锉吸式、刮吸式口器，以及吸食暴露在物体表面的液体物质的虹吸式、舐吸式口器。下面介绍常见的口器类型。

（1）咀嚼式口器。基本构造由上唇、上颚、下颚、下唇及舌 5 个部分组成（图 1-17），是昆虫最基本、最原始的口器类型，其他口器类型都是由咀嚼式口器演化而来的。

1. 上唇；2、3. 上颚；4、5. 下颚；6. 下唇；7. 舌。

图1-17　蝗虫的咀嚼式口器

鞘翅目、鳞翅目和膜翅目的幼虫大部分具有咀嚼式口器，但某些构造因适应其生活和取食方式发生了变化。

具有咀嚼式口器的害虫，其典型的危害症状是构成各种形式的机械损伤。有的能把植物叶片食成缺刻，花蕾残缺不全，穿孔或啃叶肉留叶脉，甚至把叶全部吃光（如金龟子、叶蜂幼虫及蛾蝶类幼虫）；有的钻入叶中潜食叶肉（如潜叶蛾幼虫）；有的是吐丝缀叶、卷叶（如卷叶蛾、螟蛾幼虫）；有的在枝干内或果实中钻蛀危害（如天牛、木蠹蛾幼虫）；有的咬断幼苗根部或啃食皮层，使幼苗萎蔫枯死（如蛴螬）；有的咬断幼苗根颈部后将其拖走（如蟋蟀、地老虎）。

对于具有咀嚼式口器的害虫，在进行化学防治时，可用胃毒剂喷洒植物被害部位，或制成毒饵使用。

（2）刺吸式口器。昆虫用以吸食动植物汁液的口器，如蚜虫、蝉（图 1-18）、蚧壳虫、蝽象等的口器，是由咀嚼式口器演化而成的。这类口器能刺入动物或植物组织内吸取血液及细胞液。与咀嚼式口器相比，这类口器构造特化强烈，其不同点在于：上唇很短，呈三角形小片，贴于口器基部；下唇延伸成分节的喙，有保护口器的作用；上颚与下颚变成细长的口针，包在喙里面，外面 1 对是上颚口针，末端有倒刺，是刺破植物的主要部分；内面 1 对是下颚口针，两下颚口针里面各有 2 个沟槽，并且互相嵌合形成食物道和唾液道，取食时借肌肉动作将口针刺入组织内，吸取汁液，而喙留在植物体外。循着唾液道将唾液注入植物组织内，经初步消化，再由食物道吸取植物的营养物质进入体内。

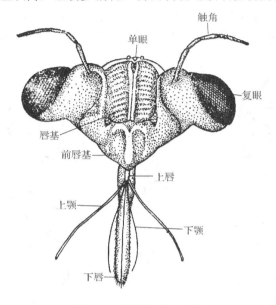

图1-18　蝉的刺吸式口器

刺吸式口器昆虫取食时，以喙接触植物表面，其上、下颚口针交替刺入植物组织内，吸取植物的汁液，常使植株呈现褪色的斑点、卷曲、皱缩、枯萎或变为畸形，或因局部组织受刺激，使细胞增生，形成局部膨大的虫瘿；多数刺吸式口器昆虫还可以传播病害，如蚜虫、叶蝉、蟥象等。

内吸性杀虫剂是防治刺吸式口器害虫的一类十分有效的药剂，如氧化乐果、吡虫啉等。

（3）锉吸式口器。这种口器为蓟马类昆虫所特有。蓟马的头部向下突出，具有 1 个短小的喙，由上唇、下唇等组成。喙内藏有舌、上颚、下颚和口针，右上颚退化或消失，仅左上颚发达，下颚须和下唇须存在，但很小。上颚口针较粗大，是主要的穿刺工具，两下颚口针组成食物道，舌与下唇间组成唾液道。取食时，先以上颚口针锉破寄主表皮，然后以喙密接伤口，靠抽吸作用吸取植物汁液。

（4）虹吸式口器。这种口器为鳞翅目昆虫所特有，上颚退化，下颚的外颚叶特别延长，变成卷曲的喙，内部形成一个细长的食物管道，用以吸取液体食料。下唇为小型的薄片，着生发达的下唇须。具有这类口器的昆虫，除一部分夜蛾能危害果实外，一般不造成危害。

除上述几种口器外，还有嚼吸式口器（蜜蜂）、刮吸式口器（牛虻）、舐吸式口器（家蝇）等。

了解昆虫口器的构造,在识别与防治害虫上具有很大意义。我们可以根据口器类型,判断不同被害症状,也可根据被害症状,确定是哪一类害虫危害,为选择杀虫农药提供依据。

3)眼

眼是昆虫的视觉器官,在昆虫的取食、栖息、**繁殖**、避敌、决定行动方向等各种活动中起着重要作用。

昆虫的眼有 2 种:1 种称为复眼,1 对,位于头的两侧,是由 1 至多个小眼集合形成,是昆虫的主要视觉器官,仅成虫和不完全变态的若虫所具有,低等昆虫及穴居和寄生的昆虫复眼常退化或消失;另 1 种称为单眼,根据数目和着生位置的不同又可分为背单眼和侧单眼两类,背单眼为成虫和不完全变态的若虫所具有,与复眼同时存在,通常3 个(极少 1 个),排列成倒三角形,侧单眼为全变态类幼虫所具有,位于头部的两侧,数目为 1~7 个不等,单眼只能分辨光线强弱和方向,不能分辨物体和颜色。

昆虫对物体形状的分辨能力,一般只限于近距离的物体,对颜色的分辨能力与产卵地点、取食植物有密切的关系。很多昆虫表现出一定的趋绿或趋黄反应,如蚜虫在飞翔过程中,往往选择在黄色的物体上降落。一些地方利用黄色粘虫板诱蚜,就是这个原理。昆虫对 330~400nm 的紫光波有很强的趋性,因此生产上利用黑光灯、双色灯、卤素灯等诱集昆虫。

2. 昆虫的胸部

胸部是昆虫体躯的第 2 体段,位于头部之后。胸部着生足和翅,是昆虫的运动中心。

1)胸部的基本构造

胸部由前胸、中胸和后胸 3 个体节组成。各胸节均具 1 对足,分别称为前足、中足和后足。大多数昆虫在中、后胸上还具有 1 对翅,分别称为前翅和后翅。胸节的发达程度与其上着生的翅和足的发达程度有关。每 1 个胸节都是由 4 块骨板构成,上面的称为背板,左右两侧的称为侧板,下面的称为腹板。骨板按其所在胸节部位而命名,如前胸背板、中胸背板、后胸背板等,各胸板由若干骨片构成。这些骨片也各有名称,如盾片、小盾片等。有些骨板和骨片的形状、突起、角刺等常用于昆虫种类的鉴定。

2)足

足是昆虫胸部的附肢,着生于侧板和腹板之间。成虫的胸足,一般分为 6 节,由基部向端部依次为基节、转节、腿节、胫节、跗节和前跗节(图 1-19)。胫节常具成行的刺,端部多具能活动的距;前跗节包括 1 对爪和两爪中间的 1 个中垫。爪和中垫是用来抓握物体的。有的两爪下方各有 1 个爪垫,中垫则成为 1 个刺状的爪间突,如家蝇。昆虫跗节的表面具有许多感觉器,当害虫在喷有触杀剂的植物上爬行时,药剂也容易由此进入虫体,使其中毒死亡。

昆虫的足大多数是用来行走的,有些昆虫由于生活环境和生活方式不同,在构造和功能上发生了相应的变化,形成各种类型的足,如步行足、跳跃足、捕捉足、游泳足、抱握足、携粉足、开掘足等(图 1-20)。

图1-19　昆虫胸足的基本构造

1. 步行足；2. 跳跃足；3. 捕捉足；4. 游泳足；5. 抱握足；6. 携粉足；7. 开掘足。

图1-20　昆虫足的类型

3）翅

昆虫是唯一具翅的无脊椎动物，也是整个动物界中最早获得飞行能力的动物。昆虫的翅由胸部背板侧缘向外延伸演化而来，通常呈三角形，为双层的膜质构造，两层间留下软化的气管构成翅脉，翅脉支撑翅面起骨架作用，并有血液循环于其中。昆虫获得了翅，大大扩大了它们的活动范围，从而有利于它们的觅食、求偶和避敌等生命活动。

（1）翅的分区。昆虫的翅常呈三角形，有 3 条边和 3 个角。翅展开时靠近前面的一边称前缘，后面靠近虫体的一边称为后缘或内缘，其余 1 边称外缘；前缘基部的角称肩角，前缘与外缘间的角称为顶角，外缘与内缘间的角称为臀角；翅面还有一些褶线将翅面划分成 3~4 个区（图 1-21）。

（2）翅脉。昆虫翅面分布着许多的脉纹称为翅脉。翅脉有纵脉和横脉之分。纵脉是由翅基部伸到边缘的脉；横脉是横列在纵脉间的短脉。标准序脉和纵横脉都有一定的名称和缩写代号。翅脉在翅上的数目和分布形式称为脉序（脉相）。

不同昆虫类群的脉序有一定的差异，而同类昆虫的脉序又相对稳定和相似。因此，脉序是研究昆虫分类和系统发育的依据。为了便于比较研究，人们对现代昆虫和古代化石昆虫的翅脉加以分析和比较，归纳和概括出假想模式脉序，作为鉴别昆虫脉序的科学标准（图 1-22）。

图1-21　昆虫翅的分区

图1-22　昆虫的假想模式脉序

（3）翅的类型。翅的主要功能是飞行，但是各种昆虫为适应特殊的生活环境，其翅的功能有所不同，因而在形态上也发生了种种变异，归纳起来有以下几种类型，如覆翅、鳞翅、膜翅、半鞘翅、平衡棒、缨翅、鞘翅等（图1-23）。

1. 覆翅；2. 鳞翅；3. 膜翅；4. 半鞘翅；5. 平衡棒；6. 缨翅；7. 鞘翅。

图1-23　昆虫翅的类型

3．腹部

腹部是昆虫体躯的第 3 体段，紧连于胸部。腹部除末端几节具有尾须和生殖器外，一般没有附肢，第 1～8 腹节两侧常各有 1 对气门。昆虫的消化道和生殖系统等内脏器官及组织都位于其中，因此腹部是昆虫代谢和生殖的中心。

腹部一般呈长筒形或椭圆形，但在各类昆虫中常有很大变化。成虫的腹部一般由 9～11 节组成。腹节的构造比胸节简单，有发达的背板和腹板，但没有像胸部那样发达的侧板，两侧只有膜质的侧膜。腹节可以互相套叠，后一腹节的前缘常套入前一腹节的后缘内，节与节之间有膜连接，因此能伸缩，扭曲自如，并可膨大和缩小，有助于昆虫的呼吸、蜕皮、羽化、交配、产卵等活动。

昆虫外生殖器是用来交尾和产卵用的器官（图 1-24 和图 1-25）。雌虫的外生殖器称为产卵器，可将卵产于植物表面，或产入植物体内、土中及其他昆虫体内。雄虫的外生殖器称为交配器，主要用于与雌虫交配。

图 1-24　雄性外生殖器的基本构造

图 1-25　雌性产卵器的基本构造

4．昆虫的体壁

昆虫属节肢动物，它的骨骼长在身体的外面，而肌肉却着生在骨骼的里面，所以昆虫的骨髓系统称为外骨骼，也称为体壁。体壁的功能包括：构成昆虫的躯壳，着生肌肉，保护内脏，是阻止水分过量蒸发和外物侵入的屏障，是十分重要的保护组织。此外，体壁很少是光滑的，常常向外突出或向内凹入，形成体壁的外长物，如疣状突起、点刻、脊、毛、刺、鳞片等，与外界环境取得广泛的联系。昆虫的前肠、后肠、气管和某些腺体也多由体壁内陷而成。

1）体壁的基本结构

昆虫的体壁可分为 3 个主要层次，由里向外依次为底膜、皮细胞层和表皮层（图 1-26）。

（1）底膜，是紧贴在皮细胞层下的一层薄膜，由表皮细胞分泌而成。

（2）皮细胞层，是一个连续的单细胞层，排列整齐，具有再生能力，可形成新的表皮。昆虫体表的刚毛、鳞片、刺、距及陷入体内的各种腺体都是由皮细胞特化而成的。

（3）表皮层，在皮细胞层的上方，是由皮细胞层向外分泌而成。昆虫的表皮由内表皮、外表皮和上表皮 3 层组成，其上表皮从内向外还分为表皮质层、蜡层和护蜡层。表皮层主要成分为几丁质、蛋白质、脂类及多元酚等物质。

1. 体壁的纵切；2. 上表皮的纵切。

图1-26　昆虫体壁的构造

2）体壁结构及性能与防治的关系

昆虫的体壁结构及性能与防治有着密切的联系，认识昆虫体壁特性，目的是设法打破其保护性能，提高农药穿透体壁的能力，杀灭害虫。一般体壁坚厚、蜡层特别发达的昆虫，药剂不易在表面黏附且难以穿透。例如，许多甲虫具有坚厚的外壳，鞘翅下面有空隙，药剂不能由背面进入虫体；相反，体壁比较软的蝶、蛾类幼虫，药剂则易于透过体壁进入虫体。就同一种昆虫而言，幼龄期比老龄期体壁薄些，更容易中毒致死。消灭幼虫于 3 龄之前的防治策略，就是根据这个原理制定的。同一昆虫体躯的膜质部位易被药剂侵入。表皮层的蜡层和护蜡层，是疏水性的，油乳剂杀虫效果比可湿性粉剂高。农药中加惰性粉能擦破昆虫表皮，使其失水而死。近年来人们根据昆虫体壁的构造特性人工合成一种破坏几丁质的药剂，具有抗蜕皮激素的作用，称为灭幼脲类，如灭幼脲一号、灭幼脲二号等。当幼虫吃下这类药剂后，体内几丁质的合成受到阻碍，不能生出新表皮，因而使幼虫蜕皮受阻而死。近期研究发现，调节昆虫表皮和围食膜中几丁质的完整性和含量是很好的害虫防治策略，加之高等动物和林木均不含几丁质，以其为靶标的杀虫剂有着极为广阔的应用前景。

1.2.3　昆虫主要内部器官系统及与防治的关系

1. 消化系统

消化系统包括消化道和唾腺。昆虫的消化道是一条从口到肛门、纵贯在体腔中央的管子，分为前肠、中肠和后肠 3 部分。

前肠由口开始，经过咽喉、食道、嗉囊终止于前胃，前肠是食物通过或暂存的管道。中肠在前肠之后，又称为胃，是消化食物和吸收养分的主要部分。后肠前端以马氏管着生处与中肠分界，后端开口于肛门（图 1-27）。后肠的主要功能是吸收水分，排出食物残渣。

中肠的消化作用，必须在稳定的酸碱度条件下进行，所以昆虫中肠液常有较稳定的pH 值。一般鳞翅目幼虫中肠 pH 值为 8～10。胃毒剂的作用与昆虫中肠 pH 值有密切关系，因为药剂在中肠内溶解，与中肠内 pH 值有关。因此，了解中肠液的 pH 值，有助于正确选用胃毒剂。

图1-27　蝗虫的消化系统

2. 呼吸系统

大多数昆虫靠气管系统进行呼吸。气管系统由许多富有弹性和排列方式固定的气管组成，由成对的气门开口在身体两侧。纵贯体内两侧的是两条气管主干，主干间有横向气管相连，最终由气管末端的微气管将氧气直接输送到身体各部分（图 1-28）。

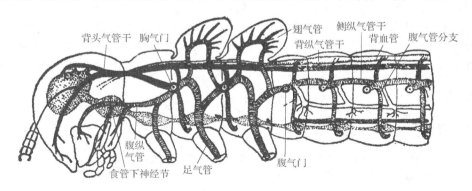

图1-28　昆虫的气管系统

气门是气管在体壁上的开口，一般成虫的中、后胸和腹部第 1～8 节各有 1 对气门，共 10 对；多数幼虫有 9 对气门，在前胸和腹部第 1～8 节各有 1 对。气管是富有弹性的管状物，内壁由几丁质螺旋丝作螺旋状加厚，以保持气管扩张并增加弹性，有利于体内气体的流通。

　　昆虫的呼吸主要是靠空气扩散作用由气门进入虫体的。当空气中含有一定的有毒气体时,毒气同样可随空气进入虫体,使其中毒而死,这就是熏蒸剂防治的基本原理。熏蒸剂的毒杀效果与气门关闭情况有密切关系。在一定温度范围内,温度越高,昆虫越活跃,呼吸作用越强,气门开放也越大,此时施药效果好。此外,在空气中二氧化碳增多的情况下,会迫使昆虫呼吸加强,引起气门开放。在气温低时,使用熏蒸剂防治害虫,除了提高温度外,还可采用输送二氧化碳的办法,刺激害虫呼吸,促使气门开张,提高熏杀效果。同时,昆虫的气门一般是疏水性的,水滴本身的表面张力又较大,因此水滴不易进入气门,而油类制剂比较容易渗入,油乳剂除能直接穿透体壁外,还能由气门进入虫体,如煤油。有些杀虫剂的辅助剂如肥皂水、面糊水等,能堵塞气门,使昆虫窒息而死。

　　3. 神经系统

　　昆虫的一切生命活动都受神经系统的支配。昆虫的神经系统由中枢神经系统、交感神经系统和周缘神经系统构成,其中最主要的是担负着感觉、联系和运动协调中心的中枢神经系统,包括脑和腹神经索等部位;交感神经系统受中枢神经系统支配,控制前肠、背血管、后肠和生殖器官的活动;周缘神经系统位于昆虫体壁下面,是传递外部刺激到中枢神经系统和由中枢神经系统传出"命令"至反应器的传递网络(图1-29)。

图1-29　昆虫的神经系统

昆虫对外界环境的刺激，首先由感受器接受，经感觉神经纤维将兴奋传导到中枢神经系统，中枢神经系统的冲动由运动神经纤维传导到反应器（肌肉或腺体）作出反应。神经冲动的传导依靠乙酰胆碱的释放与分解而实现。目前，用来防治害虫的大多数农药，如氨基甲酸酯类和有机磷杀虫剂均为神经毒剂，能抑制胆碱酯酶的作用，使乙酰胆碱不能水解消失，神经长期过度兴奋，导致虫体过度疲劳而死亡。

4. 生殖系统

生殖系统是繁殖后代的器官。昆虫的生殖器官位于腹部消化道的两侧或背侧面。雌性生殖器官包括卵巢（1 对）、输卵管、受精囊和附腺等部分。雄性生殖器官包括精巢（或称睾丸，1 对）、输精管、贮精囊和附腺等部分。

在防治上，可使用化学不育剂，影响昆虫的内生殖器官发育，以及精子和卵的活力，使昆虫绝育。还可用辐射线（X 射线或 γ 射线）处理雄虫使其性腺受破坏而绝育，也可以利用遗传工程，使害虫携带某种不育因子或有害基因，将其释放到林地，使其与正常的防治对象交尾，可造成害虫种群的自然削减。

5. 内分泌系统

内分泌系统主要包括脑神经分泌细胞群、咽下神经节、心侧体、咽侧体、前胸腺，以及某些神经节、绛色细胞、睾丸顶端分泌细胞和脂肪体等，其分泌的具有高度活性的化学物质，称为激素。激素分两类：一类统称为内激素，经血液分布到作用部位，在不同的生长发育阶段，对昆虫的生长、发育、变态、滞育、交配、生殖和一般生理代谢作用等起调节和控制作用；另一类称为外激素或信息素，是一类昆虫个体间的信息传递化合物，散布到虫体外，作个体间通信用，可调节或诱发同种昆虫间的特殊行为，如雌雄虫间的性引诱、群体集结、标记追踪、告警自卫等。

目前已经明确的主要有 3 种内激素：①促前胸腺激素，主要由昆虫前脑侧区的神经分泌细胞产生，主要作用是激活前胸腺产生蜕皮激素；②蜕皮激素，由昆虫前胸内的前胸腺产生，具有控制昆虫蜕皮与变态的功能；③保幼激素，由咽喉两侧的咽侧体产生，具有维持幼虫特征、阻止变态发生的作用。若在昆虫幼虫期摄入保幼激素，则可引起幼虫期的延长，成为长不大的老幼虫而没有生命力趋向死亡，这在生产实践中具有重要意义。目前，已经发现的昆虫信息激素主要有性信息素、聚集信息素、示踪信息素、报警信息素等，而研究最多的是性信息素。人工合成昆虫信息素作为特异杀虫剂已用于虫情监测、诱杀降低虫口密度、迷向干扰交配、海关检疫外来入侵虫种、驱避害虫等。

1.2.4　昆虫的生物学特性

昆虫生物学的研究对象是昆虫的个体发育史，包括昆虫的繁殖、发育、变态，以及从卵开始到成虫为止的生活史等方面的生物学特性。通过研究昆虫生物学，可以进一步了解昆虫共同的活动规律，对害虫的防治和益虫的利用有重要意义。

1. 昆虫的生殖方式

大多数昆虫为雌雄异体，进行两性生殖，也有一些特殊的生殖方式。

1）两性生殖

昆虫经过雌雄交配后，产下的受精卵直接发育成新个体的生殖方式，称为两性生殖，又称卵生，如蝗虫、天牛、蛾、蝶等。这是绝大多数昆虫所具有的生殖方式。

2）孤雌生殖

雌虫所产的卵不经过受精而发育成新个体的现象，称为孤雌生殖，又称单性生殖。大致可分为 3 种类型：①偶发性的孤雌生殖，在正常情况下行两性生殖，偶尔出现未经受精的卵而发育成新个体的现象，如家蚕；②经常性的孤雌生殖，正常情况下行孤雌生殖，偶尔发生两性生殖，如膜翅目蜜蜂、蚂蚁等，受精卵发育成雌虫，未受精卵发育成雄虫；③周期性的孤雌生殖，孤雌生殖和两性生殖随季节变迁而交替进行。例如，蚜虫从春季到秋季连续若干代是以孤雌生殖繁殖后代，只有在冬季来临时才产生雄蚜，进行两性生殖，雌雄交配产卵越冬。

3）多胚生殖

1 个成熟的卵可以发育成 2 个或 2 个以上个体的生殖方式，称为多胚生殖。常见于膜翅目的小蜂、细蜂等寄生性昆虫。

2. 昆虫的发育

昆虫的个体发育可分为胚胎发育和胚后发育两个阶段。胚胎发育是指从卵受精开始到幼虫破卵壳孵化为止，是在卵内进行的。胚后发育是指幼虫自卵中孵化出到成虫性成熟为止，出现变态现象。

3. 昆虫的变态

昆虫从小到大在外部形态、内部器官、生活习性和环境等方面会发生一系列变化，此现象即为昆虫的变态。昆虫经过长期的演化，随着成虫、幼虫分化程度不同，以及对环境长期适应的结果，形成了不同的变态类型，主要包括不完全变态和完全变态。

1）不完全变态

昆虫一生经过卵、幼虫、成虫 3 个虫态（图 1-30）。不完全变态分为 3 个亚型。

（1）渐变态。观察蝗虫、蝽象、蝉等昆虫的生活史标本，其幼虫与成虫形态、生活习性和生活环境相似，但幼虫体形小、翅和附肢短，性器官不成熟，其幼虫称为若虫。

（2）半变态。观察蜻蜓的生活史标本或视频，其成虫陆生，幼虫水生，幼虫的形态和生活习性与成虫明显不同，其幼虫称为稚虫。

（3）过渐变态。观察粉虱和雄性介壳虫的生活史标本或视频，其幼虫在转变为成虫前有 1 个不食不动的类似蛹的时期，是昆虫从不完全变态向完全变态演化的过渡类型。

1. 卵袋及其剖面；2. 若虫；3. 成虫。

图1-30　昆虫的不完全变态

2）完全变态

　　观察甲虫、蛾、蝶、蜂、蚁、蝇等的生活史标本，这些昆虫一生经过卵、幼虫、蛹、成虫4个虫态。完全变态昆虫的幼虫不仅外部形态和内部器官与成虫很不相同，而且生活习性也完全不同（图 1-31）。从幼虫变为成虫过程中，口器、触角、足等附肢都需要经过重新分化。因此，在幼虫与成虫之间要历经"蛹"来完成剧烈的体形变化。

1. 卵；2. 幼虫；3. 蛹；4. 成虫。

图1-31　昆虫的完全变态

4. 昆虫各虫态特点

1）卵

　　卵期是昆虫个体发育的第一个时期，是指卵从母体产下后到孵化出幼虫所经历的时期。卵是一个不活动的虫态，所以昆虫对产卵和卵的构造本身都有特殊的保护性适应。昆虫卵是一个大型细胞，卵的外面包被较坚硬的卵壳，卵壳下为一层薄膜，称为卵黄膜，包围着原生质和丰富的卵黄。昆虫卵大小不一，长度一般为 1～2mm，较大的如蝗虫卵长达 6～7mm，螽蟖卵长 9～10mm，小的如寄生蜂卵长仅 0.02～0.03mm。昆虫卵的形状是多种多样的，常见的是圆形或肾形，如蝗虫的卵。此外，还有球形（如甲虫）、桶形（如蝽象）、半球形（如夜蛾类）、带有丝柄（如草蛉）、瓶形（如粉蝶）等。卵的表面有的平滑，有的具有华丽的饰纹。昆虫的产卵方式随种类而异，有的散产，如天牛、凤蝶；有的聚产，如螳螂、蝽象；有的裸产，如松毛虫；有的隐产，如蝉、蝗虫等。

2）幼虫

幼虫期是昆虫个体发育的第二个时期。从卵孵化出来后到出现成虫特征（不完全变态类变成虫或完全变态化蛹）之前的整个发育阶段，称为幼虫期（或若虫期）。幼虫期的明显特点是大量取食，积累营养，迅速增大体积。昆虫幼虫期对林木的危害最严重，因而常常是防治的重点时期。

（1）孵化。昆虫在胚胎发育完成后，幼虫破卵而出，称为孵化。初孵化的幼虫，体壁中的外表皮尚未形成，身体柔软，色淡，抗药能力差，此时是化学防治的有利时期。

（2）幼虫的生长和蜕皮。在幼虫的发育过程中，每隔一段时间常要将旧的表皮蜕去，幼虫蜕去旧表皮的过程称为蜕皮。蜕下的旧表皮称为蜕。昆虫每经历一次蜕皮，身体显著增大，食量相应增多。蜕皮的次数在各种昆虫中是很不相同的，但同一种昆虫的蜕皮次数，一般来说是相对稳定的。幼虫的生长往往呈阶段性，即取食→生长→蜕皮→取食→生长，循环进行。在正常情况下，幼虫生长到一定程度就要蜕一次皮，所以它的大小或生长进程（所谓虫龄）可以用蜕皮次数来作指标。初孵的幼虫称为1龄幼虫；蜕1次皮后称为2龄幼虫，每蜕1次皮就增加1龄，幼虫生长到最后一龄时，称为老熟幼虫或末龄幼虫。

虫龄计算公式：虫龄＝蜕皮次数＋1。相邻两次蜕皮之间所经过的时间，称为龄期。

（3）幼虫的类型。完全变态类昆虫的幼虫由于食性、生活习性和生活环境十分复杂，幼虫在形态上的差异极大，根据幼虫足的数目可分成以下几类（图1-32）。

1. 原足型；2. 多足型；3. 寡足型；4. 无足型（无头）；5. 无足型（半头）；6. 无足型（全头）。

图1-32 完全变态类幼虫的类型

① 原足型。像 1 个发育不完全的胚胎,腹部分节或不分节,胸足和其他附肢只是几个突起,如膜翅目寄生蜂的初龄幼虫。

② 多足型。幼虫具有 3 对胸足,2～8 对腹足。

③ 寡足型。幼虫只具有 3 对胸足,没有腹足和其他附肢。

④ 无足型。幼虫既无胸足也无腹足。

3）蛹

自末龄幼虫蜕去表皮至变为成虫所经历的时间,称为蛹期。蛹是完全变态类昆虫由幼虫变为成虫的过程中必须经历的虫态。老熟幼虫在化蛹前停止取食,呈安静状态,称为前蛹期。末龄幼虫蜕去最后的皮称为化蛹。

根据翅、触角和足等附肢是否紧贴于蛹体上及蛹的形态,通常将蛹分为 3 类(图 1-33)。

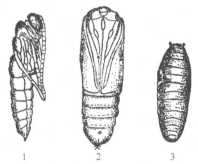

1. 离蛹;2. 被蛹;3. 围蛹。

图1-33　蛹的类型

① 离蛹(裸蛹)。触角、足等附肢和翅不贴附于蛹体上,可以活动。

② 被蛹。触角、足、翅等附肢紧贴于蛹体上,不能活动。

③ 围蛹。蛹体实际上是离蛹,但蛹体外面有末龄幼虫所蜕的皮形成的蛹壳包围。

蛹期是个不活动的虫期,昆虫在蛹期不取食,也很少进行主动的移动,缺少防御和躲避敌害的能力,而内部则进行着激烈的器官组织的解离和生理活动,这就要求有相对稳定的环境来完成所有的转变过程。因此,不同昆虫的化蛹场所和方式也是多种多样的,有的吐丝作茧,有的在树皮缝中或在地下作土室,有的在蛀道内或卷叶内等。

4）成虫

成虫期是昆虫个体发育的最后一个时期。成虫期雌雄两性的区别已显示出来,复眼也出现,有发达的触角,形态已经固定;有翅的种类,翅也长成。因此,昆虫的分类以成虫期的特征为主要根据。

① 成虫的羽化。成虫从它的前一虫态蜕皮而出的过程,称为羽化。初羽化的成虫色浅而柔软,待翅和附肢伸展,体壁硬化后,便开始活动。

② 性成熟与补充营养。有些昆虫在羽化后,性器官已经成熟,不需取食即可交尾、产卵。这类成虫口器一般会退化,寿命很短。大多数昆虫羽化为成虫时,性器官还未完

全成熟，需要继续取食才能达到性成熟，如金龟子和不完全变态类等昆虫，这种性细胞发育不可缺少的成虫期营养，称为补充营养。

③ 性二型。同一种昆虫，雌雄个体除生殖器官等第一性征不同外，其个体的大小、体形、颜色等也有差别，这种现象称为性二型（雌雄二型）。例如，蓑蛾的雌虫无翅，雄虫具翅；马尾松毛虫雄蛾触角为羽毛状，雌蛾触角为栉齿状；雄蚱蝉具发音器而雌虫没有等都是显而易见的雌雄差别。

④ 性多型现象。同种昆虫同一性别具有两种及以上个体的现象，称为性多型现象。例如，蜜蜂有蜂王、雄蜂和不能生殖的工蜂；白蚁群中除有蚁后、蚁王专司生殖外，还有兵蚁和工蚁等类型（图 1-34）。

1. 若虫；2. 工蚁；3. 兵蚁；4. 生殖蚁若虫；5. 蚁后；6. 有翅型。

图1-34　白蚁的性多型现象

5. 昆虫生活史

1）昆虫的世代

昆虫自卵或幼体离开母体到成虫性成熟产生后代为止的个体发育周期，称为 1 个世代。各种昆虫完成 1 个世代所需的时间不同，在 1 年内完成的世代数也不同，如竹笋夜蛾、红脚绿金龟子、樟蚕 1 年完成 1 个世代，棉卷叶野螟等 1 年完成 5 个世代，桑天牛等需要 2 年才完成 1 个世代，有的昆虫甚至十几年才能完成 1 个世代，如美洲十七年蝉完成 1 个世代需要 17 年。昆虫完成 1 个世代所需的时间和 1 年内发生的世代数，除因昆虫的种类不同外，往往与其所在的地理位置、环境因子也有密切的关系。

1 年发生多代的昆虫，由于成虫发生期长和产卵期先后不一，同一时期内，在 1 个地区可同时出现同一种昆虫的不同虫态，造成上下世代间重叠的现象，称为世代重叠。

对 1 年发生 2 代和多代的昆虫，划分世代顺序均以卵期开始，依先后出现的次序称第一代、第二代……但应注意跨年虫态的世代顺序，习惯上是凡以卵越冬的，越冬卵就是次年的第一代卵。例如，梧桐木虱，2020 年秋末产卵越冬，卵至次年 4、5 月孵化，这批越冬卵就是 2021 年的第一代卵。以其他虫态越冬的都不是次年的第一代而是前一年的最后一代，称为越冬代。例如，马尾松毛虫 2020 年 11 月中旬以 4 龄幼虫越冬，这个越冬幼虫称为 2020 年的越冬代幼虫。

2）昆虫的休眠与滞育

昆虫在一年的生长发育过程中，常出现暂时停止发育的现象，即通常所谓的越冬和越夏，这种现象从其本身的生物学和生理学特性来看，可分为休眠和滞育两类。

（1）休眠，是指由于不良环境条件直接引起的，当不良环境条件解除后，即可恢复正常的生命活动。休眠发生在炎热的夏季称为夏蛰（或越夏），发生在严冬季节称为冬眠（或越冬）。各种昆虫的休眠虫态不一。例如，小地老虎在北京以蛹越冬，在长江流域以蛹和老熟幼虫越冬，在广西南宁以成虫越冬。

（2）滞育，是指由温度和光周期等环境条件和昆虫的遗传特性引起的生长发育暂时停止的现象。在自然情况下，当不利的环境条件还远未到来之前，具有滞育特性的昆虫就进入滞育状态，而且一旦进入滞育，即使给予最适宜的条件，也不能解除滞育。因此，滞育是昆虫长期适应不良环境而形成的一种遗传特性。例如，樟叶蜂以老熟幼虫在7月上、中旬于土中滞育，至翌年2月上、中旬才恢复生长发育。

3）昆虫的年生活史

昆虫在1年中发生经过的状况，称为生活史，包括越冬虫态、1年中发生的世代、越冬后开始活动的时期、各代历期、各虫态的历期、生活习性等。了解害虫的生活史，掌握害虫的发生规律，是防治害虫的可靠依据。

昆虫的年生活史除用文字进行叙述外，也可以用图表来表示（表1-2）。

表1-2　核桃扁叶甲的生活史

代次	1 上中下	2 上中下	3 上中下	4 上 中 下	5 上中下	6 上中下	7 上中下	8 上中下	9 上中下	10 上中下	11 上中下	12 上中下
越冬代	⊕⊕⊕	⊕⊕⊕	⊕⊕⊕ +++	+ +								
第一代			•	••• - - - ○○ +	- ○○○ +++	- +						
第二代					••• - - - ○○ +	•• - - - ○○○ +++ △△	△△△	△△ +++	+			
越冬代									••• ○○ +	•• - - ○○ + + + ⊕⊕⊕	⊕⊕⊕	⊕⊕⊕

注：表中●代表卵；—代表幼虫；○代表蛹；＋代表成虫；⊕代表越冬成虫；△代表越夏成虫。

6. 昆虫的习性

绝大多数昆虫的活动，如飞翔、取食、交配、卵化、羽化等，均有它的昼夜节律。这些都是种的特性，是对该种有利于生存、繁育的生活习性。我们可把在白昼活动的昆虫称为日出性或昼出性昆虫；夜间活动的昆虫称为夜出性昆虫；还有一些只在弱光（如黎明、黄昏）时活动的，则称为弱光性昆虫。许多捕食性昆虫，如蜻蜓、虎甲、步甲等，为日出性昆虫，这同它们的捕食对象是日出性的有关；蝶类都同它们乐于寻找花的开放有关。绝大多数的蛾类是夜出性的，取食、交配、生殖都在夜间。在夜出性的蛾类中，也有以凌晨或黄昏为活动盛期的。例如，舞毒蛾的雄成虫多在傍晚时分围绕树冠翩翩起舞，蚊子是在弱光下活动的。

由于自然界中昼夜长短是随季节变化的，许多昆虫的活动节律也有季节性。一年发生多代的昆虫，各世代对昼夜变化的反应也有所不同。

1）食性

各种昆虫在自然界的长期活动中，逐渐形成了一定的食物范围。

（1）按照取食对象的不同，可以划分为如下类型。

① 植食性昆虫。以活的植物的各个部位为食物的昆虫。大多数种类是农林业害虫，如马尾松毛虫、刺蛾、叶甲等；少数种类对人类有益，如柞蚕，家蚕等。

② 肉食性昆虫。以其他动物为食物的昆虫，如瓢虫、螳螂、食虫虻、胡蜂等，寄生在害虫体内的寄生蝇、寄生蜂等，以及对人类有害的蚊、虱等。

③ 腐食性昆虫。以动物、植物残体或粪便为食物的昆虫，如粪金龟等。

④ 杂食性昆虫。既以植物或动物为食，又可腐食，如蜚蠊。

（2）按取食种类的不同，可以划分为如下类型。

① 单食性昆虫。只以一种或近缘种植物为食物的昆虫，如三化螟、落叶松鞘蛾等。

② 寡食性昆虫。以一科或几种近缘科的植物为食物的昆虫，如菜粉蝶、马尾松毛虫等。

③ 多食性昆虫。以多种非近缘科的植物为食物的昆虫，如刺蛾、棉蚜、蓑蛾等。

2）趋性

趋性是指昆虫对各种刺激物所引起的反应，趋向刺激物的活动称为正趋性；避开刺激物的活动称为负趋性。各种刺激物主要有光、温度、化学物质等，因而趋性也就有趋光性、趋温性、趋化性等。

（1）趋光性，是指昆虫视觉器官对光线刺激所引起的趋向活动。

（2）趋化性，是指昆虫嗅觉器官对化学物质刺激所引起的趋向活动。

（3）趋温性，是指昆虫感觉器官对温度刺激所引起的趋向活动。

利用昆虫的趋性可设置黑光灯诱杀有趋光性的昆虫，如马尾松毛虫、夜蛾等；用糖醋液诱杀地老虎类是利用了其趋化性。另外，可利用昆虫的趋性来进行预测预报和采集标本。

3）群集性和社会性

（1）群集性，是指同种昆虫的大量个体高密度聚集在一起的现象。例如，马尾松毛虫1～2龄幼虫、刺蛾的幼龄幼虫、金龟子一些种类的成虫都有群集危害的特性。再如，榆蓝叶甲的越夏，瓢虫的越冬，天幕毛虫幼虫在树杈结网栖息等。了解昆虫的群集性可以在害虫群集时进行人工捕杀。

（2）社会性，是指昆虫营群居生活，一个群体中个体有多型现象，有不同分工。例如，蜜蜂分蜂王、雄蜂、工蜂；白蚁分蚁王、蚁后、有翅生殖蚁、兵蚁、工蚁等。

4）假死性

有一些昆虫在取食爬动时，当受到外界突然震动惊扰后，往往立即从树上掉落至地面、卷缩肢体不动或在爬行中缩作一团不动，这种行为称为假死性。如象甲、叶甲、金龟子等成虫遇惊即假死下坠，3～6龄的松毛虫幼虫受震落地假死等。可利用害虫的假死习性进行人工扑杀、虫情调查等。

5）拟态和保护色

一种生物模拟另一种生物或模拟环境中的其他物体从而获得好处的现象，称为拟态。这种现象可见于卵、幼虫（若虫）、蛹和成虫各虫态。拟态对昆虫的取食、避敌、求偶有重要的生物学意义。例如，竹节虫、尺蛾幼虫，其形态与植物枝条极为相似，从而能够躲避天敌。

保护色是指某些昆虫具有同其生活环境中的背景相似的颜色，这有利于躲避捕食性动物的视线而达到保护自己的目的，如蚱蜢、枯叶蝶、尺蠖成虫的体色。

1.2.5　森林昆虫与环境的关系

昆虫的发生发展除与本身的生物特性有关外，还与环境条件有密切关系，影响昆虫种群数量的环境因素主要有气候因子、土壤因子、生物因子和人为因素等。

1. 气候因子对昆虫的影响

气候因子与昆虫的生命活动关系非常密切。气候因子包括温度、湿度、光照和风等，其中，以温度和湿度对昆虫的影响最大，各个条件的作用并不是孤立的，而是综合起作用的。

1）温度与昆虫

（1）昆虫对温度的一般反应。温度是影响昆虫的重要气候因子，也是昆虫的生存因子。任何一种昆虫的生长发育、繁殖等生命活动，都要求一定的温度范围，这一温度范围称为适温区（有效温区），一般为8～40℃。适温区的下限，即最低有效温度，是昆虫能够开始生长发育的温度，所以又叫发育起点温度；适温区的上限，即最高有效温度，是昆虫因温度过高而生长发育开始被抑制的温度，所以又叫临界高温；在适温区内，最利于昆虫生长发育和繁殖的温度范围称为最适温区。一般昆虫在发育起点温度以下或临界高温以上的一定范围内并不致死，因温度过低而呈冷眠状态或温度过高而呈热眠状态，待温度恢复到适温区范围内时，昆虫仍可恢复活动。因此，在发育起点温度以下，还可分出一个停育低温区；在临界高温以上还可划出一个停育高温区。至于真正使昆虫致死的温度，远在发育起点温度以下和停育高温之上，即致死低温区（一般在-40～-10℃）和致死高温区（一般在45～60℃）。昆虫因高温致死的原因，是体内水分过度蒸发和蛋白质凝固所致；昆虫因低温致死的原因，是体内自由水结冰，使细胞遭受破坏所致。

（2）昆虫生长发育的有效积温法则。昆虫和其他生物一样，在其生长发育过程中，完成一定的发育阶段（1个虫期或1个世代）需要一定的温度积累，即发育所需时间与该时间的温度乘积，理论上应为一常数。

表达式为

$$K=NT。$$

式中，K 为积温常数；N 为发育日数；T 为温度。

由于昆虫必须在发育起点温度以上才能开始发育，因此，式中的温度（T）应减去发育起点温度（C），即

$$K = N(T - C) \text{ 或 } N = \frac{K}{T - C}$$

昆虫完成某一个发育阶段所需时间的倒数叫作发育速率（V），即 $V=1/N$，代入上式，则得

$$T=C+KV$$

说明温度与发育速度关系的法则，称有效积温法则。积温的单位常以日度表示。积温法则的应用有如下几方面：①推算昆虫发育起点温度和有效积温数值；②估测某昆虫在某一地区可能发生的世代数；③预测害虫的发生期；④控制天敌昆虫发育期。有效积温对于了解昆虫的发育规律、害虫的预测、预报和利用天敌开展防治工作具有重要意义。但应当指出，有效积温法则具有一定的局限性。因为：①该法则只考虑温度条件，其他因素如湿度、食料等也对发育速度有很大影响；②该法则是以温度与发育速率呈现直线关系作为前提的，而事实上，在整个适温区内，温度与发育速率的关系是呈"S"形的曲线关系，直线关系无法显示高温延缓发育的影响；③该法则的各项数据一般是在实验室恒温条件下测定的，与外界变温条件下生活的昆虫发育情况也有一定的差距；④有些昆虫有滞育现象，所以对某些有滞育现象的昆虫，利用该法则计算其发生代数或发生期会有误差。

2）湿度、降水与昆虫

昆虫对湿度的要求依种类、发育阶段和生活方式不同而有所差异。最适范围一般在相对湿度70%～90%，湿度过高或过低都会延缓昆虫的发育，甚至造成死亡。例如，松干蚧的卵，在相对湿度89%时孵化率为99.3%；相对湿度在36%以下时，绝大多数卵不能孵化；而相对湿度100%时，卵虽然孵化，但若虫不能钻出卵囊而死亡（表1-3）。昆虫卵的孵化、蜕皮、化蛹、羽化，一般都要求较高的湿度。但一些刺吸式口器害虫（如蚧虫、蚜虫、叶蝉及叶螨等）对大气湿度变化并不敏感，即使大气非常干燥，也不会影响它们对水分的要求，天气干旱时寄主汁液浓度增大，提高了营养成分，有利害虫繁殖，

所以这类害虫往往在干旱时危害严重。一些食叶害虫，为了得到足够的水分，常于干旱季节猖獗危害。

表 1-3　日本松干蚧卵的孵化与湿度的关系

相对湿度	卵的孵化率	相对湿度	卵的孵化率
低于 36%	绝大部分不能孵化	89%	99.3%
54.6%	72.4%	100%	卵虽能孵化，但若虫均死于卵囊中
70.3%	95.7%		

降水不仅影响环境湿度，也直接影响害虫发生的数量，其作用大小常因降水时间、次数和强度而定。春季雨后有助于一些在土壤中以幼虫或蛹越冬的昆虫顺利出土；而暴雨则对一些害虫如蚜虫、初孵蚧虫以及叶螨等有很大的冲杀作用，从而大大降低虫口密度；阴雨连绵不仅影响一些食叶害虫的取食活动，还易造成致病微生物的流行。

冬季降雪在北方形成地面覆盖，有利于保持土温，对土中和地表越冬昆虫起着保护作用。

3）温、湿度对昆虫的综合作用

在自然界中温度和湿度总是同时存在、相互影响、共同作用于昆虫的。不同温、湿度组合，对昆虫的孵化、幼虫的存活、成虫羽化、产卵及发育历期均有不同程度的影响。例如，大地老虎的卵在高温高湿和高温低湿下死亡率均大；在温度 20～30℃、相对湿度50%的条件下，对其生存均不利，而其适宜的温、湿度条件为温度 25℃、相对湿度 70%左右（表 1-4）。

表 1-4　大地老虎卵在不同温湿度组合下的死亡率

温度/℃	死亡率/%		
	相对湿度 50%	相对湿度 70%	相对湿度 90%
20	36.67	0	13.5
25	43.36	0	2.5
30	80.00	7.5	97.5

所以，在分析害虫消长规律时，不能单独根据温度或相对湿度某一项指标，而要注意温、湿度的综合影响作用，一般常采用温湿系数和气候图来表示。

（1）温湿系数。相对湿度与平均温度的比值，或降水量与平均温度的比值，称为温湿系数。

表达式为

$$Q = \frac{\text{RH}}{T} \text{ 或 } Q = \frac{M}{T}$$

式中，Q 为温湿系数；RH 为相对湿度；M 为降水量；T 为平均温度。

温湿系数可以作为一个指标，用以比较不同地区的气候特点，或用以表示不同年份或不同月份的气候特点，以便分析害虫发生与气候条件的关系。

（2）气候图。气候图是在坐标纸上，以纵轴代表月平均温度，横轴代表月降水量或平均相对湿度，找出各月的温湿度结合点，用线条按月顺序连接起来所形成的图。可根据一年或数年中各月温湿度组合绘制。

比较一种害虫的分布地区和非分布地区的气候图，或猖獗发生年份和非猖獗发生年份的气候图，以及猖獗地区和非猖獗地区的气候图，往往可以找出该害虫生存的温湿度条件，以及有利于或不利于该种害虫的温湿度条件在一年中出现的时期。在实际应用中，常将气候图分成 4 个区域，左上方为干热型，右上方为湿热型，左下方为干冷型，右下方为湿冷型。这样，可以用气候图分析昆虫在新区分布的可能性，也可预测不同年份昆虫的发生量。

4）光对昆虫的影响

昆虫对光的反应主要体现在光的性质、光强度和光周期方面。昆虫的视觉能感受250～700nm 的光，但多偏于短波光，许多昆虫对 330～400nm 的紫外光有强趋性，因此，在测报和灯光诱杀方面常用黑光灯（波长 365nm）。还有一种蚜虫对 550～600nm 黄色光有反应，所以白天蚜虫活动飞翔时利用"黄色诱盘"可以诱其降落。

光强度对昆虫活动和行为的影响，表现于昆虫的日出性、夜出性、趋光性和背光性等昼夜活动节律的不同。例如，蝶类、蝇类、蚜虫喜欢白昼活动；夜蛾、蚊子、金龟子等喜欢夜间活动；蛾类喜欢傍晚活动；有些昆虫则昼夜均活动，如天蛾、大蚕蛾、蚂蚁等。

光周期是指昼夜交替时间在一年中的周期性变化，对昆虫的生活起着一种信息作用。许多昆虫对光周期的年变化反应非常明显，表现于昆虫的季节生活史、滞育特征、世代交替以及蚜虫的季节性多型现象。光照时间及其周期性变化是引起昆虫滞育的重要因素，季节周期性影响昆虫的年生活史循环。昆虫滞育，受到温度和食料条件的影响，已证明近百种昆虫的滞育与光周期变化有关。试验证明，许多昆虫的孵化、化蛹、羽化都有一定的昼夜节奏特性，这些特性与光周期变化密切相关。

5）风对昆虫的影响

风对环境的温湿度的影响，主要通过降低气温和湿度，从而对昆虫的体温和水分产生影响。但风主要影响昆虫的活动，特别是昆虫的扩散和迁移受风影响较大，风的强度、速度和方向，直接影响其扩散和迁移的频度、方向和范围。有资料表明，许多昆虫能借风力迁移到很远的地方，如蚜虫可借风力迁移 1200～1440km 的距离；松干蚧卵囊可被气流带到高空随风而去；在广东危害严重的松突圆蚧，在自然界主要是靠风力传播。

2. 土壤对昆虫的影响

土壤是昆虫的一个特殊生态环境，很多昆虫的生活都与土壤有密切的关系。如蝼蛄、金龟子、地老虎、叩头、白蚁等苗圃害虫，有些终生在土壤中生活，有些大部分虫态生活在土壤中。许多昆虫于一年中的温暖季节在土壤外面活动，而到冬季即以土壤为越冬场所。

土壤的理化性状，如温度、湿度、机械组成、有机质成分及含量、酸碱度等，直接影响在土壤中生活的昆虫生命活动。一些地下害虫往往随土壤温度变化而上下移动，以栖息于适温土层。秋天土温下降时，土内昆虫向下移动；春天土温上升时，则向上移动到适温的表土层；夏季土温较高时，又潜入较深的土层中。在一昼夜之间也有一定的活动规律，如蛴螬、小地老虎夏季多于夜间或清晨上升到土表危害，中午则下降到土壤下层。生活在土中的昆虫，大多对湿度要求较高，当湿度低时会因失水而影响其生命活动。

总之，各种与土壤有关的害虫及其天敌，各有其最适于栖息的土壤环境条件。掌握了这些昆虫的生活习性之后，可以通过土壤垦复、施肥、灌溉等多种措施，改变土壤条件，达到控制害虫的目的。

3. 生物因子对昆虫的影响

1）食物对昆虫的影响

食物直接影响昆虫的生长、发育、繁殖和寿命等。如果食物数量足、质量高，昆虫生长发育快，自然死亡率低，生殖力高，相反则生长慢，发育和生殖均受到抑制，甚至因饥饿引起昆虫个体大量死亡。昆虫发育阶段不同，对食物的要求也不一样，一般食叶性害虫幼虫在发育前期需要较幼嫩的、水分多的、含碳水化合物少的食物，但到发育后期，则需要含碳水化合物和蛋白质丰富的食物。因此，在幼虫发育后期，如遇多雨凉爽天气，树叶中水分及酸的含量较高，对幼虫发育不利，会引起幼虫消化不良，甚至死亡。相反，在幼虫发育后期如遇干旱温暖天气，植物体内碳水化合物和蛋白质含量提高，能促进昆虫生长发育，昆虫的生殖力也会相应提高。一些昆虫在成虫期有通过取食补充营养的特点，如果得不到营养补充，则产卵甚少或不产卵，寿命也会缩短。

2）天敌对昆虫的影响

在自然界，昆虫染病致死或被其他动物寄生、捕食的现象是相当普遍的。每一种昆虫都存在大量的捕食者和寄生物，这些自然界的敌害被称为天敌。天敌是影响害虫种群数量的一个重要因素。天敌种类很多，大致可分为以下4类。

（1）病原生物，包括病毒、立克次体、细菌、真菌、线虫等。这些病原生物常会引起昆虫感病而大量死亡。

（2）捕食性天敌，包括的种类很多，常见的有螳螂、猎蝽、草蛉、瓢虫、食虫虻、食蚜蝇等。利用捕食性天敌昆虫防治害虫取得成功的例子很多，如利用七星瓢虫防治棉蚜等。

（3）寄生性天敌，主要有膜翅目的寄生蜂和双翅目的寄生蝇。例如，用松毛虫赤眼蜂防治马尾松毛虫。

（4）其他有益动物。在自然界中有一些蜘蛛、鸟类、青蛙可用来防治害虫。

4. 人为因素对昆虫的影响

人类对昆虫的繁殖、活动和分布影响很大，主要表现在以下4个方面。

（1）改变一个地区的生态系统，人类从事林业生产中的植树、种草、小流域治理、立体经营、引进推广新品种等，可引起当地生态系统的改变及其中昆虫种群的兴衰。

（2）改变一个地区昆虫种类的组成，人类频繁地引进种苗，扩大了害虫的地理分布范围，如湿地松粉蚧由美国随优良无性系穗条传入广东省台山市红岭种子园并迅速蔓延；相反，有目的地引进和利用益虫，又可抑制某种害虫的发生和危害，并改变了一个地区昆虫的组成和数量，如引进澳洲瓢虫，成功地控制了吹绵蚧的危害。

（3）改变害虫和天敌生长发育和繁殖的环境条件，人类通过中耕除草、灌溉施肥、整枝修剪等林业措施，可增强植物的生长势，使之不利害虫而有利于天敌的发生。

（4）直接杀灭害虫，采用综合防治措施，可直接消灭大量害虫，以保障林木的正常生长发育。

1.2.6　森林昆虫的主要类群

自然界中昆虫的种类很多，人们要识别它们，首先必须逐一加以命名和描述，并按其亲缘关系的远近，归纳成为一个有次序的分类系统，才便于正确地区分它们，进而阐明它们之间的系统关系。昆虫分类在生产实践上也有极其重要的意义。

1. 昆虫的分类阶元

昆虫的分类阶元包括界、门、纲、目、科、属、种，种是分类的基本单位。昆虫分类学家从进化的观点出发，将那些形态性状、地理分布、生物、生态性状等相近缘的种类集合成属，将近缘属集合成科，将近缘科集合成目，将各目集合成纲，即昆虫纲。在分类等级中，通常还采用一些中间等级，如纲下设亚纲，目下设亚目，科下设亚科等。下面以马尾松毛虫为例，表示分类等级的顺序。

动物界（Animalia）
　节肢动物门（Arthropoda）
　　昆虫纲（Insecta）
　　　有翅亚纲（Pterygota）
　　　　鳞翅目（Lepidoptera）
　　　　　异角亚目（Heterocera）
　　　　　　蚕蛾总科（Bombycoidea）
　　　　　　　枯叶蛾科（Lasiocampidae）
　　　　　　　　松毛虫属（*Dendrolimus*）
　　　　　　　　　马尾松毛虫（*Dendrolimus punctatus* Walker）

2. 昆虫命名法

按照国际动物命名法规，昆虫的科学名称采用林奈的双名法命名。

不同种或不同类群的生物，在不同国家或地区，有其不同的名称，多局限于一定范围，多属于地方性的，一般将其称为俗名，俗名无法在国际上通用。为方便国家间科学资料、科学知识的交流及免除错误混乱起见，用拉丁文或拉丁化的文字组成动物名称和分类单位，这种名称被称为学名。

每一种昆虫的学名均由属名和种名组成，属名在前，种名在后，这种由双名构成学名的方法称为"双名法"。在学名后面附有命名者的姓氏,如马尾松毛虫（*Dendrolimus punctatus* Walker）。学名中属名斜体,第一个字母大写,种名斜体,第一个字母小写,命名者正体,第一个字母大写。若是亚种,则采用"三名法",将亚种名排在种名之后,斜体,第一个字母小写。例如,天幕毛虫（*Malacosoma neustria testacea* Motsh.）,是由属名、种名、亚种名组成,命名者的姓置于亚种名之后。

凡是用现成学名首次记载本国或本地区的种类或类群,并在正式刊物上发表得到公认的,均称为国家或地区新记录。凡一个物种在世界上首次被记载,并发表在正式刊物上得到公认者,称为新种。新种发表后,又有他人用别的学名记载此种时,后来的学名一律作为同物异名处理,而不被采用。这种以最早名称为有效的规定称为优先律。

记载新种所采用的标本,称为模式标本。模式标本是建立新种的物质依据,它提供鉴定种的参考标准,必须妥善保存,以供长期使用。另选一个与正模相对性别的标本为配模,除正模外,记载新种时所依据的其余同种标本,称为副模。

昆虫纲各目的分类是根据翅的有无及其特征、变态类型、口器的构造、触角形状、足跗节及古昆虫（化石昆虫）的特征等。昆虫分类系统不断发展变化,不同分类学家对分目有不同观点。本书在 34 个目的分类系统基础上,将等翅目并入蜚蠊目,同翅目并入半翅目。

林业生产常见的昆虫主要类群包括直翅目、蜚蠊目、半翅目、缨翅目、鳞翅目、鞘翅目、膜翅目和双翅目等。

3. 昆虫检索表使用

1）昆虫检索表的类型

检索表是昆虫分类的重要工具,昆虫的鉴定主要根据昆虫的外部形态特征,结合查阅检索表进行。常用的检索表形式有单项式和两项式两种类型。

（1）单项式。这种形式的检索表比较节省篇幅,但相对性状相隔很远,这是其缺点。检索表的总序号数=2×（需检索项目数-1）。格式如下所示:

1（8）翅 2 对

2（7）前翅膜质

3（6）前翅不被鳞片

4（5）雌腹部末端有蜇刺 ....膜翅目

5（4）雌腹部末端无蜇刺 ....脉翅目

6（3）前翅密被鳞片 ....鳞翅目

7（2）前翅角质 ....鞘翅目

8（1）翅 1 对 ....双翅目

（2）两项式。这是目前最常用的形式。优点是每对性状互相靠近,便于比较,篇幅也节省;缺点是各单元的关系有时不明显。检索表的总序号数=需检索项目数-1。格式如下所示:

1. 口器咀嚼式,适宜咬和咀嚼 2

口器刺吸式，适宜吸收 5

2．前、后翅均为膜质 3
　　前翅革质或角质，后翅膜质 4

3．第 1 腹节并入后胸，1、2 节间紧缩成柄状；触角丝状或膝状..........................
　　..膜翅目 Hymenoptera
　　第 1 腹节不并入后胸；触角线状或念珠状，少数棒状.............脉翅目 Neuroptera

4．前翅为复翅，触角丝状，通常有听器和发音器..........................直翅目 Orthoptera
　　前翅为鞘翅，体躯骨化而坚硬，触角形式多样........................鞘翅目 Coleoptera

5．有翅 1 对，后翅特化为平衡棒 ....双翅目 Diptera
　　有翅 2 对，前翅半鞘翅或质地均一，刺吸式口器由头的前或后方伸出.................
　　..半翅目 Hemiptera

2）昆虫检索表的编制

昆虫检索表编制原则：应选用最明显的外部特征，而且要用绝对性状；检索表中同一序号下所列举的应是严格对称的性状，要一一对应，非此即彼，不能用重叠的性状；表述昆虫特征要简洁、明了、准确。

3）昆虫检索表的使用

使用下列昆虫纲成虫分目两项式检索表检索出供试标本所属目。

1．无翅，或具极退化的翅 2
　　有翅，或具发育不全的翅...9

2．口器咀嚼式，适宜咬和咀嚼 3
　　口器吸收式，适宜刺螯和吸收 8

3．腹部第一节并入后胸，第一节和第二节之间紧缩或呈柄状..膜翅目 Hymenoptera
　　腹部第一节不并入后胸，也不紧缩 4

4．后足腿节增大，适宜跳跃 ....直翅目 Orthoptera
　　后足正常，并不特化为跳跃足 5

5．前胸显著伸长，前足适宜捕捉 ....螳螂目 Mantodea
　　前胸不显著伸长，前足正常 6

6．没有尾须，体躯骨化而坚硬，触角通常 11 节...........................鞘翅目 Coleoptera
　　有尾须 7

7．跗节 5 节，体躯为棒状或叶状，触角丝状.............................竹节虫目 Phasmida
　　跗节 4 节，体躯不为棒状或叶状，触角念珠状.........................蜚蠊目 Blattaria

8．跗节末端有泡状器，爪不很发达.....................................缨翅目 Thysanoptera
　　跗节末端没有泡状器，有发达的爪 ....半翅目 Hemiptera

9．有翅 1 对，后翅特化为平衡棒 10
　　有翅 2 对 11

10．跗节 5 节 ....双翅目 Diptera
　　　跗节仅 1 节（雄介壳虫）.......................................半翅目 Hemiptera

11. 前后翅质地不同，前翅加厚，革质或角质，后翅膜质 12
　　前后翅质地相同，都是膜质 16

12. 前翅基部加厚，常不透明，端部膜质；口器适宜于穿刺和吸收...半翅目 Hemiptera
　　前翅质地全部一样 13

13. 前翅坚硬，角质化，没有翅脉，覆盖后翅，起保护作用........ 鞘翅目 Coleoptera
　　前翅革质或羊皮纸状，有网状脉，后翅在前翅下方，折叠成扇状 14

14. 后足腿节增大，适宜跳跃，或后足正常，前足变阔，适宜开掘；静止时翅折叠
　　成屋脊状；通常有听器和发音器 ....直翅目 Orthoptera
　　后足腿节正常；静止时翅平置在体躯上；没有发音器 15

15. 前胸极度伸长，前足为捕捉足 ....螳螂目 Mantodea
　　前胸短，各足形状相同，体躯如棒状或叶状........................竹节虫目 Phasmida

16. 翅面全部或部分有鳞片，口器为虹吸式或退化.....................鳞翅目 Lepidoptera
　　翅面无鳞片，口器不为虹吸式 17

17. 口器刺吸式 18
　　口器咀嚼式、嚼吸式或退化 19

18. 下唇形成分节的喙，翅缘无长毛 ....半翅目 Hemiptera
　　无分节的喙，翅极狭长，翅缘有长毛 ....缨翅目 Thysanoptera

19. 前后翅相差大，后翅前缘有一排小的翅钩列，用以和前翅相连
　　...膜翅目 Hymenoptera
　　前后翅几乎相同，后翅前缘无翅钩列 20

20. 翅基部各有一条横的肩缝，翅易沿此缝脱落；触角念珠状........ 蜚蠊目 Blattaria
　　翅无肩缝；触角一般为丝状 ....脉翅目 Neuroptera

实训三　昆虫的外部形态识别

※　**实训目标**

通过本实训，学生能掌握昆虫体躯分段和分节特点，能够识别各体段主要附器的基本结构和基本类型。

※　**实训条件**

可供 40 人操作的实训场所，配备新鲜的蝗虫标本和肢体及附器健全的各种昆虫和节肢动物标本，以及双目显微镜、放大镜、镊子、培养皿、解剖针、解剖剪、蜡盘、昆虫针、标签等用具。

供试验料：蝗虫、虾、蜘蛛、步甲、蟋、蜻蜓、天牛、金龟、小蠹、蝶、叩甲、白蚁、芫菁雄虫、大蚕蛾雄虫、蜜蜂、蝇、雄蚊、蝼蛄、螳螂、龙虱、蛾蝶幼虫及昆虫口

器、触角、足、翅类型模式标本。

※ **实训模式**

以学习小组为单位组织教学。教师通过实物标本、蝗虫仿真模型及多媒体课件演示与讲授相结合，使学生理解昆虫外部形态相关知识。在此基础上，每个学习小组的学生利用为其提供的一套昆虫模式标本，借助显微镜、放大镜等工具观察实物并展开讨论，教师给予点评指导。

※ **实训内容**

（一）识别昆虫纲特征

方法提示：以蝗虫为例观察昆虫纲的特征，对照虾、蟹、蜘蛛、蜈蚣等，比较昆虫纲与其他节肢动物的主要区别。

观察昆虫体躯分段和分节特点。体躯分为头、胸、腹 3 段。头部分节现象消失，为一完整坚硬的头壳，其上生有 1 对复眼和 3 个单眼，两复眼内侧还着生有 1 对触角；胸部分前、中、后胸 3 节，每一胸节有 4 块骨板，即背板、腹板和两块侧板，各胸节具 1 对胸足，分别称为前、中、后足，在背面有两对翅，前翅着生于中胸，后翅着生于后胸；腹部共 11 节，每节仅两块骨板——背板和侧板，节与节之间以膜相连，雌性蝗虫第 8、9 节的腹板上生有凿状产卵器。

（二）识别昆虫头式

方法提示：以蝗虫、步行虫和蟓象为例，观察 3 种昆虫头式的特点。
（1）下口式。口器向下着生，头部的纵轴与身体的纵轴大致呈直角。
（2）前口式。口器在身体的前端并向前伸，头部纵轴与身体纵轴呈钝角甚至平行。
（3）后口式。口器由前向后伸，几乎贴于体腹面，头部纵轴与身体纵轴呈锐角。

（三）识别昆虫触角

方法提示：用镊子将蜜蜂的触角从基部取下，置于解剖镜下观察柄节、梗节和鞭节的特征。观察各种昆虫供试标本，根据下列特点判断其触角的类型。
（1）丝状。细长，基部 1、2 节稍大，其余各节大小、形状相似，逐渐向端部缩小。
（2）刚毛状。短小，基部 1、2 节较粗，鞭节突然缩小似刚毛。
（3）念珠状。鞭节各节大小相近，形如小珠，触角好像 1 串珠子。
（4）锯齿状。鞭节各节向 1 侧突出呈三角形，形似锯齿。
（5）栉鞭状。鞭节各节向 1 侧突出很长，形似梳子。
（6）鞭状。基部膨大，第 2 节小，鞭节部分特别长，较粗，形似鞭子。
（7）羽毛状。鞭节各节向两侧突出，形似羽毛。
（8）球杆状。鞭节细长如丝，端部数节逐渐膨大如球状。
（9）锤状。鞭节端部数节突然膨大，形状如锤。

（10）鳃片状。端部 3～7 节向 1 侧延展成薄片状叠合在一起，可以开合，状如鱼鳃。

（11）具芒状。一般 3 节，短而粗，末端 1 节特别膨大，其上有 1 根刚毛状结构，称为触角芒，芒上有时还有细毛。

（12）环毛状。鞭节各节有 1 圈细毛，近基部的毛较长。

（13）膝状。柄节特别长，梗节短小，鞭节由大小相似的节组成，在柄节和鞭节之间成膝状弯曲。

（四）识别昆虫口器

方法提示：用镊子将口器各部分依次取下，放在白纸上，详细观察各部分形态特征。

（1）咀嚼式口器。观察蝗虫的口器，上唇是位于唇基下方的一块膜片；上颚 1 对，为坚硬的锥状或块状物；下颚 1 对，具下颚须，下唇左右相互愈合为 1 片，具有下唇须，舌位于口的正中线中央，为一囊状物。

（2）刺吸式口器。观察蝉的口器，触角下方的基片为唇基，分为前、后两部分，后唇基异常发达，易被误认为是额；在前唇基下方有 1 个三角形小膜片，即上唇；喙则演化成长管状，内藏有上、下颚所特化成的 4 根口针。

（3）虹吸式口器。观察粉蝶的口器，可看到一卷曲的、似钟表发条一样的构造，它是由左、右下颚的外颚叶延长特化、相互嵌合形成的一中空的喙，为蛾、蝶类昆虫所特有。

（五）识别昆虫足

方法提示：用镊子将蝗虫后足从基部取下，置于解剖镜下观察基节、转节、腿节、胫节、跗节和前跗节的特点。观察各种昆虫供试标本，根据下列特点判别其足的类型。

（1）步行足。没有特化，适于行走。

（2）开掘足。一般由后足特化而成。胫节扁宽，外缘具坚硬的齿，便于掘土。

（3）跳跃足。一般由后足特化而成，腿节发达，胫节细长，适于跳跃。

（4）携粉足。后足胫节端部宽扁，外侧凹陷，凹陷的边缘密生长毛，可以携带花粉，称为花粉篮。第 1 节跗节膨大，内侧有横列刚毛，可以梳集黏附体毛上的花粉，称为花粉刷。

（5）游泳足。一般由中足和后足特化而成。各节扁平，胫节和跗节边缘着生多数长毛，适于游泳。

（6）捕捉足。由前足特化而成，基节延长，腿节的腹面有槽，胫节可以弯折嵌合于内，用以捕捉猎物。有的腿节还有刺列，用以抓紧猎物。

（7）抱握足。跗节特别膨大，上有吸盘结构，借以抱握雌虫。

（六）识别昆虫翅

方法提示：取夜蛾前翅，认识翅的三缘、三角和四区。用镊子小心取下夜蛾、粉蝶、蜜蜂的前、后翅，注意观察它们的翅间连锁方式。然后将夜蛾翅置于培养皿中，滴几滴煤油浸润，用毛笔在解剖镜下将鳞片刷去，观察翅脉。观察供试标本，根据下列特点判断其翅的类型。

（1）覆翅。翅形狭长，革质。

（2）膜翅。翅薄而透明或半透明，翅脉清晰。

（3）鳞翅。膜质的翅面上布满鳞片。

（4）半鞘翅。翅基半部角质或革质硬化，无翅脉，端半部膜质有翅脉。

（5）鞘翅。质地坚硬，无翅脉或不明显。

（6）平衡棒。后翅退化成棒状，起平衡作用。

※　实训成果

（1）每人绘制一幅蝗虫体躯侧面图，并注明各部分名称。

（2）解剖蝗虫和蝽象的口器，按次序贴于白纸上，并注明各部分名称。

（3）写出供试标本口器、触角、足、翅的基本类型。

实训四　昆虫主要类群识别（一）

※　实训目标

通过本实训，学生能正确使用和保养双目显微镜；能够识别与林业相关的主要昆虫目、科的特征，学会昆虫检索表的编制与使用方法。

※　实训条件

可供 40 人操作的实训场所，每人一台双目显微镜，配备镊子、解剖针、蜡盘等用具和直翅目、蜚蠊目、半翅目、鞘翅目昆虫分科标本。

※　实训模式

课前布置任务，学生以小组为单位到野外采集各种昆虫标本。训练时，先让学生对自己采集的昆虫进行观察，结合供试标本，利用昆虫检索表进行分类鉴别，教师予以指导并归纳总结。

※　实训内容

方法提示：利用肉眼、放大镜或双目显微镜观察虫体大小、颜色、翅的有无及其特征、变态类型、口器的构造、触角形状、足跗节及生殖器等特点，利用昆虫检索表识别昆虫所属目和科。

（一）直翅目及主要科的识别

直翅目 Othoptera 包括蝗虫、蟋蟀、蝼蛄等。体中至大型。口器咀嚼式。复眼发达，通常具 3 个单眼。触角丝状。有翅或无翅，前翅狭长，为覆翅，后翅膜质。后足为跳跃足或前足为开掘足；跗节 2～4 节。雌虫多具发达的产卵器，呈剑状、刀状或凿状。雄虫通常有听器或发音器。渐变态。多数植食性。

1）蝗科 Acrididae

蝗科昆虫俗称蝗虫或蚂蚱。触角丝状或剑状。多数种类有 2 对翅，也有短翅或无翅种类。跗节 3 节。听器在腹部第 1 节的两侧。产卵器短锥状。蝗科昆虫为典型的植食性昆虫。常见的种类有黄脊竹蝗 *Ceracris kiangsu* Tsai、棉蝗 *Chondracris rosea*（De Geer）。

2）蟋蟀科 Gryllidae

体粗壮，色暗。触角比体长，丝状。听器在前足胫节基部。跗节 3 节。产卵器细长，矛状。尾须长。植食性，穴居，危害各种苗木的近地面部分。常见的种类有大蟋蟀 *Brachytrupes portentosus* Lichtenstein。

3）蝼蛄科 Gryllotalpidae

触角较体短。前足为典型的开掘足。前翅短，后翅宽并纵卷。听器在前足胫节上。产卵器不外露。植食性。常见的种类有华北蝼蛄 *Gryllotalpa unispina* Saussure 和东方蝼蛄 *Gryllotalpa orientalis* Burmeister。

（二）蜚蠊目及主要科的识别

蜚蠊目中以白蚁与林业关系最为密切，故以白蚁为对象进行观察。体长 3～10mm。触角念珠状。口器咀嚼式。有翅型，前后翅大小、形状和脉序都很相似。跗节 4～5 节。尾须短。

白蚁为多型性营社会性昆虫，有较复杂的"社会"组织和分工。1 个群体具有繁殖蚁和无翅无生殖能力的兵蚁与工蚁共同生活。蚁王、蚁后专负责生殖。工蚁在群体中的数量最多，其职能是觅食、筑巢、开路、饲育蚁王、蚁后、幼蚁和兵蚁，照料幼蚁、搬运蚁卵、培养菌圃等。兵蚁一般头部发达，上颚强大，有的具有分泌毒液的额管，兵蚁的职能是警卫和战斗等。

白蚁属于渐变态，卵呈卵形或长卵形。生殖蚁包括雌雄两性，具翅，每年春夏之交即达性成熟。大多数在气候闷热、下雨前后，从巢内飞出，群集飞舞求偶，落到地面交配，翅在爬动中脱落，钻入土中，建立新蚁落。

白蚁按建巢的地点可分木栖性白蚁、土栖性白蚁、土木两栖性白蚁 3 类。主要分布于热带、亚热带，少数分布于温带。近年来，白蚁在我国分布较为普遍，危害较重。常见的种类有黑翅土白蚁 *Odontotermes formosanus*（Shiraki）。

1）鼻白蚁科 Rhinotermitidae

头部有囟。前胸背板扁平，狭于头。前翅鳞显然大于后翅鳞，其顶端伸达后翅鳞。尾须 2 节。土木两栖。常见的种类有台湾乳白蚁 *Coptotermes formosanus* Shiraki。

2）蚁科 Termitidae

头部有囟。前翅鳞仅略大于后翅鳞，两者距离仍远。尾须 1～2 节。土栖为主。常见的种类有黑翅土白蚁 *Odontotermes formosanus*（Shiraki）等。

（三）半翅目及主要科的识别

大多陆生，少数水生。捕食性或植食性。体微小至大型。触角刚毛状或丝状。口器刺吸式，从头部腹面的后方伸出，喙通常 3 节。前翅革质或膜质，后翅膜质，静止时平置于体背上呈屋脊状，有的种类无翅。有些蚜虫和雌性介壳虫无翅，雄性介壳虫后翅退化成平衡棒；渐变态，而粉虱和雄性介壳虫为过渐变态。两性生殖或孤雌生殖。植食性，刺吸植物汁液，造成生理损伤，并可传播病毒或分泌蜜露，引起煤污病。观察缘蝽、网蝽、猎蝽、盲蝽、蝉、叶蝉、蜡蝉、木虱、粉虱、蚜、蚧等昆虫实物或标本，识别各科形态特征。

1）蝽科 Pentatomidae

体小至大型。触角 5 节，部分种类 4 节。有单眼。喙 4 节。小盾片发达，三角形至少超过爪片长度。前翅膜片上一般有 5 条纵脉，多从 1 条基横脉上分出。跗节 3 节。常见的种类有荔枝蝽 *Tessaratoma papillosa* Drury、麻皮蝽 *Erthesina fullo*（Thunberg），危害许多园林植物。

2）缘蝽科 Coreidae

体中至大型，狭长至椭圆形。触角 4 节。具单眼。喙 4 节。小盾片不超过爪片的长度。前翅膜片上有多条平行的翅脉。有时后足腿节粗大，具瘤状或刺状突起，胫节呈叶状或齿状扩展。植食性。常见的种类有危害竹类的竹缘蝽属 *Notobitus* 等。

3）网蝽科 Tingidae

体小型，扁平。触角 4 节，第 3 节极长。头部、前胸背板及前翅上有网状纹。跗节 2 节。植食性。常见的种类有梨网蝽 *Stephanitis nashi* Esaki et Takeya 等。

4）盲蝽科 Miridae

体小至中型。触角 4 节。无单眼。喙 4 节，第 1 节与头部等长或略长。前翅具楔片，膜区由翅脉在基部围成两个翅室，纵脉消失。大多为植食性。常见的种类有绿盲蝽 *Lygocoris lucorum* Meyer-Dür 等。

5）猎蝽科 Reduviidae

体小至中型。头窄长，眼后部分缢缩如颈状。喙 3 节，弓状。前胸腹板两前足间有具横皱的纵沟。前翅膜片具 2 翅室，端部伸出 1 长脉。捕食性。常见的种类有黑红猎蝽 *Haematoloecha nigrorufa*（Stål）。

6）蝉科 Cicadidae

体中至大型。触角刚毛状。单眼 3 个，呈三角形排列。翅膜质透明，翅脉较粗。雄虫具发音器，雌虫具发达的产卵器。成虫与若虫均刺吸植物汁液，若虫在土中危害根部，成虫的危害还表现在雌虫产卵于枝条中，导致枝条枯死。常见的种类有蚱蝉 *Cryptotympana atrata*（Fabricius）。

7）叶蝉科 Cicadellidae

体小型，狭长。触角刚毛状。单眼 2 个。后足胫节有 1～2 列短刺。善跳跃，有横走习性。常见的种类有大青叶蝉 *Tettigoniella viridis*（Linnaeus）、小绿叶蝉 *Emposaca flavescens*（Fabricius）。

8）蜡蝉科 Fulgoridae

体中至大型，体色美丽。额常向前延伸而多少呈象鼻状。触角 3 节，基部 1、2 节膨大如球，鞭节刚毛状。常见的种类有碧蛾蜡蝉 *Geisha distinctissima*（Walker）、斑衣蜡蝉 *Lycorma delicatula*（White）等。

9）木虱科 Psyllidae

体小型。触角较长，9～10 节，末端有 2 条不等长的刚毛。单眼 3 个。翅两对，前翅质地较厚。跗节 2 节。若虫椭圆形或长圆形，许多种类被蜡丝。常见的种类有柑橘木虱 *Diaphorina citri* Kuwayama、蒲桃木虱 *Trioza syzygii* Li et Yang 等。

10）粉虱科 Aleyrodidae

体小型。触角 7 节，第 2 节膨大。翅膜质，被有蜡粉。跗节 2 节。幼虫、成虫腹末背面有管状孔。过渐变态。3 龄幼虫蜕皮而"化蛹"，容易与介壳虫混淆。常见的种类有黑刺粉虱 *Aleurocanthus spiniferus* Quaintance、柑橘粉虱 *Dialeurodes citri*（Ashmead）等，均危害多种林木。

11）蚜总科 Aphidoidea

小型多态昆虫，同种有无翅型和有翅型。触角丝状，3～6 节。前翅比后翅大，前翅有翅痣，径分脉，中脉分叉。腹部有一对管状突起称为"腹管"，末节背板和腹板分别形成尾片和尾板。繁殖方式有两性生殖和孤雌生殖，卵生或卵胎生。生活周期复杂，一般在春、夏两季进行孤雌生殖，在秋冬时期进行两性生殖。

被蚜虫危害的叶片，常常变色，或卷曲，或成虫瘿，或畸形。蚜虫还可传播病毒。蚜虫分泌的蜜露，可诱发植物的煤污病。常见的种类有棉蚜 *Aphis gossypii* Glover、桃蚜 *Myzus persicae* Sulzer 等。

12）蚧总科 Coccoidea

通称介壳虫。形态奇特，雌雄异型。雌虫无翅，口器发达，喙短，1～3 节，多为 1 节，口针很长。触角、复眼和足通常消失。体壁上常被蜡粉或蜡块，或有特殊的介壳保护。雄虫体长形，有 1 对薄的膜质前翅，后翅退化成平衡棒。触角长念珠状。口器退化。寿命短。卵圆球形或卵圆形，产在雌虫体腹面、介壳下或体后的蜡质袋内。雌虫为渐变态，雄虫为过渐变态。孤雌生殖或两性生殖，卵生或卵胎生，1 年 1 代或多代。世界已知 5 000 多种。常见的种类有吹绵蚧 *Icerya Purchasi* Maskell、日本松干蚧 *Matsucoccus matsumurae*（Kuwana）。

（四）鞘翅目及主要科的识别

通称甲虫，是昆虫纲中最大的一个目。体微小至大型，体壁坚硬。复眼发达，一般无单眼。触角一般 11 节，形状多样。口器咀嚼式。前翅坚硬、角质，为鞘翅，后翅膜质。跗节数目变化很大。完全变态。幼虫寡足型或无足型，口器咀嚼式。蛹多为裸蛹。植食性、捕食性或腐食性。

观察步甲、叶甲、瓢虫、象甲、金龟、天牛、小蠹等实物或标本，识别其形态特征。

1）步甲科 Carabidae

体小至大型，体黑色或褐色而有光泽。头小于胸部，前口式。触角丝状，着生于上颚基部与复眼之间，触角间距离大于上唇宽度。跗节 5 节。多生活于地下，落叶下面。成虫、幼虫均为肉食性。常见的属有步甲属 *Carabus*、星步甲属 *Calosoma* 等。

2）瓢虫科 Coccinellidae

体呈半球形或椭圆形，腹面扁平，背面拱起，外形似瓢。头小，后部隐藏于前胸背板下。触角锤状。跗节"似为 3 节"。多数肉食性，成虫和幼虫都捕食蚜虫、介壳虫、粉虱、螨类等，如七星瓢虫 *Coccinella septempunctata* Linnaeus。少数植食性，如二十八星瓢虫 *Epilachna vigintioctomaculata* Motschulsky。

3）叶甲科 Chrysomelidae

体小至中型，成虫常具有金属光泽。触角丝状，一般短于体长之半，不着生在额的突起上。复眼圆形，不环绕触角。跗节"隐 4 似 3 节"。幼虫肥壮，具 3 对胸足。植食性。常见的种类有泡桐叶甲 *Basiprionota bisignata*（Boheman）。

4）天牛科 Cerambycidae

体长圆筒形。触角长，至少超过体长的一半，着生于额的突起上。复眼环绕触角基部，呈肾形。跗节"隐 5 似 4 节"。幼虫体肥胖，无足。主要以幼虫进行危害，钻蛀树干、树根或树枝，为重要的蛀干害虫。常见的种类有星天牛 *Anoplophora chinensis* Forster、桑天牛 *Apriona germari* Hope 等。

5）金龟总科 Scarabaeoidea

通称金龟子。体粗壮。触角鳃片状，末端 3～8 节呈叶片状。前足开掘式，跗节 5 节。腹部可见 5～6 节。幼虫寡足型，体呈"C"形弯曲，俗称蛴螬。多数种类植食性，成虫取食植物的叶、花、果等部位，幼虫取食植物幼苗的根、茎。此外，还有腐食性及粪食性。常见的种类有红脚绿金龟 *Anomala cupripes* Hope、小青花金龟 *Oxycetonia jucunda*（Faldermann）等。

6）象甲科 Curculionidae

通称象鼻虫。体小至大型。头部前方延长呈象鼻状。触角膝状，末端膨大呈锤状。幼虫无足型。成虫和幼虫均为植食性。常见的种类有绿鳞象甲 *Hypomeces squamosus* Fabricius 等。

7）小蠹科 Scolytidae

体长 0.8～9mm，圆筒形，色暗。触角短而呈锤状。头后部为前胸背板所覆盖。前胸背板大，常长于体长的 1/3，且与鞘翅等宽。足短粗，胫节强大。幼虫无足型。成虫和幼虫蛀食树皮和木质部，构成各种图案的坑道系统。常见的种类有脐腹小蠹 *Scolytus scheryrevi* Semenov、松纵坑切梢小蠹 *Tomicus piniperda* Linnaeus 等。

※　实训成果

每人完成一份实训报告，根据所观察的各科特征编制昆虫检索表。

实训五　昆虫主要类群识别（二）

※　实训目标

通过本实训，学生能正确使用和保养双目显微镜；识别与林业相关的主要昆虫目、科特征，学会昆虫检索表的编制与使用方法。

※　实训条件

可供 40 人操作的实训场所，每人一台双目显微镜，配备镊子、解剖针、蜡盘等用具和鳞翅目、膜翅目、双翅目昆虫分科标本。

※　实训模式

课前布置任务，学生以小组为单位到野外采集各种昆虫标本。训练时，先让学生对自己采集的昆虫进行观察，结合供试标本，利用昆虫检索表进行分类鉴别，教师予以指导并归纳总结。

※　实训内容

方法提示：利用肉眼、放大镜或双目显微镜观察虫体大小、颜色、翅的有无及其特征、变态类型、口器的构造、触角形状、足跗节及生殖器等特点，利用昆虫检索表识别昆虫所属目和科。

（一）鳞翅目及主要科的识别

鳞翅目包括蝶类和蛾类（表 1-5）。世界已知约 20 万种，是昆虫纲中的第二大目。体小至大型，翅展 3～265mm。口器虹吸式，喙由下颚的外颚叶形成，不用时卷曲于头下。翅一般 2 对，前后翅均为膜质，翅面覆盖鳞片。幼虫多足型，俗称毛毛虫。具有 3 对胸足。一般有 2～5 对腹足。腹足端部常具趾钩。幼虫体表常具各种外被物。蛹主要为被蛹。完全变态。大多为植食性。

表 1-5　蝶类与蛾类的区别

比较项目	蝶类	蛾类
触角	锤状、球杆状	丝状、羽毛状等
翅形	大多数阔大	大多数狭小
腹部	瘦长	粗壮
前后翅联络	无连接器	有特殊连接器
停栖时翅位	四翅竖立于背	四翅平展呈屋脊状
成虫活动时间	白天	晚上

1）木蠹蛾科 Cossidae

体中至大型，肥大，翅面常有黑色斑纹。喙退化。M 脉主干在中室内分叉，R_4、

R_5 共柄，有径副室。幼虫粗壮，多为红色或黄白色。常见的种类有柳蝙蛾 *Holcocerus vicarius* Walker 等。

2）蓑蛾科 Psychidae

雌雄异型，雄具翅，翅上稀被毛和鳞片。触角双栉状。雌蛾无翅，触角、口器和足退化。幼虫胸足发达。幼虫吐丝缀叶，造袋囊隐居其中，取食时头胸伸出袋外。常见的种类有大袋蛾 *Clania variegata* Snellen、小袋蛾 *Clania minuscula* Butler 等。

3）尺蛾科 Geometridae

又名尺蠖科。体细长。翅大而薄，前后翅颜色相似并常有波纹相连，前翅 R_3~R_5 常共柄，后翅 $Sc+R_1$ 与 Rs 在中室基部接近或并接。幼虫只有 2 对腹足。常见的种类有油茶尺蛾 *Biston marginata* Shiraki 等。

4）枯叶蛾科 Lasiocampidae

体中至大型，体粗壮多毛。触角双栉齿状。喙退化。无翅缰，M_2 近 M_3，前翅 R_4 长而游离，R_5 与 M_1 共柄。后翅肩角扩大，有 1~2 条肩脉。幼虫多长毛，中后胸具毒毛带，腹足趾钩 2 序中带。常见的种类有马尾松毛虫 *Dendrolimus pnnctatus*（Walker）等。

5）天蛾科 Sphingidae

大型蛾类，体粗壮呈梭形。触角末端弯曲呈钩状。喙发达。前翅狭长，外缘倾斜；后翅小。幼虫肥大，第 8 腹节背中央有一尾角。常见的种类有霜天蛾 *Psilogramma menephron*（Cramer）等。

6）螟蛾科 Pyralidae

体小至中型，瘦长。触角丝状。前翅狭长，无 1A，后翅 Sc+R1 与 Rs 在中室外平行或合并，M1 与 M2 基部远离，各出中室上角和下角。幼虫体无次生毛，趾钩多为双序缺环。常见的种类有黄杨绢野螟 *Diaphania perspectalis* Walker 等。

7）刺蛾科 Eucleidae

体中型，粗壮多毛。喙退化。触角线状，雄蛾为栉齿状。翅宽而密被厚鳞片，多呈黄色、褐色或绿色。幼虫蛞蝓型。头内缩，胸足退化，腹足吸盘状。体常被有毒枝刺或毛簇。在光滑而坚硬的茧内化蛹。常见的种类有黄刺蛾 *Cnidocampa flavescens*（Walker）。

8）毒蛾科 Lymantriidae

体中型。喙退化。触角栉状或羽状。静止时，多毛的前足向前伸出。有的种类雌蛾无翅。前翅 M_2 近 M_3，后翅 $Sc+R_1$ 与 Rs 在中室中部并接或接近。幼虫生有毛瘤或毛刷，第 6、7 腹节背面中央各有 1 个翻缩腺。常见的种类有古毒蛾 *Orgyia antiqua*（Linnaeus）、乌桕黄毒蛾 *Euproctis bipunctapex*（Hampson）等。

9）夜蛾科 Noctuidae

体中至大型，翅多暗色，常具斑纹。喙发达。前翅 M_2 近 M_3，后翅 $Sc+R_1$ 与 Rs 在中室基部并接。幼虫体粗壮。光滑少毛，颜色较深。腹足 3~5 对，第 1、2 对腹足常退化或消失。趾钩为单序中带。常见的种类有小地老虎 *Agrotis ypsilon*（Rottemberg）、斜纹夜蛾 *Prodenia litura*（Fabricius）等。

10）灯蛾科 Hypercompe

一般小至中型，少数大型。体色较鲜艳，通常具红色或黄色斑纹，有些种类为白底黑纹，形如虎斑。成虫休息时将翅折叠成屋脊状，多在夜间活动，趋光性较强，如遇干扰，能分泌黄色、腐蚀性、刺鼻的臭油汁，有些种类甚至能发出爆裂声以驱避敌害。灯蛾幼虫具长而密的毛簇，体色常为黑色或褐色。腹足 5 对。卵圆球形，表面有网状花纹。蛹有丝质茧，茧上混有幼虫体毛。常见的种类有美国白蛾 *Hlyphantria cunea*（Drury）、花布灯蛾 *Camptoloma interiorata* Walker 等。

11）凤蝶科 Papilionidae

体中至大型，颜色鲜艳。后翅外缘呈波状或在 M_3 处外伸成尾突，前翅 R 脉分为 5 支。幼虫的后胸显著隆起，前胸背中央有橙色分叉的小囊（俗称臭丫腺），受惊时翻出体外。常见的种类有柑橘凤蝶 *Papilio xuthus* Linnaeus、玉带凤蝶 *Papilio polytes* Linnaeus 等。

（二）膜翅目及主要科的识别

通称蜂、蚁。体微小至大型。触角多于 10 节，有丝状、膝状等。口器咀嚼式或嚼吸式。翅两对，膜质，翅脉少。跗节 5 节，有的足特化为携粉足。腹部第 1 节常与后胸连接，胸腹间常形成细腰。雌虫产卵器发达，高等种类形成针状构造。完全变态。幼虫为多足型、寡足型和无足型等。蛹为离蛹。捕食性、寄生性或植食性。世界已知 10 万种以上，我国已知 2 000 种，分为 2 个亚目。

1）三节叶蜂科 Argidae

体小而粗壮。触角 3 节，第 3 节最长。前足胫节具 2 个端距。幼虫自由取食，具 6～8 对腹足。常见的种类有蔷薇叶蜂 *Arge nigrinodosa* Motschulsky 等。

2）叶蜂科 Tenthredinidae

触角丝状或棒状，7～15 节，多数为 9 节。翅上具 1～2 个径室。前足胫节有 2 个端距。小盾片后方具有一后小盾片。幼虫具 6～8 对腹足。常见的种类有樟叶蜂 *Mesoneura rufonota* Rohwer 等。

3）姬蜂科 Ichneumonidae

触角长丝状。足细长，转节 2 节。前翅具翅痣，有 2 条回脉和 3 个盘室。产卵器长，常外露。常见的种类有松毛虫黑点瘤姬蜂 *Xanthopimpla pedator* Krieher。

4）茧蜂科 Braconidae

体小至中型。体长一般不超过 12mm。触角丝状。前翅只有 1 条回脉，即第 1 回脉，2 个盘室。前胸腹节大，具刻点或分区。腹部圆筒形或卵形，基部有柄或无柄。产卵器自腹部末端之前伸出，长短不等，甚至有超过体长数倍的。卵产于寄主体内，幼虫内寄生，有多胚生殖现象。在寄主体内、体外或附近，结黄色或白色小茧化蛹。常见的有寄生于蚜虫的桃瘤蚜茧蜂 *Ephedrus persicae* Frogg，寄生于松毛虫、舞毒蛾等的松毛虫绒茧蜂 *Apanteles ordinarius*（Ratzeburg）等。

（三）双翅目及主要科的识别

双翅目昆虫包括蚊、虻、蝇。体微小至大型。触角线状、具芒状、环毛状等。口器刺吸式、刮吸式或舐吸式等。仅生一对前翅，膜质，后翅退化成平衡棒。幼虫无足型，一般头小且内缩。围蛹（蝇）或被蛹（蚊）。完全变态。食性复杂，有植食性、腐食性、捕食性和寄生性等。世界已知 90 000 多种，分为 3 个亚目。

1）食蚜蝇科 Syrphidae

触角具芒状。体形似蜜蜂，具蓝色、绿色等金属光泽或各种斑纹。翅上 R 脉与 M 脉之间有一纵褶称为伪脉。成虫活泼。幼虫可捕食蚜虫，常在蚜虫密集处见到。常见的种类有黑带食蚜蝇 *Episirphus balteatus* De Geer。

2）寄蝇科 Tachinidae

体大多中型，多长刚毛及鬃，暗灰色，带褐色斑纹。触角芒光裸或具微毛。前翅 M_{1+2} 脉向前弯曲。后胸盾片很发达，露出在小盾片外成一圆形突起，从侧面看特别明显。腹末多刚毛。幼虫蛆形，前端尖，末端平截，前气门小，后气门显著。成虫产卵在寄主体表、体内或寄主食物上。幼虫多寄生于鳞翅目幼虫及蛹，也寄生于鞘翅目、直翅目和其他昆虫上。常见的种类有松毛虫狭颊寄蝇 *Carcelia rasella* Baranov 等。

※　实训成果

每人完成一份实训报告，根据所观察的各科特征编制昆虫检索表。

◇◇◇ 自 测 练 习 ◇◇◇

1．名词解释

孵化、龄期、羽化、补充营养、孤雌生殖、变态、世代、生活年史、世代重叠、休眠、滞育、性二型、多型现象、趋性。

2．填空题

（1）昆虫的头部是_____中心，胸部是_____中心，腹部是_____中心。

（2）昆虫最原始的口器类型是_____，危害植物后，造成的危害状是_____。

（3）刺吸式口器是由_____进化而来，危害植物后，造成的危害状是_____。

（4）昆虫的足一般分为_____节，分别是_____。

（5）昆虫的触角一般分为_____节，分别是_____。

（6）昆虫的发育分为_____和_____两个阶段。

（7）昆虫生殖方式分为_____、_____、_____和_____。

（8）昆虫的变态类型有_____和_____。

（9）全变态昆虫一生经历_____、_____、_____和_____4 个虫态。

（10）昆虫幼虫的主要类型有_____、_____、_____和_____。

（11）昆虫食性按食物性质可分为_____、_____、_____和_____。

（12）昆虫的习性主要有_____、_____、_____等，用糖醋液来诱杀害虫是利用害虫的_____性，利用黑光灯诱杀害虫，是利用害虫的_____性。

（13）昆虫生长发育的最适温区为_____℃，最适宜的相对湿度为_____左右。

3. 单项选择题

（1）下列属于昆虫的是（　　）。

　　A. 蝗虫　　　　B. 蜘蛛　　　　C. 蜈蚣　　　　D. 螨类

（2）具有开掘足的昆虫是（　　）。

　　A. 蝼蛄　　　　B. 蝗虫　　　　C. 蝇类　　　　D. 步甲

（3）下列昆虫中，（　　）属于鳞翅目昆虫。

　　A. 天牛　　　　B. 蝼蛄　　　　C. 刺蛾　　　　D. 梨网蝽

（4）下列能诱发煤污病的害虫是（　　）。

　　A. 蚜虫　　　　B. 黄刺蛾　　　C. 桑天牛　　　D. 小地老虎

（5）蚜虫于腹部的第6、7腹节，具有1对（　　）。

　　A. 翻缩腺　　　B. 刺突　　　　C. 毛瘤　　　　D. 腹管

（6）昆虫纲中最大的目是（　　）。

　　A. 鳞翅目　　　B. 半翅目　　　C. 鞘翅目　　　D. 直翅目

（7）下列昆虫中，属于半翅目昆虫的是（　　）。

　　A. 刺蛾　　　　B. 蝼蛄　　　　C. 梨网蝽　　　D. 天牛

（8）花上出现缺刻、孔洞的被害状，这种害虫的口器一般是（　　）。

　　A. 刺吸式　　　B. 咀嚼式　　　C. 虹吸式　　　D. 锉吸式

（9）金龟子的幼虫称为（　　）。

　　A. 金针虫　　　B. 地蛆　　　　C. 蛴虫　　　　D. 蛴螬

（10）下列昆虫中，属于植食性的是（　　）。

　　A. 蝗虫　　　　B. 粪金龟子　　C. 寄生蝇　　　D. 胡蜂

（11）下列昆虫中，营孤雌生殖方式的是（　　）。

　　A. 大蓑蛾　　　B. 刺蛾　　　　C. 天牛　　　　D. 蚜虫

（12）下列昆虫成虫中，雌雄性二型明显的是（　　）。

　　A. 大蓑蛾　　　B. 金龟子　　　C. 桑天牛　　　D. 刺蛾

（13）昆虫完成胚胎发育后，幼虫破卵而出的现象，称为（　　）。

　　B. 孵化　　　　B. 羽化　　　　C. 蜕皮　　　　D. 化蛹

（14）落叶毛虫幼虫蜕4～5次时皮食量最大，危害最严重，此时幼虫的虫龄为（　　）龄。

　　A. 4～5　　　　B. 3～4　　　　C. 5～6　　　　D. 3～5

（15）下列昆虫中，属于寄生性的是（　　　）。

　　A．瓢虫　　　　B．猎蝽　　　　C．赤眼蜂　　　　D．寄蝇

（16）下列昆虫中，具捕食性的是（　　　）。

　　A．螳螂　　　　　　　　　　B．周氏啮小蜂

　　C．赤眼蜂　　　　　　　　　D．寄蝇

（17）下列昆虫中，属于完全变态的是（　　　）。

　　A．蝼蛄　　　　B．叶蝉　　　　C．蚜虫　　　　D．家蝇

（18）昆虫幼虫的足有很多类型，天牛幼虫属于（　　　）。

　　A．原足型　　　B．无足型　　　C．寡足型　　　D．多足型

4．多项选择题

（1）下列属于咀嚼式口器的昆虫有（　　　）。

　　A．叶蝉、蜜蜂　　　　　　　B．虻、蓟马

　　C．天牛、叶甲　　　　　　　D．蝗虫、蝼蛄

（2）下列属于直翅目的昆虫有（　　　）。

　　A．螳螂　　　　B．蝼蛄　　　　C．蟋蟀　　　　D．螽斯

（3）下列昆虫中，成虫与幼虫名称搭配正确的是（　　　）。

　　A．栗山天牛、哈虫　　　　　B．金龟、蛴螬

　　C．叩甲、金针虫　　　　　　D．蝗虫、跳蝻

（4）下列昆虫的触角为锤状的有（　　　）。

　　A．小蠹　　　　B．郭公　　　　C．瓢虫　　　　D．金龟

（5）刺吸式口器昆虫造成的危害状有（　　　）。

　　A．黄化　　　　B．皱缩　　　　C．卷缩　　　　D．褪色

（6）下列昆虫中，属于完全变态的有（　　　）。

　　A．天牛、蚂蚁　　　　　　　B．家蝇、象甲

　　C．蝼蛄、金龟　　　　　　　D．介壳虫、蓟马

（7）下列昆虫中，具有捕食性的有（　　　）。

　　A．天牛　　　　B．粪金龟　　　C．步甲　　　　D．猎蝽

5．判断题

（1）蝼蛄的前足为步行足。　　　　　　　　　　　　　　　　　　（　　　）

（2）蚂蚁属于膜翅目昆虫。　　　　　　　　　　　　　　　　　　（　　　）

（3）尺蛾幼虫的腹足是 3～5 对。　　　　　　　　　　　　　　　（　　　）

（4）并不是所有的鳞翅目昆虫都具有翅。　　　　　　　　　　　　（　　　）

（5）昆虫的世代划分是从成虫开始的。　　　　　　　　　　　　　（　　　）

（6）昆虫在一年中发生的状况叫世代。　　　　　　　　　　　　　（　　　）

（7）天蛾幼虫蜕皮 2 次属于 3 龄幼虫。　　　　　　　　　　　　（　　　）

（8）完全变态昆虫一生经过卵、若虫、成虫 3 个虫态。　　　　　　　　（　　）

6. 简答题

（1）简述昆虫纲的特征。
（2）举例说明昆虫常见的口器、触角、足和翅的类型。
（3）咀嚼式口器和刺吸式口器的危害状有何不同？各有什么防治方法？
（4）根据哪些特征可以把鳞翅目蛾类幼虫与膜翅目叶蜂的幼虫区分开？
（5）举例说明昆虫的变态类型。
（6）简述昆虫的主要习性及在生产防治中的意义。

7. 论述题

试述林业生产常见昆虫目的特征、代表昆虫及危害习性。

项目 2　森林病虫害防治原理分析与方法选择

◐ **知识目标**

* 具备林业有害生物防治基本原理与方法选择知识。
* 具备正确选择和使用化学农药的基本知识。
* 具备常用防治器械工作原理与保养的基本知识。
* 具备飞机防治森林病虫害作业原理与操作知识。

◐ **能力目标**

* 熟悉森林病虫害防治原理与方法选择。
* 会识别化学农药，能正确选择和施用化学药剂。
* 会使用和维护林业生产常用的防治器械。
* 熟悉飞机防治森林病虫害作业原理与操作流程。

◐ **素质目标**

* 培养学生绿色防治理论，树立生态安全意识。
* 培养学生实事求是和团结协作精神。
* 提升学生在实际训练中发现问题和解决问题的能力。

任务 2.1　森林病虫害防治原理与措施

在森林生态系统中，树木与其周围环境中的其他植物、动物、微生物等生物成分和阳光、水分、空气、温度、土壤等非生物成分通过各种食物链紧密地结合起来，形成相互依赖和相互制约的平衡关系。当病虫害和寄主之间、病虫害和天敌之间的自我调控能力无法维持平衡时，病虫种群数量会急剧升高，从而对森林植物造成危害。因此，需要林业工作者，遵循"预防为主、科学防控、依法治理、促进健康"的指导思想，协调应用林业、生物、物理、化学等综合治理措施，将有害生物控制在经济允许水平以下，从而促进森林健康可持续发展。

📖 **相关知识**

现代病虫害防治的基本策略主要是综合治理（integrated pest management，IPM），联合国粮食及农业组织对综合治理的定义是：病虫害综合治理是一种方案，它能控制病虫的发生，避免相互矛盾，尽量发挥有机的调和作用，保持经济允许水平之下的防治体系。它从森林生态系统的总体出发，根据有害病虫和环境之间的相互关系，充分发挥自然控制因素的作用，因地制宜、协调应用必要的措施，将病虫的危害控制在经济允许水平之下，以获得最佳的经济效益、生态效益和社会效益，达到"经济、安全、简便、有效"的准则。根据综合治理定义所包含的生态学观点、辩证观点、经济学观点和环境保护学观点，结合森林病虫害的特点，森林病虫害综合治理的概念可归纳为"在预防为主的思想指导下，从森林生态系统出发，充分利用森林具有的稳定性、复杂性和自控能力以及森林生物群落相对稳定的客观规律，创造不利害虫发生而有利于林木及有益生物繁殖的环境条件，掌握病虫害的发生动态，合理、因地制宜地协调运用林业、生物、物理和化学等防治措施，长期把病虫害数量控制在经济允许水平之下，使森林的经营管理取得最大的经济效益、社会效益和生态效益"。因此，森林病虫害的综合治理即综合考虑生产者、社会和环境利益，在投入与效益分析的基础上，从森林生态系统的整体性出发，协调应用林业、生物、化学、物理等多种有效防治技术，将病虫害控制在经济允许水平以下。

综合治理首先引进经济允许水平和经济阈值来确保治理的经济效益。

经济允许水平（economic injury level，EIL）又称经济危害水平，是森林能够容忍有害生物危害的界限所对应的有害生物种群密度，在此种群密度下，防治收益等于防治成本。经济允许水平是一个动态指标，它随着受害植物的品种、补偿能力、产量、价格、所使用防治方法的防治成本的变化而变动。一般可以先根据防治费用和可能的防治收益确定允许的经济损失率，而后再根据不同有害生物在不同密度情况下可能造成的损失率，最后确定经济允许水平。

经济阈值（economic threshold，ET）又称控制指标（control action threshold），是病虫害种群增加到造成林业经济损失而必须防治时的种群密度临界值。确定经济阈值除需要考虑经济允许水平所要考虑的内容外，还需要考虑防治措施的速效性和病虫害种群的动态趋势。经济阈值是由经济允许水平衍生出来的，两者的关系取决于具体的防治情况。若采用的防治措施可以立即制止危害，则经济阈值与经济允许水平相同。若采用的防治措施不能立即制止危害，或防治准备需要一定的时间，而种群密度处于持续上升时，经济阈值要小于经济允许水平。当考虑到天敌等环境因子的控制作用，种群密度处于下降时，经济阈值常大于经济允许水平。此外，有一些危害取决于关键期的病虫种类，如松材线虫和松突圆蚧等，一旦侵染必然会对松树的产量或品质造成严重影响。对于这类病虫害，需要根据其侵染期，制定在特定时段和种群密度下需要进行防治的所谓时间经济阈值（time economic threshold），也就是防治适期及其控制指标。显然，经济允许水平可以指导确定经济阈值，而经济阈值需要根据经济危害允许水平和具体防治情况而定。

利用经济允许水平和经济阈值指导病虫害防治是综合治理的基本原则，它不要求彻底消灭病虫害，而是将其控制在经济允许水平以下。因此，它不仅可以保证防治的经济效益，同时可以取得良好的生态效益和社会效益。首先，据此进行病虫害防治，不会造成防治资源上的浪费，也不会使病虫害造成大量的损失。其次，保留一定种群密度的病虫种类，有利于保护天敌，维护森林生态系统的自然控制能力。最后，在此基本原则指导下的防治有利于充分发挥非化学防治措施的作用，减少用药量和用药次数，减少残留污染，延缓病虫害抗药性的发生和发展。

森林病虫害防治综合治理的基本方法包括森林植物检疫、林业技术防治、生物防治、物理机械防治和化学防治等。

2.1.1　森林植物检疫

1. 森林植物检疫的概念

森林植物检疫又称法规防治，是指一个国家或地区用法律或法规的形式，禁止某些危险性的病虫、杂草人为地传入、传出，或对已发生及传入的危险性病虫、杂草，采取有效方法消灭或控制蔓延的一种措施。森林植物检疫与其他防治技术具有明显不同。首先，森林植物检疫具有法律的强制性，任何集体和个人不得违规。其次，森林植物检疫具有宏观战略性，不计局部地区当时的利益得失，而主要考虑全局长远利益。最后，森林植物检疫防治策略是对有害生物进行全面的种群控制，即采取一切必要措施，防止危险性有害生物进入或将其控制在一定范围内或将其彻底消灭。因此，森林植物检疫是一项根本性的预防措施，是森林病虫害控制的一项主要手段。

2. 森林植物检疫的任务与管理机构

森林植物检疫对控制外来有害生物入侵，维护本国或本地区林业生产和森林生态系统的安全有着非常重要的意义。它的主要任务包括 4 个方面。第一是对外检疫，即禁止危险性病、虫、杂草随着林木及其产品由国外传入或由国内输出。一般是在口岸、港口、国际机场等场所设立检疫机构，对进出口货物、旅客携带的植物及邮件等进行检查。按照国际惯例，凡是输往我国的植物或植物产品，由输出国的植物检疫机关，按照我方的植物检疫要求，出具植物检疫证书。对引进的或旅客随身携带的植物或植物产品，在抵达我国口岸时，必须经过我国口岸植物检疫机关的检疫查验。经检疫合格的放行，不合格的依法处理。对从国外引进的可能潜伏有危险性病虫的种子、苗木和其他繁殖材料，必须隔离试种。第二是对内检疫，即将在国内局部地区发生的危险性病、虫、杂草封锁，使其不能传播到无病区，并在疫区将其消灭。第三是当危险性病、虫、杂草侵入新地区时，应立即采取措施控制其蔓延或彻底将其消灭。第四是保障林木及其产品的正常流通。

全国森林植物检疫工作由国家林业和草原局负责，县级以上地方林业主管部门所属的森林植物检疫机构负责执行本行政区的森林植物检疫任务。经省级以上林业主管部门确认的国有林业局所属的森林植物检疫机构负责执行本单位的森林植物检疫任务。国家动植物检疫机关和各口岸动植物检疫机关负责进出境植物检疫。

3. 森林植物检疫法规依据

植物检疫法规是以植物检疫为主题的法律、法规、规章和其他规范性文件的总称。

植物检疫法规，根据其制订的权力机构和法规所起法律作用的地位或行政范围，可分为国际性植物检疫法规，如《国际植物保护公约》；全国性植物检疫法规，如《植物检疫条例》；地方性植物检疫法规，如省级的《植物检疫实施办法》。我国现行的植物检疫法规分外检法规和内检法规两类，分述如下。

（1）外检法规

外检法规包括《中华人民共和国进出境动植物检疫法》《中华人民共和国进境植物检疫性有害生物名录》《中华人民共和国进境植物检疫禁止进境物名录》等。

（2）内检法规（林业部分）

内检法规（林业部分）包括《植物检疫条例》《植物检疫条例实施细则（林业部分）》《国内森林植物检疫性有害生物和应施检疫的森林植物、林产品名单》，各省、自治区、直辖市制定的《森林植物检疫实施办法》《森林植物检疫性有害生物补充名单》及国家有关部门制定、公布实施的检疫技术规程、收费办法及其他规定、通知，各级地方政府发布的有关植物检疫的通知、通告、规定等。

4. 林业检疫性有害生物与检疫范围

2013 年 1 月 9 日，国家林业局发布"全国林业检疫性有害生物名单"。按类别划分，有 11 种为有害昆虫，2 种为有害微生物，1 种为有害植物，名单如下。

林业检疫性有害生物名单

松材线虫 *Bursaphelenchus xylophilus*

美国白蛾 *Hyphantria cunea*

苹果蠹蛾 *Cydia pomonella*

红脂大小蠹 *Dendroctonus valens*

双钩异翅长蠹 *Heterobostrychus aequalis*

杨干象 *Cryptorrhychus lapathi*

锈色棕榈象 *Rhynchophorus ferrugineus*

青杨脊虎天牛 *Xylotrechus rusticus*

扶桑绵粉蚧 *Phenacoccus solenopsis*

红火蚁 *Solenopsis invicta*

枣食蝇 *Carpomlia vesuviana*

落叶松枯梢病菌 *Botryosphaeria laricina*

松疱锈病菌 *Cronartium ribicola*

薇甘菊 *Mikania micrantha*

检疫范围即应施检疫的植物和植物产品，还包括根据疫情应施检疫和除害处理的包装材料、运输工具、土壤等。应施检疫的森林植物及产品名单：

① 林木种子、苗木和其他繁殖材料。

② 乔木、灌木、竹子等森林植物。

③ 运出疫情发生县的松、柏、杉、杨、柳、榆、桐、桉、栎、桦、槭、槐、竹等森林植物的木材、竹材、根桩、枝条、树皮、藤条及其制品。

④ 栗、枣、桑、茶、梨、桃、杏、柿、柚、梅、核桃、油茶、山楂、苹果、银杏、石榴、荔枝、猕猴桃、枸杞、沙棘、芒果、肉桂、龙眼、橄榄、腰果、柠檬、八角、葡萄等森林植物的种子、苗木、接穗，以及运出疫情发生县的来源于上述森林植物的林产品。

⑤ 花卉植物的种子、苗木、球茎、鳞茎、鲜切花、插花。

⑥ 中药材。

⑦ 可能被检疫性有害生物污染的其他林产品、包装材料和运输工具。

5. 森林植物检疫内容与程序

1）疫区与保护区的划定

"疫区"和"保护区"是省级人民政府用行政手段划定的区域。根据《植物检疫条例》，局部发生检疫性有害生物的，应将发生区划为"疫区"，采取封锁、消灭措施，防止植物检疫性有害生物传出。发生地区已比较普遍的，则应将未发生的地区划为"保护区"，防止植物检疫性有害生物传入。

2）无检疫性有害生物种苗基地的建立

建立无检疫性有害生物的种苗繁育基地是生产健康种苗，防止检疫性有害生物和危险性病虫侵害，确保林业生产安全的基础。我国《植物检疫条例实施细则（林业部分）》中规定："林木种子、苗木和其他繁殖材料的繁育单位，必须有计划地建立无森检对象的种苗基地、母树林基地。禁止使用带有危险性病虫的林木种子、苗木和其他繁殖材料育苗和造林。

建立无检疫性有害生物的种苗繁育基地应注意以下几个问题：生产单位和个人新建种苗繁育基地，应在当地林业植物检疫机构指导下，选择符合检疫要求的地方设立；种苗繁育基地所用的繁殖材料，不得带有检疫性和危险性有害生物；种苗繁育基地周围定植的植物应与所繁育的材料不传染或不交叉感染检疫性和危险性有害生物；已建的种苗繁育基地发生检疫性和其他危险性有害生物时，要采取措施限期扑灭；种苗繁育基地应配备兼职检疫人员，负责本区域的疫情调查、除害处理，并协助当地林业植物检疫机构开展检疫工作。

3）产地检疫

产地检疫，是指在植物生长和检疫性有害生物发生期间，由林业植物检疫人员到森林植物及其产品的产地所进行的检疫。具体程序是：生产、经营应施检疫的森林植物及产品的单位或个人，在生产期间或者调运之前向当地林业植物检疫机构申请产地检疫，然后由林业植物检疫机构指派检疫人员到现场进行检疫。检疫人员应根据不同检疫对象的生物学特性，在病害发病盛期或末期、害虫危害高峰期或某一虫态发生高峰期进行检疫。对种子园、母树林和采种基地也可在收获期、种实入库前进行检疫。1 年中调查次数不少于 2 次。对于检验合格的和除害处理后复检合格的签发《产地检疫合格证》；对复检后仍不合格的，不签发《产地检疫合格证》，发给《检疫处理通知单》。《产地检疫合格证》的有效期为 6 个月。在有效期内调运时，不再检疫，凭《产地检疫合格证》直接换取《植物检疫证书》。

4）调运检疫

调运检疫，是指森林植物及其产品在调出原产地之前、运输途中、到达新的种植或使用地点之后，根据国家或地方政府颁布的林业植物检疫法规，由专门的林业植物检疫机构，对应施检疫的森林植物及其产品所采取的检疫和严格的检疫处理措施。调运检疫是国内林业植物检疫工作的核心，也是防止危险性病虫随森林植物及其产品在国内人为传播的关键。根据调运森林植物及其产品的方向，调运检疫分为调出检疫和调入检疫。调出检疫的程序包括报检、现场检查或室内检验、检疫处理和签发证书 4 个环节。

调运森林植物及其产品的单位或个人，在货物调出前到当地林业植物检疫机构或指定的检疫机构报检，并填写报检单。调入单位有检疫要求的，还要提交调入地林业植物检疫机构签发的《林业植物检疫要求书》。对受检的森林植物及其产品，除依法可直接签发检疫证书的以外，都需要经过现场检查或室内检验。发现检疫性有害生物或其他应检有害生物的，调出单位或个人应按《检疫处理通知单》的要求作检疫处理，经复查合格后放行。林业植物检疫机构应从受理调运检疫申请之日起，于 15 日内实施检疫并核发检疫单证。情况特殊的，经省级林业主管部门批准，可延长 15 日。凡是属于应检物品范围内的森林植物及其产品，必须在取得植物检疫证书之后方可调出。从外地调入的森林植物及其产品，由调入地林业植物检疫机构验证或复检。

5）国外引种检疫

国外引种检疫，是防止外来有害生物入侵的重要措施。它包括引种申请、风险评估、检疫审批、口岸检疫把关、隔离试种、监管等环节。

引种单位或个人（或代理人）申请引种时要填写《引进林木种子、苗木及其他繁殖材料检疫审批申请表》，并提供相关材料。对于首次引种国内或种植所在省没有的林木种子、苗木及其他繁殖材料，或者已有引种，但单次进口量特别巨大的，审批前要进行风险评估。引种审批机关自收到申请及其他相关材料之日起，应于 30 日内做出审批意见。申请引种数量在省级林业主管部门审批限量内的，由省级林业主管部门审批；重点工程造林苗木、草坪种子、超过省级审批限量的引种由国家林业和草原局审批。《引进林木种子、苗木和其他繁殖材料检疫审批单》的有效期限一般为 2 个月，最长不超过 6 个月。在审批时，要落实隔离试种的地点和管理单位及监督管理措施。引种单位凭订货卡和检疫审批单办理对外引进手续时，应将审批单中的检疫要求列入合同或有关协议中，并要求输出国植物检疫机构出具植物检疫证书。

从国外引进的"种用种子"到达口岸前或到达口岸时，引种单位或其代理人凭审批单和输出国植物检疫证书及有关合同、协议等单证，向口岸检疫机构报检，并填写《动植物检疫报检单》。经口岸检疫合格后，签发《检疫放行通知单》。发现检疫性有害生物和应检有害生物的，提出处理意见，并签发《检疫处理通知单》。对需要出证索赔的，签发《植物检疫证书》，以作为对外索赔证件，并保存有关样品和标本作为索赔依据。

引种后应在审批机关确认的普及型国外引种试种苗圃（或森林植物检疫隔离试种苗

圃）中试种，并由相应的林业主管部门实施检疫监管。监管时间为：1 年生植物不得少于 1 个生长周期，多年生植物不得少于 2 个生长周期，观赏花卉类 1～4 周。监管期间，不得进行分散种植和销售。

2.1.2　林业技术防治

林业技术防治，是指通过一系列的林业栽培技术的合理运用，调节有害生物、寄主植物和环境条件之间的关系，创造有利于植物生长发育而不利于有害生物生存繁殖的条件，降低森林病虫害种群数量或侵袭寄主的可能性，培育健康植物，增强植物抗害、耐害和自身补偿能力，或避免有害生物危害的一种保护性措施。林业技术防治是最经济、最基本的防治方法，可在大范围内减轻病虫害的发生程度，甚至可以持续控制某些有害生物的大发生。由于林业技术防治多为预防性措施，在病虫害已经大发生时，必须配合其他防治措施加以控制。

1. 选育抗性树种

在寄主、有害生物、环境条件三者的关系中，寄主是一个不可缺少的成分，而且寄主的抗性不仅取决外部环境对本身生长状况的影响，还取决于寄主本身遗传的抗病虫内因。选育抗病虫品种是避免或减轻有害生物危害的重要措施，尤其是对那些还没有其他有效防治措施的有害生物尤为重要。

在自然界中，同一属内的不同树种之间，甚至同一树种的不同品系、不同个体之间，存在着抗逆性差异。其表现形式主要有 3 种。

（1）不选择性。由于树木在形态、生理、生化及发育期不同步等原因使有害生物不予危害或很少危害。

（2）抗生性。即有害生物危害了该树种之后，树木本身分泌毒素或产生其他生理反应等原因使有害生物的生长发育受到抑制或不能存活。

（3）耐害性。树木本身的再生补偿能力强，对有害生物危害有很强适应性。例如，大多数阔叶树种能忍耐食叶害虫取食其叶量的 40% 左右。

上述这些性质的存在，使抗性育种成为可能。例如，中国林业科学研究院通过杂交培育的抗天牛的南抗杨系列品种，已在江淮地区大面积推广。引进国外或国内其他地区具有优良性状的抗性树种，经驯化后推广利用，也是一条简易有效的途径。还可以在有害生物发生严重的林分中选择抗性强的单株，进行无性繁殖，再经过进一步的培育和选择，从中选出抗病虫的无性系。

在抗虫基因工程研究方面，近年来，国内外学者在利用苏云金芽孢杆菌 *Bacillus thuringiensis*（Bt）中分离到的毒蛋白基因开展杨树抗虫基因工程的研究取得了重要成果。中国林业科学研究院和中国科学院微生物研究所合作，将苏云金芽孢杆菌毒蛋白抗虫基因导入欧洲黑杨的细胞中，培育出抗食叶害虫的抗虫杨 12 号新品种，现已推广种植。

2. 育苗措施

在选择新的育苗基地时，应选择土质疏松、排水透气性好、腐殖质多的地段，要尽量满足建立无检疫性有害生物种苗基地的要求。除考虑环境条件、自然条件、社会条件外，还必须考虑到森林病虫害的发生情况。在规划设计之前，要进行土壤有害生物及周围环境有害生物的调查，了解其种类、数量，如发现有危险性有害生物或某些有害生物数量过多时，必须采取适当的措施进行处理，处理后符合要求方可使用。

圃地选好后要深翻土壤，这样做不仅可以改良土壤结构，提高土壤肥力，而且可以消灭相当数量的土壤有害生物；深耕会使病株残体和害虫深埋土中，阻止病原物传播，使害虫窒息死亡。施用有机肥料要充分腐熟；要合理轮作，避免连作，特别是根部病虫害发生严重的圃地；轮作会使某些害虫和有寄生专化性的病原物失去寄主而"饿死"，尤其对以病原物的休眠体在土壤中存活的病害、土壤寄居菌所致的病害及地下害虫效果明显。选择育苗种类一定要慎重，不仅要根据土壤条件、环境条件选择合适的品种进行合理布局，还要选用无病虫、品种纯、发芽率高及生长一致的优良繁殖材料，发苗快，能尽快形成抵抗不良环境和有害生物侵袭的能力；出苗后要及时进行中耕除草、间苗，保证苗木密度适当；要合理施肥，适时适量灌水，及时排水，尽量给苗木生长创造一个适宜的环境条件，提高苗木抗性；苗木出圃分级时，应进行合理的修剪。有条件的应对出圃苗木进行消毒和杀虫处理。

3. 造林措施

造林时适地适树是减少病虫害发生的一项重要措施。应根据立地条件选择与生物学特性相适应的造林树种，否则林木生长衰弱，容易遭受病虫害侵害。要避免在多种病虫害可能流行的地区内种植感病树种。营造混交林时，合理地安排树种搭配比例和配置方式，对提高森林的自然保护性能有着重要的意义。例如，落叶松与阔叶树混交，可以减轻落叶松的落叶病；杉树与檫树混交，可以减轻杉木的炭疽病和叶斑病。另外，在锈病流行的地区营造混交林时不要配置锈病的转主寄主。

4. 抚育管理措施

适时间伐、及时调整林分密度，能够促进林木生长，提高木材质量和经济出材率，预防和减少病虫害造成的损失，如松落针病在密林中容易发生。抚育间伐一般结合卫生伐，清除病虫发生中心，伐除衰弱木、畸形木、濒死木、枯立木、风倒木、风折木，以及受机械损伤、感染腐朽病和有蛀干害虫的林木，以便将病虫消灭在点片发生阶段，防止其蔓延扩展。及时修除枯枝、弱枝，可以减少森林火灾的发生，减弱雪压和风害，防止蛀干害虫和立木腐朽病的发生和蔓延。修枝切口要平滑，不偏不裂，不削皮和不带皮，使伤口创面最小，有利于愈合。要预防山火，禁止放牧和随意削皮作记号，以免造成机械损伤，减轻林木腐朽病和溃疡病的发生。

5.　采伐运输和贮藏措施

成熟林要及时采伐，以减轻蛀干害虫和立木腐朽病的发生。采伐迹地要及时清理伐桩、大枝丫，以免害虫滋生蔓延。在木材的运输、贮藏中也应做好木材的防虫、防腐工作。采伐的原木不宜留在林内，必须运出林外，或刮皮处理，防止小蠹等蛀干害虫寄生。

2.1.3　生物防治

从保护生态环境和可持续发展的角度讲，生物防治是最好的有害生物防治方法之一。首先，生物防治对人畜安全，对环境影响极小。尤其是利用活体生物防治病、虫、草害，由于天敌的寄主专化性，不仅对人畜安全，而且不存在残留和环境污染问题。其次，活体生物防治对有害生物可以达到长期控制的目的，而且不易产生抗性等问题。最后，生物防治的自然资源丰富，易于开发。此外，生物防治的成本相对较低。

从森林病虫害防治和林业生产的角度看，生物防治仍具有很大的局限性。第一，生物防治的作用效果慢，在有害生物大发生后常无法控制。第二，生物防治受气候和地域生态环境的限制，防治效果不稳定。第三，目前可用于大批量生产使用的有益生物种类还太少，通过生物防治达到有效控制的有害生物数量仍有限。第四，生物防治通常只能将有害生物控制在一定的危害水平，对于防治要求高的森林病虫害，较难实施有害生物种群的整体治理。

1.　以虫治虫

利用天敌昆虫来防治害虫，称为以虫治虫。天敌昆虫主要有两大类型。一类是捕食性天敌昆虫，捕食性天敌昆虫在自然界中抑制害虫的作用和效果十分明显。例如，松干蚧花蝽对抑制松干蚧的危害起着重要的作用。另一类是寄生性天敌昆虫，主要包括寄生蜂和寄生蝇，有些寄生性昆虫在自然界的寄生率较高，对害虫起到很好的控制作用。

利用天敌昆虫来防治森林害虫，主要有以下 3 种途径。

（1）天敌昆虫的保护。当地自然天敌昆虫种类繁多，是各种害虫种群数量重要的控制因素，因此，要善于保护和利用。在方法实施上，要注意以下几点。一是慎用农药。在防治工作中，要选择对害虫选择性强的农药品种，尽量少用广谱性的剧毒农药和残效期长的农药。尽量缩小施药面积，减少对天敌的伤害。二是保护越冬天敌。天敌昆虫常常由于冬季恶劣的环境条件而数量大量减少，因此采取措施使其安全越冬是非常必要的。例如，七星瓢虫、螳螂等的利用，都是在解决了安全过冬的问题后才发挥更大的作用。三是改善昆虫天敌的营养条件。一些寄生蜂、寄生蝇，在羽化后常需要补充营养而取食花蜜，因此在种植森林植物时，要注意考虑天敌蜜源、植物的配置。

（2）天敌昆虫的繁殖和释放。在害虫发生前期，自然界的天敌数量少、对害虫的控制力很低时，可以在室内饲养天敌，增加天敌的数量。特别在害虫发生之初，于林间大量释放天敌，可取得较显著的防治效果。我国以虫治虫的工作也着重于此方面，如松毛虫赤眼蜂 *Triehogramma dendrolimi* 的广泛应用就是显著的例子。

（3）天敌昆虫的引进。我国引进天敌昆虫防治害虫，已有 80 多年的历史。其中，防治蚧虫成功的例子最多，成功率为 78%。在引进的天敌中，寄生性昆虫比捕食性昆虫成功得多。

2. 以菌治虫

以菌治虫，是利用害虫的病原微生物来防治害虫。能引起昆虫致病的病原微生物主要有细菌、真菌、病毒、立克次氏体、线虫等。目前生产上应用较多的是病原细菌、病原真菌和病原病毒 3 类。利用病原微生物防治害虫，具有繁殖快、用量少、不受植物生长阶段的限制、持效期长等优点，近年来作用范围日益扩大，是目前害虫防治中最具推广应用价值的类型之一。

1）病原细菌

目前用来控制害虫的细菌主要有苏云金芽孢杆菌。苏云金芽孢杆菌对人、畜、植物、益虫、水生生物等无害，无残余毒性，有较好的稳定性，可与其他农药混用；对湿度要求不严格，在较高温度下发病率高，对鳞翅目幼虫有很好的防治效果。因此，成为目前应用最广的生物农药。

苏云金芽孢杆菌，别称青虫菌，是目前用于制备微生物杀虫剂最常用的一种昆虫致病细菌。

该菌为好气性产晶体的芽孢杆菌，包括 82 个变种，有 70 个血清型。菌体杆状，两端圆钝，菌落灰白色，革兰氏染色阳性，在普通培养基上能良好生长，生长过程分为营养体阶段、孢子囊阶段、芽孢和伴孢晶体释放阶段。它寄生于昆虫体内，引起昆虫发病的原因主要是其在生长发育过程中能产生一种有毒物质——伴孢晶体。伴孢晶体是内毒素，是一种碱溶性的蛋白质，含有 18 种氨基酸，能在多种鳞翅目害虫肠道内溶解为小分子多肽，使昆虫肠道麻痹，停止取食，并破坏肠道内膜，造成营养细胞易于侵袭和穿透肠道底膜进入血淋巴，使昆虫食欲不振，活动力减弱，最后因饥饿和败血症，体内流出黑色臭水，倒挂于树上死亡。

Bt 制剂是应用最广的商品化微生物杀虫剂，在林业上用于防治松毛虫、美国白蛾、春尺蛾、黄褐天幕毛虫等，主要剂型为 Bt 可湿性粉剂（含活芽孢 100 亿个/g）、Bt 乳剂（含活芽孢 100 亿个/mL），我国生产的 Bt 乳剂大多加入 0.1%～0.2%拟除虫菊酯类杀虫剂，以加快害虫死亡速度。Bt 制剂主要用于防治鳞翅目幼虫，尤其是低龄幼虫，昆虫取食死亡后，虫体破裂可感染其他害虫，但对蚜类、螨类、蚧类无防治效果。

使用 Bt 乳剂时根据防治对象可稀释成 200～1000 倍液（0.1 亿～0.5 亿孢子/mL）。使用 Bt 粉剂防治松毛虫等森林害虫可将菌粉与滑石粉混合，配成 0.5 亿孢子/kg 喷粉，用于飞机防治时可用菌粉与滑石粉 1：10 喷施。施药时间比化学农药提早 3～4d，以傍晚或阴天为好，在中午强光下不宜喷药以免紫外线杀死细菌。Bt 制剂在气温 30℃以上使用效果最好，但不能与内吸性杀虫剂或杀菌剂混用，要现配现用，且避免在蚕区使用。Bt 制剂的保存温度为 25℃以下。

2）病原真菌

能够引起昆虫致病的病原真菌很多，其中以白僵菌 *Beauveria basiana* 最为普遍，在我国广东、福建、广西等很多地区，普遍用白僵菌防治松毛虫，取得了很好的防治效果。

白僵菌是一种隶属于半知菌门的虫生真菌。白僵菌属有 2 种，即球孢白僵菌 *Beauveria bassiana*（Bals.）Vuill.和纤细白僵菌 *B.tenella*（Delacr.）Siem。目前分离得到的均为球孢白僵菌，其菌丝白色，成丛，形成孢子后变成白色粉末状，分生孢子顶生于成丛的分生孢子梗上。

白僵菌能寄生在很多昆虫体上，主要依靠孢子扩散或与感病虫体接触传染。在适宜的温湿条件下，孢子接触虫体后，即可通过气孔、口腔、足节侵入虫体，继而产生大量菌丝和分泌物，菌丝和内生孢子从虫体内吸收养分和水分，并分泌毒素破坏虫体组织和结构，使昆虫僵硬死亡。菌丝从虫体伸出，体表形成白色粉状物，即分生孢子，再进行重复侵染。白僵菌在 13～36℃条件下菌丝均能生长，24℃最为适宜。30℃最适宜孢子产生。白僵菌对湿度的要求很高，相对湿度 90%左右生长繁殖最为适宜；在相对湿度 75%以下，孢子几乎不能萌发。

白僵菌制剂的主要剂型为白僵菌粉剂，普通粉剂含 100 亿孢子/g，高孢粉剂含 1000 亿孢子/g。产品外观为白色或灰白色粉状物，适用于鳞翅目、同翅目、膜翅目、直翅目等害虫的防治，尤其对松毛虫防治效果突出，对人畜安全，但对人的皮肤有过敏反应，对蚕的感染力很强。

使用白僵菌防治害虫，应在幼虫发生期进行，时间可在阴天、雨后或早晨。由于白僵菌具有重复感染、扩散蔓延的特点，可根据虫口密度大小分别采取全面喷菌、带状喷菌或点状喷菌方式。喷粉可直接喷 50 亿孢子/g 的菌粉，并加入 1%～2%的化学杀虫剂；喷雾一般为 0.5 亿～2 亿孢子/mL，加入 0.01%～0.1%的化学杀虫剂。为了提高菌液黏着力，可加入 0.002%洗衣粉或茶枯粉。菌液要随配随用，在 2h 内用完，以免孢子失去致病力。还可在林间采集 4 龄以上幼虫，带回室内，用 5 亿孢子/mL 的菌液将虫体喷湿，然后放回林间，每释放点释放 400～500 条，让活虫自由扩散。

白僵菌在养蚕地区禁止使用。

3）病原病毒

利用病毒防治害虫的主要优点是专化性强。在自然情况下，某种病原病毒往往只寄生一种害虫，不存在污染与公害问题，在自然界中可长期保存，反复感染，有的还可遗传感染，从而造成害虫流行病。

3. 以激素治虫

昆虫性信息素是昆虫分泌到体外的挥发性物质，研究最多的性信息素是雌性信息素。目前我国林业生产上使用的性信息素引诱剂有松毛虫、美国白蛾、松叶蜂、落叶松鞘蛾、小蠹虫、苹果蠹蛾、白杨透翅蛾、槐小卷蛾、桃蛀螟、松梢螟引诱剂等。它们的主要应用有如下方面。

1）虫情监测

利用性信息素可准确地对某种害虫的发生时间、发生程度做出预报，现已获得广泛应用。

2）诱杀害虫

把合成的性信息素和杀虫剂装入诱捕器内，引诱来交配的雄虫并将其杀死，减少雌虫交配的概率，达到控制害虫的目的。例如，利用性信息素诱捕器和粘胶涂布诱捕法防治白杨透翅蛾，可使白杨透翅蛾有虫株率下降到 1%以下。这种方法适用于一生只交配 1 次、雄虫早熟或对雌雄两性同时发生引诱作用的害虫，且在虫口密度低时效果明显，在虫口密度高时难以收到应用效果。

3）干扰交配

成虫发生期，在林间普遍设置性信息素散发器，使其弥漫在大气中，使雄蛾无法定向找到雌蛾，从而干扰正常的交尾活动。由于雄虫的触角长时间接触高浓度的性信息素而处于麻痹状态，也会失去对雌虫召唤的反应能力。

利用昆虫信息素防治害虫要注意以下几点。①要根据害虫诱捕情况及时更换引诱剂，一般引诱剂的使用时间为 35～40d，高温、高湿、大风等情况均会较大幅度地缩短引诱剂的使用寿命。②诱捕器要放在通风较好的位置，充分发挥引诱剂的作用，各诱捕点的间距最好保持在 20～40m，以防各诱捕点间相互干扰。③每隔一个月左右应按一定方向移动各诱捕点 5～10m，因为长期固定的诱捕点四周会产生"陷阱"效应，从而降低诱捕效果。④引诱剂（诱芯）与诱捕器配套使用，针对不同的虫种有不同的诱捕器。常用的诱捕器有三角形、船形、桶形、黑色十字交叉板漏斗式等。

4. 其他动物的利用

1）人工巢箱的种类

我国现有鸟类中半数以上为食虫鸟。利用人工巢箱招引具有树洞营巢习性食虫鸟的方法控制森林害虫的种群密度，已成为生物防治的重要措施之一。人工巢箱按制作材料，可分为木板式巢箱、树洞式巢箱（图 2-1）等。

1. 木板式巢箱；2. 树洞式巢箱。

图2-1　木板式巢箱与树洞式巢箱

2）人工巢箱的制作方法

以木板式巢箱为例进行介绍。木板式巢箱由侧壁、底板、顶盖和固定板构成。制作木板式巢箱的板材厚度应在 1.2cm 以上，要充分干燥后使用，否则，巢箱制成后极易翘裂。材料以油松最好，落叶松次之，硬阔树材也可。用材应因陋就简，板头及边材均可以利用。不够宽的可以拼凑，但尽量不留缝隙。如果有缝隙时，可在巢箱内部涂上油灰。巢箱的内部不用刨光，以利鸟类出入。底板应嵌在四壁里面，以防脱落。固定板的上下方各有 1～2 个孔，便于安装。巢箱拼合的方法，以前壁能开启的形式较好，这种形式可避免巢箱顶盖脱落，并便于检查和清巢。

巢箱外面应刷一层绿色铅油，以延长巢箱的使用寿命。在前壁或左右壁上注明巢箱编号。每立方米板材可做 200 多个巢箱，每个巢箱需用 20 根 4cm 左右长的钉子和 12.5g 铅油。招引实验表明，桦树皮、油毡纸可作为代用品，也有较好的效果。

3）人工巢箱的设置方法

（1）设置时间。一般在 11 月上中旬大雪封山前设置，有利于留鸟迁住，最晚不迟于翌年 3 月中旬之前。

（2）设置地点。一般可在林内均匀设置，有的时候要根据被招引种类的习性而定。若招引沼泽山雀，应将巢箱设在近水源处；若招引椋鸟、戴胜，应设在林缘；若招引红角鸮，应设在密林处等。

（3）巢箱在树上的固定方法。用 10cm 左右长的钉子钉在树上。如果树干太细，可用挂钩将巢箱挂在树枝上。需要爬树检查巢箱时，用单梯较好。单梯长度视巢箱的高度而定。使用时在胸高处用铁丝缠在树上，以手扶树干上下，确保安全。巢箱应同树干平行，避免左右倾斜或后仰，可稍前倾一点，以防雨水浸入和利于鸟类出入。

（4）巢箱出入口的方位。一般向着山下坡，巢箱离地面的高度不应小于 2m，巢箱设置的数量，依食虫鸟类所占巢区面积而定。试验表明，下列数量较为合适。落叶松人工林 5～6 个/hm^2；油松人工纯林 2～3 个/hm^2；杨、榆防护林 1 个/100m。最晚在 5 月中旬、6 月上旬、7 月上旬各检查 1 次，以统计招引到的种类和数量。翌年 3 月底前，要清除旧巢，以利食虫鸟类繁殖。

5. 以菌治病

一些真菌、细菌、放线菌等微生物，在它们的新陈代谢过程中会分泌抗生素，杀死或抑制病原物，这是目前生物防治研究的主要内容。例如，哈茨木霉菌能分泌抗生素，杀死、抑制苗木白绢病病菌。又如，菌根菌可分泌萜烯类物质等，对许多根部病害有拮抗作用。

2.1.4　物理机械防治

利用简单的器械和物理因素（如光、温度、热能、放射能等）来防治森林病虫害或改变物理环境，使其不利于有害生物生存，阻碍有害生物侵入的方法，称为物理机械防治，如人工捕杀法、诱杀法、温控法、机械阻隔法和射线物理法等。物理防治的措施简单实用，容易操作，见效快，既包括古老而简单的人工捕杀方法，又包括近代物理新成就的应用。对于一些化学农药难以解决的有害生物而言，往往是一种有效手段。物理机械防治法的缺点是费工费时，存在一定的局限性。

1. 捕杀法

利用人工或各种简单的器械捕捉或直接消灭害虫的方法称为捕杀法。人工捕杀法适合于具有假死性、群集性或其他目标明显、易于捕捉的害虫，如多数金龟、象甲的成虫具有假死性，可在清晨或傍晚将其震落杀死。榆蓝叶甲的幼虫老熟时群集于树皮缝、树疤或枝杈下方化蛹，此时可人工捕杀。冬季修剪时，剪去黄刺蛾茧、蓑蛾袋囊，刮除舞毒蛾卵块等。在生长季节也可结合苗圃日常管理，人工捏杀卷叶蛾虫苞、摘除虫卵、捕捉天牛成虫等。此法的优点是不污染环境，不伤害天敌，不需额外投资，便于开展群众性的防治，特别是在劳动力充足的条件下，更易实施；缺点是工作效率低，费工多。

2. 诱杀法

1）灯光诱杀

利用害虫对灯光的趋性，人为设置灯光来诱杀害虫的方法称为灯光诱杀。目前生产上所用的光源主要是黑光灯，此外，还有高压电网灭虫灯等。

黑光灯是一种能发出 360nm 紫外线的低压汞灯。大多数害虫的视觉神经对波长330~400nm 的紫外线特别敏感，具有较强的趋光性，因而诱虫效果很好。利用黑光灯诱虫，具有诱集面积大、成本低等优点，能消灭大量虫源，降低下一代的虫口密度。灯光诱杀还可用于开展预测预报和科学实验，进行害虫种类、分布和虫口密度的调查，为防治工作提供科学依据。

目前，我国有 5 种类型的黑光灯：普通黑光灯（20W）、频振管灯（30W）、节能黑光灯（13~40W）、双光汞灯（125W）、纳米汞灯（125W）。其中，以频振管灯与纳米汞灯在当今生产中应用最为广泛，二者具有诱虫效率高、选择性强且杀虫方式（灯外配以高压电网杀）更符合绿色环保要求的特点。

2）食物诱杀

（1）毒饵诱杀。利用害虫的趋化性，在其所喜欢的食物中掺入适量毒剂来诱杀害虫的方法称为毒饵诱杀。例如，蝼蛄、地老虎等地下害虫，可用麦麸、谷糠等作饵料，掺入适量敌百虫、辛硫磷等药剂制成毒饵来诱杀；用糖、醋、酒、水、10%吡虫啉按 9：3：1：10：1 的比例混合配成毒饵液可以诱杀地老虎、黏虫等。

（2）饵木诱杀。许多蛀干害虫，如天牛、小蠹等喜欢在新伐倒木上产卵繁殖，因而可在这些害虫的繁殖期人为地放置一些木段，供其产卵，待卵全部孵化后进行剥皮处理，消灭其中的害虫。

（3）植物诱杀。利用害虫对某种植物有特殊嗜好的习性，经种植后诱集捕杀的一种方法，又称作物诱杀。例如，在苗圃周围种植蓖麻，使金龟误食后麻醉，可以集中捕杀。

3. 温控法

温控法是指利用高温或低温来控制或杀死病菌、害虫的一类物理防治技术，如土壤热处理、阳光暴晒、繁殖材料热处理和冷处理等。

4. 机械阻隔法

机械阻隔法是根据病菌、害虫的侵染和扩散行为，设置物理性障碍，阻止病菌、害虫的危害与扩展的方法，如设防虫网、挖阻隔沟、堆沙、覆膜、套袋等。

5. 射线物理法

射线物理法是指利用电磁辐射对病菌、害虫进行杀灭的物理防治技术。常用的射线有电波、X 射线、红外线、紫外线、激光、超声波等，多用于处理种子，处理昆虫可使其不育。

2.1.5　化学防治

化学防治是用农药来控制森林病虫害的方法。农药是指用于预防、消灭或控制危害农林业的病、虫、草和其他有害生物，以及有目的地调节植物、昆虫生长的化学合成的或者来源于生物、其他天然物质的一种物质或几种物质的混合物及其制剂，常可分为杀虫剂、杀菌剂、除草剂和杀鼠剂等多种类型。

化学防治是有害生物控制的主要措施，它具有收效快、防治效果好、使用方法简单、受季节限制较小、适合于大面积使用等优点。但也有着明显的缺点，化学防治的缺点概括起来主要有 3 点。一是，由于长期对同一种害虫使用相同类型的农药，使某些害虫产生不同程度的抗药性。二是，由于用药不当杀死了害虫的天敌，从而造成害虫的再度猖獗危害。三是，由于农药在环境中存在残留毒性，特别是毒性较大的农药，对环境易产生污染，破坏生态平衡。有关农药的使用技术，将在任务 2.2 中介绍。

◇◇◇ 自 测 练 习 ◇◇◇

1. 名词解释

森林植物检疫、疫区、保护区、产地检疫、调运检疫、生物防治、诱杀法。

2. 填空题

（1）森林病虫害防治基本措施包括_____、_____、_____、_____、_____等。

（2）森林植物及其产品的调运检疫分为_____和_____。

（3）森林植物及其产品的调出检疫程序包括_____、_____或_____、_____和签发检疫证书等 4 个环节。

（4）全国森林植物检疫工作由_____负责。进出境植物检疫由国家和各口岸的_____机关负责。

（5）产地检疫合格证书的有效期为_____。

（6）2013 年国家林业局公布的林业检疫性有害生物共有_____种，其中森林害虫为_____；森林病害_____种。

（7）生物防治的途径主要包括_____、_____、_____、_____4 个方面。

（8）物理机械防治方法有_____、_____、_____、_____和_____等。

（9）生产上常用诱杀害虫的方法有_____、_____、_____、_____等。

3．单项选择题

（1）下列属于国内检疫性有害生物的是（　　）。

　　　A．松毛虫　　　B．杨干象　　　C．松疱锈病　　　D．光肩星天牛

（2）下列属于寄生性天敌昆虫的是（　　）。

　　　A．食蚜蝇　　　B．食虫虻　　　C．蚂蚁　　　　D．赤眼蜂

（3）大多数昆虫视觉神经对紫外线特别敏感的波长为（　　）。

　　　A．330～400nm　　　　　　　　B．400～450nm

　　　C．450～600nm　　　　　　　　D．600nm 以上

（4）国外引种森林种子苗木等要隔离试种，接受监管，多年生植物不得少于（　　）。

　　　A．1 个生长周期　　　　　　　B．2 个生长周期

　　　C．3 个生长周期　　　　　　　D．4 个生长周期

（5）用毒饵诱杀害虫，其利用了害虫的（　　）。

　　　A．趋光性　　　B．趋化性　　　C．假死性　　　D．群集性

4．简答题

（1）简述生物防治和化学防治的优缺点。

（2）简述森林植物检疫的任务。

（3）简述确立植物检疫性对象的原则。

（4）举例说明诱杀害虫的方法。

（5）举例说明生物防治在林业生产上的具体应用。

（6）简述林业技术防治的具体措施。

任务 2.2　林业防治药剂药械的使用与维护

近些年来，受气候变化、货物贸易等因素的影响，森林病虫害的发生和危害程度呈加重趋势。正确使用和维护林业防治药剂药械，不仅能够有效防治病虫害发生，也是实现科学防控、促进森林健康的重要举措。因此，该项技能是森林病虫害防治人员必备的基本技能之一。

相关知识

2.2.1　农药的分类

1. 按农药的防治对象分类

（1）杀虫剂。主要用来防治农、林仓储和卫生害虫的农药，如敌百虫、溴氰菊酯等。

（2）杀菌剂。对真菌或细菌有抑制或杀灭作用的农药，用来预防或治疗植物病害，如波尔多液、代森锌等。

（3）杀螨剂。用来防治蜘蛛纲中植食性螨类的农药，如三氯杀螨醇、三唑锡等。

（4）杀线虫剂。用来防治植物病原线虫的农药，如苯线磷、灭线磷等。

（5）杀鼠剂。用来消灭害鼠的农药，如磷化锌、大隆等。

（6）除草剂。用来防除农林杂草的农药，如五氯酚钠、森草净等。

2. 按农药的作用对象分类

1）杀虫剂

（1）触杀剂。通过与害虫虫体接触，药剂经体壁进入虫体内使害虫中毒死亡的药剂，如大多数有机磷杀虫剂、拟除虫菊酯类杀虫剂。触杀剂对各种口器的害虫均适用，但对体被蜡质分泌物的介壳虫、木虱、粉虱等防治效果差。

（2）胃毒剂。通过消化系统进入虫体内，使害虫中毒死亡的药剂，如敌百虫，适合于防治咀嚼式口器的昆虫。

（3）熏蒸剂。药剂以气体分子状态充斥其作用的空间，通过害虫的呼吸系统进入虫体，而使害虫中毒死亡的药剂，如磷化铝等。熏蒸剂应在密闭条件下使用，效果才好。例如，用磷化铝片剂防治蛀干害虫时，要用泥土封闭虫孔。

（4）内吸剂。药剂易被植物组织吸收，并在植物体内运输，传导到植株的各部分，或经过植物的代谢作用而产生毒性更强的代谢物，当害虫取食时使其中毒死亡的药剂，如乐果等。内吸剂对刺吸式口器的昆虫防治效果好，对咀嚼式口器的昆虫也有一定的防治效果。

（5）其他杀虫剂。忌避剂，如驱蚊油、樟脑；拒食剂，如拒食胺；粘捕剂，如松脂合剂；绝育剂，如噻替派、六磷胺等；引诱剂，如糖醋液；昆虫生长调节剂，如灭幼脲等，这类杀虫剂本身并无多大毒性，而是以其特殊的性能作用于昆虫。一般将这些药剂称为特异性杀虫剂。

实际上，杀虫剂的作用方式并不完全是单一的，多数杀虫剂往往兼具几种作用方式，如敌敌畏具有触杀、胃毒、熏蒸 3 种作用，但以触杀作用为主。在选择使用农药时，应注意选用其主要的杀虫作用。

2）杀菌剂

（1）保护剂。在病原物侵入寄主植物之前使用化学药剂，阻止病原物的侵入使植物得到保护。具有保护作用的药剂称为保护剂。

（2）治疗剂。当病原物已经侵入植物或植物已经发病时，使用化学药剂处理植物，使体内的病原物被杀死或抑制，终止病害发展过程，使植物得以恢复健康。

此外，也有发挥铲除、免疫及钝化作用的农药。

2.2.2　农药的加工剂型

由工厂生产出来而未经过加工的农药产品统称为原药，其中固体状的称作原粉，呈油状液体的称为原油。原药产品中往往含有化学反应中的副产物、中间体及未反应的原料，并非纯净品，因此，原药中真正有毒力、有药效的主要成分，称为有效成分。为了让有效成分均匀分散，充分发挥药效，改进理化性质，减少药害，降低成本、提高工效、容易操作，必须在原药中加入一定比例的辅助剂。农药的原药加入辅助剂后制成的药剂形态，称为剂型。林业中常用以下几种农药剂型。

1）粉剂（dustpowder，DP）

原药加入一定量的填充物（陶土、高岭土、滑石粉等），经机械加工粉碎后而成的粉状混合物，粉粒直径一般在 10μm 以下。粉剂主要用于喷粉、拌种、毒饵和土壤处理等，但不能加水喷雾使用。粉剂要随用随买，不宜久贮，以防失效。由于粉剂易于飘失且污染环境，其逐渐被颗粒剂和各种悬浮剂取代。

2）可湿性粉剂（wettable powder，WP）

可湿性粉剂是由原药、填充剂、分散剂和湿润剂（皂角、拉开粉等）经机械粉碎，混合制成的粉状制剂。质量好的可湿性粉剂的粉粒直径一般在 5μm 以下，兑水稀释后，湿润时间为 1～2min，悬浮率可达 50%～70%。可湿性粉剂用于喷雾，要搅拌均匀，喷药时及时摇振，贮存时不宜受潮受压。

3）乳油（emulsifiable concentrate，EC）

乳油是由农药原药加乳化剂和溶剂制成的透明油状液体制剂。溶剂是用来溶解原药的，常用的溶剂有苯、二甲苯、甲苯等。乳化剂可使溶有原药的溶剂均匀地分散在水中，土耳其红油就是一种乳化剂。乳油加水稀释，即可用来喷雾。乳油如果出现分层、沉淀、混浊等现象，说明已变质，不能继续使用。使用乳油防治害虫的效果比其他剂型好，耐雨水冲刷，易于渗透。由于生产乳油所需的有机溶剂易燃，对人畜有毒等原因，将逐渐向以水代替有机溶剂和减少有机溶剂用量的新剂型发展，如浓乳剂、微乳剂、固体乳油及高浓度乳油等。

4）可溶性粉剂（soluble powder，SP）

可溶性粉剂是用水溶性固体原药加水溶性填料及少量助溶剂制成的粉末状制剂，使用时按比例兑水即可进行喷雾。可溶性粉剂中有效成分含量一般较高，药效一般高于可湿性粉剂，与乳油接近。

5）悬浮剂（suspension，SC）

悬浮剂是由固体原药、湿润剂、分散剂、增稠剂、防冻剂、消泡剂、稳定剂、防腐剂和水等配成的液体剂型，有效成分分散，粒径为 1～5μm。施用时兑水喷雾，不会堵塞喷雾器的喷嘴。药效高于可湿性粉剂，与乳油接近，是不溶于水的固体原药加工剂型的重要研发方向之一。悬浮剂应随用随买，配药时多加搅拌。

6）油剂（oil solution，OL）

油剂是以低挥发性油作为溶剂，加少量助溶剂制成的制剂，有效成分一般为20%～50%，用于弥雾或超低容量喷雾。使用时不用稀释，不能兑水使用。每公顷用量一般为750～2250mL。

另外，还有专用于烟雾机的油剂，称为油烟剂或热雾剂，其中的农药有效成分要有一定的热稳定性。使用时，通过内燃机的高温高速气流将其气化，随即冷却呈烟雾状气溶胶，发挥杀虫、杀菌作用。

7）烟剂（fumigant，FU）

烟剂一般由原药（杀虫剂或杀菌剂）、氧化剂（硝酸铵、硝酸钾等）、燃料（木粉、木炭、木屑等）、降温剂（氯化铵等）和阻燃剂（滑石粉、陶土等）按一定比例混合、磨碎，通过 80 目筛过筛而成。烟剂点燃后作无火焰燃烧，农药受热挥发，在空中再冷却成微小的颗粒弥散在空中杀虫或灭菌。烟剂适用于森林和温室大棚。因烟剂易燃，在贮存、运输、使用时应注意防火。

8）微胶囊悬浮剂（capsule suspensions，CS）

微胶囊悬浮剂是近年来发展起来的固体颗粒分散在水中的新剂型，具有延长药效、降低毒性、减少药害等特点。它是用树脂等高分子化合物将农药液滴包裹起来的微型囊体，粒径一般为 1～3μm，由原药（囊心）、助溶剂、表皮等制成。囊皮可控制农药释放速度。使用时兑水稀释，供叶面喷雾或土壤施用。农药从囊壁中逐渐释放出来，达到防治效果。该剂型生产成本较高，目前国内广泛使用的有 8%氯氰菊酯触杀式微胶囊剂等。

9）颗粒剂（granules，GR）

颗粒剂是由农药原药、载体、填料及助剂配合并经过一定的加工工艺制成的粒径大小比较均匀的松散颗粒状固体制剂。按粒径大小可分为大粒剂（5～9mm）、颗粒剂（1.68～0.297mm）和微粒剂（0.297～0.074mm）。颗粒剂为直接施用的剂型，可取代施用不安全的药土，用于土壤处理、植物心叶施药等。其有效成分含量一般小于20%，常用的加工方法有包衣法、浸渍法和捏合法。颗粒剂可使高毒农药制剂低毒化，可突现农药的针对性施用。施用颗粒剂可戴塑料薄膜防护手套徒手撒施，也可用瓶盖带孔的塑料瓶撒施。

2.2.3　农药产品标签识别

在林业生产中要选择质量好的农药产品，做到科学、合理、安全地使用农药，必须熟悉农药产品标签的主要内容。

1）产品的名称

农药产品的名称一般由农药有效成分含量、农药的原药名称（或通用名称）和剂型组成。其中，有效成分含量的表示方法如下：原药和固体制剂以质量分数表示，如 40%福美砷可湿性粉剂：400g a.i./kg，是指每千克（kg）可湿性粉剂中含有效成分（a.i.）400g；

液体制剂原则上也以质量分数表示，若需要以质量浓度表示时，则用"g/L"表示，并在产品标准中同时规定有效成分的质量分数，如抗蚜威乳油：80g a.i./L 是指每升（L）药液中含有效成分（a.i.）80g。

2）产品的批准证（号）

产品的批准证（号）包括该农药产品在我国取得的农药登记证号（或临时登记证号）、农药生产许可证号或农药生产批准文件号、执行的产品标准号。常说的农药"三证"，是指上述的农药登记证、农药生产许可证和农药标准证。

3）产品的使用范围、剂量和使用方法

产品的使用范围、剂量和使用方法包括适用的作物或林木、防治对象、使用时期、使用剂量和施药方法等。对于使用剂量，用于大田作物或苗圃的，一般采用每公顷（hm^2）使用该产品总有效成分质量（g）表示；或采用每公顷（hm^2）使用该产品的制剂量（g 或 mL）表示；用于林木时，一般采用总有效成分量或制剂量的质量分数、质量浓度（mg/kg、mg/L）表示；用于种子处理时一般采用农药与种子质量比表示。

4）产品的质量保证期

产品的质量保证期有 3 种表示形式：第一种注明生产日期（或批号）和质量保证期；第二种注明产品批号和有效日期；第三种注明产品批号和失效日期。

5）产品的毒性标志

要求标明农药产品的毒性等级及标识。剧毒和高毒的农药要求有"骷髅骨"标记。

我国农药毒性分级标准是根据大白鼠 1 次口服农药原药急性中毒的致死中量（LD$_{50}$）划分的。所谓致死中量，即毒死一半供试动物所需的药量，单位为 mg/kg，意思为每千克体重动物所需药剂的毫克数。致死中量≤5mg/kg 的为剧毒农药；致死中量 5～50mg/kg 的为高毒农药；致死中量 50～500mg/kg 的为中等毒性农药；致死中量 500～5000mg/kg 的为低毒农药；致死中量>5000mg/kg 的为微毒农药。农药标签上标明的农药毒性是按农药产品本身的毒性级别标示的，若毒性与原药不一致时，一般用括号注明原药毒性级别。

2.2.4　化学农药的稀释计算

要使化学防治达到最佳效果，在施药前必须进行准确的农药稀释计算，同时还要明确安全使用的注意事项。

1）按单位面积施用农药的有效成分（或制剂量）计算

在进行低容量和超低容量喷雾时，一般先确定每公顷所需施用农药的有效成分量或折算的制剂量，再根据所选定的施药机具和雾化方法确定稀释剂用量。

单位面积稀释剂用量＝单位面积喷液量－单位面积施用的农药制剂量

2）按农药稀释倍数计算

稀释倍数表示法，是指稀释剂（水或填充料等）的量为农药制剂量的多少倍，它只能表明农药成分的多少，不能表明农药进入环境的量，因此，国际上早已废除，但我国在大容量喷雾法中仍然采用。固体制剂加水稀释，用质量倍数计算；液体制剂加水稀释，若不注明按体积稀释，一般也是按质量倍数计算。生产上往往忽略农药和水的密度差异，即把农药的密度视为 1。在实际应用中，常根据稀释倍数大小分为内比法和外比法。内比法适用于稀释倍数在 100 倍以下的药剂，计算时要在总份数中扣除原药剂所占份数；外比法适用于稀释倍数 100 倍以上的药剂，计算时不扣除原药剂在总份数中所占份额，计算公式为

$$稀释剂用量＝原药剂用量×稀释倍数$$

当稀释倍数在 100 倍以下时，计算公式为

$$稀释剂用量＝原药剂用量×稀释倍数－原药剂用量$$

药液中有效成分含量与稀释倍数的换算关系为

$$药液中有效成分含量＝\frac{制剂的有效成分含量}{稀释倍数}×100\%$$

3）按质量浓度法、质量分数法或体积分数法计算

在固体制剂与液体稀释剂之间常用质量浓度表示药液中有效成分含量，如 50g/L 硫酸铜药液表示在每升硫酸铜药液中含 50g 硫酸铜；在固体与固体或液体与液体制剂与稀释液之间常用质量分数表示其药液中有效成分含量，如 2%乐果药液表示在 100g 的乐果药液中含有 2g 乐果原药。液体制剂与液体稀释液之间有时也用体积分数表示。以上 3 种表示法的通用计算公式为

$$原制剂有效成分含量×原制剂用量＝需配药液的有效成分含量×稀释剂用量$$

当稀释 100 倍以下时，计算公式为

$$（原制剂有效成分含量－需配药有效成分含量）×原制剂用量$$
$$＝需配药液有效成分含量×稀释剂用量$$

2.2.5　农药的施用方法

由于农药的加工剂型、使用范围和防治对象不同，施用方法也不同。在林业上常用的施药方法有以下几种。

1）喷粉法

喷粉法是指利用喷粉器械所产生的风把低浓度的农药粉剂吹散，使粉粒飘浮在空中再沉积到植物和防治对象上的施药方法。优点是效率高，使用方便，不受水的限制，适合于封闭的温室、大棚及郁闭度高的森林和果园。缺点是用药量大，附着性差，粉粒沉降率只有 20%，易飘失，污染环境。最好在无风的早晨或傍晚及植物叶片潮湿易黏着粉粒时作业。喷粉人员应在上风头（1～2 级风时可喷粉）顺风喷，不要逆风喷。要求喷施均匀，可用手指轻按叶片检查，如果看到只有一点儿药粒粘在手指上，表明喷施程度比较合适；如果看到叶面发白，则说明药量过多。在温室大棚中喷粉时，宜在傍晚作业，采取对空均匀喷洒的方法，避免直接对准植物体，且应采用由里向外、边喷边向门口后退的作业方式。

2）喷雾法

喷雾法是指利用喷雾器械将液态农药喷洒成雾状分散体系的施药方法，是森林病虫害防治中广泛使用的施药方法之一。根据单位面积施药液量的多少，划分为 4 个容量级别（表 2-1）。超低容量喷雾采用离心旋转式喷头，所使用的剂型为油剂。超低量喷雾的

优点是效率高、省药、防治费用低，不用水或只用少量水；其缺点是受风力影响大，对农药有一定的要求。

表 2-1　我国农药喷雾法划分的容量级别

容量级别	喷布药液量/（L/hm²）	药液有效成分含量/%	雾滴直径/μm	施药方式针对性	农药利用率/%
大容量（常量）	>150	0.01~0.05	250	飘移累积性	30~40
小容量（少量）	15~150	1~5	100~250	飘移累积性	60~70
低容量	5~15	5~10	15~75	飘移累积性	60~70
超低容量（微量）	<5	25~50	15~75	飘移累积性	60~70

根据喷雾方式可将喷雾法大致分为针对性喷雾和飘移性喷雾两种，前者是指作业时将喷头直接指向喷施对象，后者是指作业时喷头不直接指向喷施对象，喷出的药液靠自然风力飘移，依靠自身重力沉降累积到喷施对象上。

喷雾的技术要求是药液雾滴均匀覆盖在植物体或防治对象上，叶面充分湿润，但不使药液形成水流从叶片上滴下。喷雾时要选择 1~2 级风或无风晴天，中午不宜作业。

3）树干打孔注药法

树干打孔注药法是指利用树干注药机具在树干上形成注药孔，通过药液本身重力或机具产生的压力将所需药液导入树干特定部位，再传至内部器官而达到防治有害生物和树木缺素症的一种施药方法。此法具有效果好、药效长、不污染环境、不受环境条件限制等优点，适用于珍稀树种和零星树木的病虫害防治。但该法在短时间控制大面积病虫害比较困难，若药剂使用不当易对树木造成药害。

目前树干打孔注药法大致有 3 种。第一种是创孔无压导入法，即先用打孔注药机具在树干上钻、凿、剥、刮出创伤或孔，然后向创孔内涂、灌、塞入药剂或药剂的载体。第二种是低压低浓度高容量注射法，可将输液瓶挂于树上，使药液借重力徐徐注入树体内，或使用兽用注射器将配好的药液灌注到树木的木质部与韧皮部之间。第三种是高浓度低容量高压注射法，使用手压树干注射器，靠压力将高浓度的药液注入树干，一般平均 1cm 胸径用药液 0.5~1mL。

树干打孔注药法作业时间应选择树液流动期，防治食叶害虫在其孵化初期注药；蚜、螨等在大发生前注药；蛀干天牛类在幼虫 1~3 龄和成虫羽化期注药；果树至少在采摘前 2 个月内不得注药。农药要选择内吸剂（如吡虫啉、印楝素等），以水剂最佳，原药次之，乳油必须是合格产品。配制时宜冷开水，药液有效成分含量应为 15%~20%。对于树干部病虫害严重地区，药液中应加杀菌剂，以防伤口被病菌感染。注射位置在树木胸高以下，用材林尽量在伐根附近。注药孔大小为 5~8mm；胸径小于 10cm 的打 1 个孔，胸径为 11~25cm 的打 2 个孔，胸径为 26~40cm 的等分 3 个孔，胸径 40cm 以上的等分 4 个孔以上；最适孔深是针头出药孔位于 2~3 年生新生木质部处。注药量一般按每 10cm 胸径用 100%原药 1~3mL（稀释液为每厘米胸径 1~3mL）的标准，按所配药液有效成分含量和计划注药孔数计算各孔注药量。

4）涂抹法

涂抹法是指用涂抹机具将药液涂抹在植株某一部位的直接施药方法，以涂抹树干为最常用，用以防治病害、刺吸式口器害虫、螨类等。涂抹机具包括手持式涂抹器、毛刷、排刷、棉球等。涂抹作业时间应在树木生长季节为宜。涂抹法无飘移，药剂利用率高，不污染环境，对有益生物伤害小，但是操作烦琐，直接施用高浓度高剂量药剂还要注意药害问题。

5）种苗处理法

种苗处理法是指将药粉或药液在种子播种前或苗木栽植前黏附在种苗上，用以防治种苗带菌或土壤传播的病害及地下害虫的施药方法。此法可有效控制有害生物在种子萌发和幼苗生长期间的危害，其操作简便，用药量少，但要掌握好剂量防止产生药害。常见的种苗处理法有以下几种。

（1）浸种法，是指将种子浸渍在一定有效成分含量的药剂水分散液里，经过一定的时间使种子吸收或黏附药剂，然后取出晾干，从而消灭种子表面和内部所带病原菌或害虫的方法。操作时将待处理的种子直接放入配好的药液中稍加搅拌即可。药液多少根据种子吸水量而定，一般高出浸渍种子 10～15cm。使用的农药剂型以乳油、悬浮剂最佳，其次为水剂（是以水为溶剂的可溶性液剂）、可湿性粉剂。浸种温度一般在 10～20℃或以上。浸种时间以种子吸足水分但不过量为宜，其标志是种皮变软，切开种子后，种仁部位已充分吸水。一次药液可连续使用几次，但要补充减少的药液量。用甲醛等浸种后，需要用清水冲洗种子，以免产生药害。

（2）拌种法，是指将选定数量和规格的拌种药剂与种子按照一定比例进行混合，使被处理种子表面均匀覆盖一层药剂，并形成药剂保护层的种子处理方法。拌种法可分为干拌法和湿拌法，一般以干拌法为主。干拌法以粉剂、可湿性粉剂为宜，且以内吸性药剂为好，拌种的药量常以农药制剂占处理种子的质量百分比来确定，一般为种子重量的 0.2%～1%。有条件时尽量采用拌种器。具体做法是将药剂和种子按比例加入滚筒拌种箱内流动拌种，种子装入量为拌种箱最大容量的 2/3～3/4，旋转速度以 30～40r/min 为宜，拌种时间为 3～4min，可正反各转 2min，拌完后待一段时间取出。另外，还可以使用圆筒形铁桶，将药剂和种子按规定比例加入桶内，封闭后滚动拌种。拌好的种子直接用来播种，不需要再进行其他处理，更不能浸泡或催芽。

（3）闷种法，是指将一定量的药液均匀喷洒在播种前的种子上，待种子吸收药液后堆在一起并加盖覆盖物堆闷一定时间，以达到防止有害生物危害目的的一种种子处理方法。它是介于拌种法和浸种法之间的一种方法，又称半干法。闷种使用的农药剂型为水剂、乳油、可湿性粉剂、悬浮剂等。最好选用有效成分挥发性强、蒸气压低的农药，如福尔马林、敌敌畏等，还可以用内吸性好的杀菌剂。药液的配制可按农药有效成分计算，也可按农药制剂重量计算。闷过的种子即可播种，不宜久贮，也不需要做其他处理。

另外，幼苗或幼树移栽或插条扦插时，可用水溶液、乳浊液或悬浮液对其进行浸渍处理，达到预防或杀死携带的有害生物的目的。苗木处理的原则与种子处理基本相同，但要注意药害问题。

6）土壤处理法

将药剂施于土壤中用来防治种子传播、土壤传播病害，以及土栖的有害生物的方法，称为土壤处理法。此法常在温室和苗圃中使用，用药量比较大。常用的土壤处理法有以下几种。

（1）撒施法，是指用撒布器具或徒手将颗粒剂或药土撒施到土壤中的一种方法。使用的药剂为颗粒剂（粒径为297～1680μm）和大粒剂（粒径为5000μm以上）。

（2）浇灌法，是指以水为载体将农药施入土壤中的方法。可在播种或种植前进行，也可在有害生物发生期间进行。操作时将稀释后的农药用水桶、水壶等器具盛装，泼洒到土壤表面或沟内，也可灌根，使药液自行下渗。还可采用滴灌、喷灌系统自动定量地向土壤中施药，也称为化学灌溉法，使用时要对灌溉系统进行改装，增加化学灌溉控制阀和贮药箱。

（3）根区土壤施药法，是指在树冠下部开环状沟、放射状沟或在树盘内开穴，将药粉撒施或把药液泼施于沟穴内的施药方法。药剂应选择具有内吸、熏蒸作用的药剂。根部施药还可用土壤注射枪向树木根部土壤施药。

7）熏蒸法

利用常温下有效成分为气体的药剂或通过化学反应能生成具有生物活性气体的药剂，在密封环境下充分挥发成气体来防治有害生物的方法，称为熏蒸法。林业上常用来消灭种子、苗木、压条、接穗和原木上的有害生物。其优点是消灭有害生物较彻底，缺点是操作烦琐，有农药残留毒性问题和环境污染问题等。熏蒸要在密闭空间或帐幕中进行。常用于熏蒸的药剂有溴甲烷、硫酰氟等；熏蒸用药量以 g/m^3 表示，应用时要根据用药种类、熏蒸物品、防治对象、温度、密封程度等确定用药量和熏蒸时间。由于熏蒸剂多是限制使用农药，对人畜有毒，在熏蒸场所周围30～50m禁止入内和居住，操作人员要戴合适的防毒面具和橡胶手套。

8）熏烟法

将农药加工成烟剂或油烟剂用人工点燃或烟雾机的气化形成的烟雾来消灭有害生物的施药方法称为熏烟法。此法适用于郁闭度大的森林、仓库、温室大棚等。在交通不便、水源缺乏的林区，熏烟法是有害生物防治的重要手段之一。用熏烟法防治有害生物的时间应选择在害虫幼龄期、活动盛期、发病初期和孢子扩散期。下面介绍人工熏烟法。

熏烟的关键气象条件是"逆温层"现象出现和风速稳定在 0.3～1m/s。在白天，由于受太阳辐射的影响，地面温度高于空中温度，气流直线上升，此时放烟，烟雾直向上空逸散，病菌、害虫和林木受烟时间很短，达不到防治目的。在夜间，气流比较稳定，但天黑、山高、坡陡，也不宜放烟。日落后和日出前，林冠处的气温往往比林内略高，到达一定高度后，气温又降低，产生"逆温层"现象，林内气流相对比较稳定，此时放烟，烟雾可较长时间停留在林内，或沿山坡、山谷随气流缓缓流动。烟雾在林内停留时间越长，杀虫灭菌的效果越好。一般只要烟雾在林内停留20min以上，就可收到较好的防治效果。当风速超过 1.5m/s 时，应停止放烟，以免烟雾被风吹散。雨天也应停止放烟，这时放烟不易引燃，附着在林木上的烟剂颗粒也易被雨水冲掉，会降低防治效果。

在林区放烟,可采用定点放烟或流动放烟,或者两者配合使用的方法。定点放烟法是按地形把烟筒设置在固定地点。此法适用于面积较大、气候变化较小、地形变化不大的林地。在山地傍晚放烟时,放烟带应布设在距山脊 5m 左右的坡上,在山风控制下使烟云顺利下滑;在早晨放烟雾时,放烟带应紧靠山脚布设,利用谷风使烟云沿坡爬上山。放烟带应与风向垂直。放烟带的距离依风力大小而定,但最宽不要超过 300m。放烟点的距离依单位用药量和地形而定,一般为 15~30m。坡地迎风面应放置得密些,下风处可稀些,平地、无风处可均匀放置。放烟点不要设置在林缘外边,应设置在林内距林缘10m 左右。这是因为林外风向不定,影响放烟效果。放烟前应清除放烟点周围的枯枝落叶,并将烟筒放稳,以免发生火灾。点燃顺序是从下风开始依次往上风方向进行。

流动放烟法是把放烟筒拿在手中走动放烟。每人相距 20m,在林内逆风且与风向呈垂直方向缓步行走。此法适用于地形复杂、面积不大、杂草灌木稀少、郁闭度较小、行走方便的林地。另外,流动放烟法还可用来弥补定点放烟漏放的地块。

在郁闭的森林、果园和仓库,可用烟雾机喷烟,使油烟剂转化为气溶胶,滞留于空间,且具有一定的方向性和穿透性,能均匀沉积在靶标上,可保证药效的正常发挥。

2.2.6　农药的合理使用

使用农药既要做到用药省,又要对人畜安全,不污染环境,不伤害天敌,不产生抗性。概括起来应做到以下几方面。

1. 正确选药

不同的有害生物其生物学特性不同,如防治害虫不能选择杀菌剂而应选择杀虫剂,防治刺吸式口器害虫不能选用胃毒剂而应选用内吸剂;再如,拟除虫菊酯类是触杀剂,对蚜虫也有效,但容易产生抗性,不适于防治蚜虫。当防治对象有几种农药可选择时,首先应选毒性最低的品种,在农药毒性相当的情况下,应选用低残留的品种。半衰期小于 1 年的农药称为低残留农药。

2. 适用施药

要了解有害生物的不同生长发育阶段的发生规律和对农药的忍受力,如鳞翅目幼虫在 3 龄前耐药性差,此时施药不易产生抗性,天敌也少,用药量也小;对于介壳虫,一定要在未形成介壳前施药;对于病害,应在发病初期或发病前喷药防治。施药时还要考虑天气条件,有机磷制剂在温度高时效果好,拟除虫菊酯类在温度低时效果更好。辛硫磷见光易分解,宜在傍晚使用。在雨天不宜喷药,以免药剂被雨水冲刷掉。

3. 掌握有效用药量

掌握有效用药量主要是指准确地控制药液的质量浓度、单位面积用药量和用药次数,每种农药对某种防治对象都有一个有效用量范围,在此范围内可根据寄主发育阶段和气温情况进行调节。也可根据防治指标,合理确定有效用药量,防治效果一般首次检查应达到 90%以上。超量用药，不仅造成浪费，还会产生药害和发生人畜中毒事故，导致土壤污染。施药次数要根据有害生物和寄主的生物学特性及农药残效期的长短灵活确定。为了防止抗药性的产生，通常一种农药在 1 年中使用不应超过 2 次，要与其他农药交替使用。

4. 选择科学的施药方法

（1）合理混用农药。要根据有害生物的危害特点选择施药方法，如在北方春季松毛虫上树前，可采用绑毒绳的方法阻止松毛虫幼虫上树，对蛀干害虫可采用在树干上堵孔施药。

（2）混用原则。混用农药不仅能防治多种有害生物，省药省工，而且还可防止抗药性的产生。农药能否混用，必须符合下列原则：一是要有明显的增效作用，如拟除虫菊酯类和有机磷混用，比单剂效果好；二是对植物不产生药害，对人畜的毒性不能超过单剂；三是能扩大防治对象，如三唑酮和氧化乐果混用，可兼治锈病和蚜虫；四是降低成本。注意以下几种情况禁止农药混用：一是酸性农药不宜和碱性农药混用；二是混合后对乳剂有破坏作用的农药间不能混用；三是有机硫类和有机磷类农药不能与含铜制剂的农药混用；四是微生物类杀虫剂和内吸性有机磷杀虫剂不能与杀菌剂混用。

2.2.7　农药的安全使用

使用农药必须严格执行农药使用的有关规定。在农药运输过程中，运药车不要载人和混载食物、饲料、日用品；搬运时要轻拿轻放，衣服上沾上有机磷药液，要立即脱下用 50g/L 的洗衣粉浸泡 1d 后洗净。各类农药要分开存放，库房要通风、干燥、避光，不与粮食、饲料等混放。在配制农药时，要设专人操作；操作地点要远离居民点，并在露天进行；操作者要在上风处，要戴橡胶手套，若偶然将药液溅到皮肤上，应及时用肥皂清洗。配制时要用棍棒搅拌，不能用手代替；拌种时不留剩余种子。施药作业人员要选择青壮年，并要戴好口罩、手套、护目镜，穿长衣、长裤等；喷药时要顺风操作，风大和中午高温时要停止施药；施药过程中不能吸烟和吃东西，要严格掌握喷药量。喷药结束后立即更衣，并用肥皂洗脸、洗手和漱口。喷洒剧毒农药时每天工作不要超过 6h。喷过剧毒农药的地方要设置"有毒"标志，防止人畜进入。对剩余的药剂、器具要及时入库，妥善处理，不得随便遗弃。

在农药使用过程中，一旦发现如头昏头痛、恶心呕吐、无力、视力模糊、腹痛腹泻、抽搐痉挛、呼吸困难和大小便失禁等急性中毒症状时，首先应将中毒病人搀离接触农药场地，转移至空气新鲜处，脱去被农药污染的衣服，用肥皂水清洗被污染的皮肤，眼睛被污染后可用生理盐水或清水冲洗。如中毒病人出现呼吸困难可进行人工呼吸，心跳减弱或停跳时进行胸外心脏按压。口服中毒者，可用两汤匙食盐加在 1 杯水中催吐，或用清洁的手指抠咽喉底部催吐。

有机磷、氨基甲酸酯类农药中毒时，用 20g/L 小苏打洗胃，肌内注射阿托品 1～2mL；拟除虫菊酯类中毒可吞服活性炭和泻药，肌内注射异戊巴比妥钠。重度中毒者应进行胃管抽吸和灌洗清胃，中毒者一般在 1～3 周内恢复。有机氮农药中毒时，可用葡萄糖盐水、维生素 C、中枢神经兴奋剂、利尿剂等对症治疗。

2.2.8　常用的林业防治药械

1. 背负式手动喷雾器

背负式手动喷雾器具有结构简单、使用方便、价格低廉等特点，适用于草坪、花卉、小型苗圃等较低矮的植物种植区使用。主要型号为工农-16 型（3WB-16 型），改进型有 3WBS-16 等。下面简要介绍工农-16 型喷雾器的工作过程。

用手上下掀动摇杆手柄，摇杆便带动皮碗活塞，在泵筒内做上下往复运动。当活塞带动皮碗活塞上行时，皮碗活塞下面的腔体容积增大，形成负压，在压力差的作用下，药箱内的药液经吸液管上升，顶开进水阀进入泵筒，完成吸液过程。当活塞带动皮碗活塞下行时，泵筒内的药液压力增高，将进水阀关闭，出水阀被顶开，药液经出水阀进入空气室。气室内的空气被压缩，形成对药液的压力。当每分钟掀动摇杆 18～25 次时，药液可达正常工作压力（196～392kPa），打开开关，药液即经输液管，由喷头以雾状喷出，使用喷孔直径 1.3mm 的喷孔片时，喷药量为 0.6～0.7L/min（图 2-2）。

图2-2　背负式手动喷雾器工作原理示意图

2. 背负式机动喷雾喷粉机

背负式机动喷雾喷粉机既可喷雾又可喷粉，把喷雾喷头换成超低量喷头时，还可进行超低量喷雾，适用于森林病虫害的防治。背负式机动喷雾喷粉机由动力部分、药械部分、机架部分组成。动力部分包括小型汽油发动机、油箱；药械部分包括单极离心式风机、药箱和喷洒装置；机架部分包括上机架、下机架、背负装置和操纵装置等。

1）喷雾工作过程

发动机带动风机叶轮旋转，产生高速气流，并在风机出口处形成一定压力。其中，大部分高速气流经风机出口流入喷管，少量气流经过风阀、进气管，经过滤网出气口返回药箱内，使药液形成一定的压力。药箱内药液在压力作用下，经粉门、输液管接头进入输液管，再经手柄开关直达喷头，从喷头嘴周围的小孔流出。在喷管高速气流的冲击下，使药液弥散成细小雾点，吹向目标植物［图 2-3（a）］。

2）喷粉工作过程

发动机带动风机叶轮旋转，产生高速气流，大部分流经喷管，一部分经进气阀进入吹粉管，起疏松和运输粉剂作用。进入吹粉管的气流速度高，而且有一定的压力，气流便从吹粉管周围的小孔钻出，使药粉松散，并吹向粉门口。由于输粉管出口为负压，有一定的吸力，药粉流向弯管内，这时正遇上风机吹来的高速气流，药粉便从喷管吹向目标植物［图 2-3（b）］。

（a）喷雾　　　　　　　　　　　（b）喷粉

1. 轮装组；2. 风机壳；3. 出风筒；4. 进风筒；5. 进气管；6. 过滤网组合；7. 粉门；8. 出水塞；
9. 输液管；10. 喷管；11. 开关；12. 喷嘴；13. 吹粉管；14. 输粉管；15. 弯头。

图2-3　喷雾喷粉机工作原理示意图

3. 热力烟雾机

热力烟雾机是利用内燃机排气管排出的废气热能使油剂农药形成微细液化气滴的气雾发生机，实际没有固体微粒产生，只因习惯的原因，一直被称为热力烟雾机。按移动方式，可分为手提式、肩挂式、背负式、担架式、手推式等；按照工作原理，可分为脉冲式、废气舍热式、增压燃烧式等。热力烟雾机的操作方法如下。

1）启动发动机

对气筒打气（或气泵打气），一定流量和压力的空气通过单向阀和管路进入化油器上的集成孔道，一路进入副油箱，将副油箱中的油压至油嘴；一路进入化油器，喷油嘴喷出的燃油在喉管处与经进入喉管中的空气气流混合，并进入燃烧室的进气管中。与此同时，点火系统开关接通，产生高压电，火花塞放出高压电弧，点燃混合气。混合气点火"爆炸"，燃烧室及化油器内的压力迅速增高。这股高压气体使进气阀片关闭，并以极高的速度冲出喷管。

2）喷烟雾过程

由化油器引压管引出一股高压气体，使其经增压单向阀、药开关，加在药箱液面上，产生一定的正压力。药液在压力的作用下经输药管、药开关、喷药嘴量孔流入喷管内。在高温、高速气流作用下，药液中的油烟剂蒸发，破碎成直径 50μm 的烟雾，从喷管喷出，并迅速扩散弥漫，与靶标接触（图 2-4）。

1. 油箱；2. 副油箱；3. 化油器；4. 化油器盖；5. 气筒；6. 喷药嘴；7. 药箱。

图2-4　热力烟雾机工作原理示意图

4. 打孔注药机

BG-305D 背负式打孔注药机采用创孔无压导入法注药方式。它由两部分组成：一是钻孔部分，由 1E36FB 型汽油机通过软轴连接钻枪，钻头可根据需要在 10mm 范围内调换；二是注药部分，由金属注射器通过软管连接于药箱，可连续注药，注药量可在 1～10mL 调节。

该机净质量 9kg，最大输出功率 8kW，转速 6000r/min，油箱容积 1.4L，使用（25～30）：1 的燃油，点火方式为无触点电子点火。钻枪长 450mm，适于杨树和松树，最大钻孔深度 70mm。药箱容积 5L，定量注射器外形尺寸 200mm×110mm×340mm。

 实操训练

实训六　常用化学农药的识别

※　**实训目标**

通过本实训，学生可识别林业生产中常用的化学农药种类，能根据农药标签的信息及性状判别农药质量。

※　**实训条件**

可供 40 名学生操作的实训场所，配备多媒体设备，以及放大镜、烧杯、药勺、滴管、橡胶手套等用具。

材料：林业生产常见各种剂型的小包装商品农药，其中至少含有杀虫剂、杀菌剂、杀螨剂、杀线虫剂等多种农药类型，每组1套。

※ 实训模式

课前布置学生自主学习任务，完成自学笔记，以小组为单位收集林业常用农药名录，标明各农药的规格、剂型、使用方法等。训练中采用多媒体演示，教学做一体化方式，在教师指导下识别各种化学农药，观察其性状与质量。

※ 实训内容

方法提示：用肉眼或放大镜识别各种农药；通过标签信息及性能测定检查农药的质量。在测试农药理化性能时应戴好橡胶手套，注意不要使药液接触皮肤，实验结束后要用肥皂洗手，用具要清洗干净。

（一）农药种类识别

1. 杀虫剂识别

（1）以灭幼脲、除虫脲、氟铃脲、苯氧威等杀虫剂为观察对象，识别昆虫生长调节剂类（苯甲酰脲类）杀虫剂的特点。此类杀虫剂是通过抑制昆虫生长发育，如抑制蜕皮、抑制新表皮形成、抑制取食等，最终导致害虫死亡，化学结构多为苯甲酰脲衍生物，主要作用方式是胃毒，有一定触杀性能，无内吸活性，作用于幼虫（若虫），使其不能蜕皮而死亡，作用于卵使其不能孵化。此类杀虫剂的毒性低，污染少，对天敌和有益生物影响小。一般应在低龄幼虫发生高峰时施药，由于杀虫作用缓慢，害虫大发生时应与速效型药剂混用。

（2）以敌杀死、凯素灵、凯安保、速灭杀丁、杀灭菊酯、氯氰菊酯、功夫菊酯、灭扫利等杀虫剂为观察对象，识别拟除虫菊酯类杀虫剂的特点。此类杀虫剂是模拟除虫菊花中所含的天然除虫菊素化学结构而合成的昆虫神经性毒剂，具有高效、杀虫谱广、低毒，对人畜和环境较安全的特点，其主要作用方式是触杀和胃毒，无内吸作用。此类杀虫剂易使害虫产生抗药性。

（3）以辛硫磷、敌百虫、氧化乐果、敌敌畏、杀螟松、三唑磷、速扑杀、毒死蜱等杀虫剂为观察对象，识别有机磷酸酯类杀虫剂的特点。此类杀虫剂的主要杀虫作用机制是抑制昆虫体内神经组织中胆碱酯酶的活性，破坏神经信号的正常传导，引起一系列神经系统中毒症状，导致昆虫死亡。有机磷酸酯类杀虫剂有如下共同特点：药效较高，一般随着气温上升毒力增强；有触杀、胃毒、熏蒸及内吸等多种杀虫作用方式；化学性质不稳定，一般可水解、氧化、热分解，易在动植物体内及自然环境下降解；一般不能与碱性农药混用；一般对植物安全，不致发生药害；有许多品种对人畜等毒性大。

（4）以吡虫啉、噻虫啉等杀虫剂为观察对象，识别其他内吸型杀虫剂的特点。吡虫啉为超高效内吸性神经毒剂，对人畜低毒。常见的剂型有10%可湿性粉剂、20%可溶性粉剂、5%或20%乳油。一般使用10%可湿性粉剂稀释2000～4000倍液喷雾。噻虫啉具有较强的内吸、触杀和胃毒作用，与常规杀虫剂如拟除虫菊酯类、有机磷类和氨基甲酸酯类没有交互抗性，因而可用于抗性治理，是防治刺吸式口器害虫和天牛、松毛虫、美国白蛾等咀嚼式口器害虫的高效药剂，尤其对松褐天牛有很强的杀虫活性。此类杀虫剂的毒性极低，对人畜具有很高的安全性，而且没有臭味或刺激性，不会污染空气。由于半衰期短，噻虫啉残质进入土壤和河流后也可快速分解，对环境造成的影响很小。

（5）以磷化铝、硫酰氟等杀虫剂为观察对象，识别熏蒸杀虫剂的特点。此类杀虫剂以气态经害虫呼吸系统进入虫体而使害虫中毒死亡，具有杀虫谱广，兼治其他有害生物、杀虫较彻底等特点。施用熏蒸杀虫剂必须在封闭环境下，并有较高的环境温度和湿度，这是因为较高温度有利于药剂扩散。对于土壤熏蒸，较高温度有利于增加有害生物的敏感性。在林业植物检疫除害处理、防治蛀干害虫和木材害虫多用熏蒸杀虫剂。

（6）以苦参碱、烟碱、苏云金芽孢杆菌、白僵菌、阿维菌素等杀虫剂为观察对象，识别生物农药类杀虫剂的特点。生物农药是指利用微生物活体或生物代谢过程产生的具有生物活性的物质，或从生物体中提取的物质防治植物病虫害的农药，包括微生物（病毒、细菌和真菌）、植物源农药（植物提取物）、微生物的次生代谢产物（抗生素）和昆虫信息素等。

生物农药具有以下特点：一是对哺乳动物毒性低，使用中对人畜比较安全；二是防治谱较窄，甚至有明显的选择性，对非靶标动物安全；三是生物农药都是自然界存在的生物体或天然产物，在环境中易被分解或降解，不产生残毒和生物富集现象，不破坏环境；四是对靶标生物作用缓慢，遇到有害生物大发生时不能及时控制危害。

2. 杀菌剂识别

1）无机杀菌剂识别

（1）波尔多液。用硫酸铜、生石灰和水配制成的天蓝色悬浮液，有效成分为碱性硫酸铜，是良好的保护剂，对防治多种林木真菌病害有良好效果，但对锈病和白粉病防治效果差。常用剂型：1%等量式（硫酸铜：生石灰：水=1：1：100）；每隔15d喷雾1次，共1～3次。现配现用，对金属有腐蚀作用，不宜在桃、李、梅、杏、梨、柿树上使用。

（2）石硫合剂。用生石灰、硫黄粉熬制成的红褐色透明液体，呈强碱性，有强烈的臭鸡蛋气味，杀菌有效成分为多硫化钙，低毒。可防治多种林木病害，对锈病、白粉病效果更好，对介壳虫、虫卵和其他一些害虫也有较好的防治效果，不能防治霜霉病。常见剂型：29%水剂、30%固体剂、45%结晶。生长季节用0.2～0.5°Bé喷雾，半个月喷1次，至发病期结束；植物休眠期用3～5°Bé，南方可用0.8～1°Bé喷雾，铲除越冬病菌、介壳虫、虫卵等；不宜与其他乳剂混用，气温32℃以上不宜使用。贮存母液应在容器内滴入一层煤油等，并密封器口。

2）有机合成杀菌剂识别

（1）代森锌。原药为淡黄色或灰白色粉末，有臭鸡蛋气味，难溶于水，吸湿性强，且在日光下不稳定，但挥发性小，遇碱或含铜药剂易分解，对人畜低毒，为广谱性保护剂，对多种霜霉病菌、炭疽病菌等有较强的触杀作用。对植物安全，残效期为 7d。常用剂型为 65%、80%可湿性粉剂。常用稀释倍数为 65%可湿性粉剂 500 倍，80%可湿性粉剂 800 倍。

（2）代森锰锌。原药为灰黄色粉末，不溶于水。遇酸碱均易分解，高温时遇潮湿也易分解，对人畜低毒，为广谱性保护性杀菌剂。常用剂型：70%可湿性粉剂、25%悬浮剂。70%可湿性粉剂稀释 400～600 倍液喷药 3～5 次可防治炭疽病、霜霉病、灰霉病、叶斑病、锈病等。该药剂常用来与内吸杀菌剂混配，用于延缓抗性的产生。

（3）百菌清。该药为广谱性保护剂，低毒，耐雨水冲刷，不溶于水，无内吸作用，药效期 7～10d，可防治落叶病、赤枯病、枯梢病等多种病害。常用剂型：75%可湿性粉剂，外观白色至灰色；10%油剂；2.5%烟剂。可用 75%可湿性粉剂 500～800 倍液喷雾，10%油剂超低量喷雾，2.5%烟剂 15kg/hm^2 林间放烟。该药剂对人的皮肤和眼睛有刺激作用。

（4）多菌灵。该药为广谱内吸性杀菌剂，具有保护和治疗作用，耐雨水冲洗，低毒，对某些子囊菌和大多数半知菌引起的病害有效，对锈菌无效，药效期 7d。常用剂型：40%悬浮剂，25%、50%可湿性粉剂，外观褐色。可湿性粉剂可稀释 400～1000 倍液喷雾。涂刷树木伤口可用 25%可湿性粉剂 100～500 倍液。可与一般杀菌剂混用，但不能与碱性和铜制剂混用，不宜在一种林木的 1 个生长季节连续使用。

（5）甲基硫菌灵（甲基托布津）。该药为内吸性杀菌剂，具有保护和治疗作用，在植物体内转化为多菌灵而起杀菌作用，有促进植物生长的作用，低毒，可防治白粉病、炭疽病等多种病害，药效期 5～7d，对霜霉病无效。常用剂型：70%可湿性粉剂，外观灰棕色或灰紫色。用 70%可湿性粉剂 1000 倍液喷雾。不能与碱性和无机铜制剂混用。

（6）三唑酮（粉锈宁）。三唑酮是一种高效低毒、药效期长、内吸性强的杀菌剂，具有保护、治疗等作用，可防治白粉病、锈病等。常用剂型：15%、25%可湿性粉剂，外观白色至浅黄色；20%乳油。可湿性粉剂可稀释 700～2000 倍液喷雾；用于拌种时，应严格掌握用量，防止产生药害。该药剂易燃，应远离火源，用后密封。

（7）烯唑醇（速保利）。该药具有保护、治疗作用的广谱内吸性杀菌剂，对白粉病、锈病、黑粉病、黑星病等有特效，对人畜中毒。常见剂型：12.5%超微可湿性粉剂。一般使用方法为 12.5%超微可湿性粉剂稀释 2000～3000 倍液喷雾。

3）抗生素类杀菌剂识别

农用链霉素为放线菌所产生的代谢物，具有内吸作用，能传导到植物体其他部位，杀菌谱广。革兰氏阳性细菌对链霉素的反应比革兰氏阴性细菌更为敏感。该药对人畜低毒，无慢性毒性，外观为白色粉末，易溶于水。常用剂型有 15%～20%可湿性粉剂、0.1%～8.5%粉剂等，用于喷雾。注射有效成分含量为 100～400μg/g；灌根为 1000～2000μg/g，可与其他抗生素类杀菌剂混用，但不能在酸性和碱性条件下混用。

3. 杀螨剂识别

以哒螨灵（速螨酮，哒螨酮，哒螨净）为观察对象，识别杀螨剂的特点。该药剂为广谱、高效杀螨、杀虫剂，具有触杀作用，无内吸传导作用，低毒，对螨的各个发育阶段都有很高的活性，且不受温度变化影响，早春或秋季均可使用。该药具有击倒速度快、持效期长的特点。用于防治红蜘蛛、叶螨、全爪螨、小爪螨和瘿螨，并可兼治半翅目、缨翅目害虫（如粉虱、叶蝉、棉蚜、蓟马、白背飞虱、桃蚜、蚧等）。常用剂型：15%乳油、20%可湿性粉剂。通常用 15%乳油 1500 倍液或 20%可湿性粉剂 2000 倍液喷雾，并着重喷叶背面。该药因易诱发抗药性，一年内最多使用两次。该药不宜与石硫合剂和波尔多液等强碱性药剂混用。

（二）农药质量识别

第一步：查看每种农药包装物的形态，是否有产品合格证，每种商品农药标签的项目内容是否完整并加以比较。

第二步：检验供试商品农药制剂的性状，对照下面的识别方法，检验供试药剂的质量。

农药性状的简易识别方法如下。

（1）粉剂、可湿性粉剂。应为疏松粉末，无团块，颜色均匀。如有结块或较多颗粒，说明已受潮湿或过期。

理化性能测试：取一烧杯盛满水，取半匙可湿性粉剂，在距水面 1～2cm 高度一次性倾入水中，合格的可湿性粉剂应能尽快地在水中逐步湿润分散，全部湿润时间一般不超过 2min；优良的可湿性粉剂在投入水中后不加搅拌就能形成较好的悬浮剂，如将瓶摇匀，静置 1h，底部固体沉降物应较少。

（2）乳油。应为均匀液体，如出现分层和混浊现象，或者加水稀释后的乳状液不均匀或有沉淀物，说明质量有问题。

理化性能测试：取一烧杯盛满水，用滴管或玻璃棒移取乳油制剂，滴在静止水面上，乳化性能良好的乳油能迅速扩散，稍加搅拌可形成白色牛奶状乳液，静置 0.5h，无可见油珠和沉淀物出现。

（3）悬浮剂。应为可流动的悬浮液，无结块，经较长时间存放表面析出一层清液，固体粒子明显有所下降，但摇晃后能恢复原状，具有良好的悬浮性。如果经摇晃后不能恢复原状或仍有结块，说明质量有问题。

※　实训成果

每人完成 1 份实训报告，通过标签和性状观察识别各种农药的所属类型、剂型、作用对象与使用方法。

实训七　林业常用药剂配制与质量检测

※　实训目标

通过本实训，学生能够掌握波尔多液、石硫合剂、涂白剂等常用药剂的配制方法，学会质量检测。

※　实训条件

可供 40 人操作的实训室，配有多媒体设备，具备量筒、塑料桶、木棒、烧杯、量筒、研钵、玻璃棒、试管、试管架、粗天平、试管刷、石蕊试纸、波美计、电炉、纱布、手动喷雾器、手套、口罩、刷子等用具。

供试材料：硫酸铜、生石灰、硫黄粉、水、食盐、动物油等。

※　实训模式

课前发放工作任务单，布置自主学习任务。训练中以多媒体演示、案例分析、学生分组操作、教师指导的教学模式完成训练任务。

※　实训内容

方法提示：材料称量准确，要研磨细腻、搅拌均匀，波尔多液应现配现用，不加水稀释；石硫合剂熬制时先用强火煮沸，然后火力要匀，使药液保持沸腾而不外溢，补充蒸发水量用热水，且不宜用铜锅、新铁锅或铝锅熬制，以防腐蚀，原液贮存时要放在密闭容器中，或上面加一层煤油；配制白涂剂的石灰质量要好，加水搅拌均匀要彻底，否则会损伤树皮。

（一）配制波尔多液

1. 配制方法

分组用以下方法配制 1%等量式波尔多液（硫酸铜∶生石灰∶水=1∶1∶100）。

（1）两液同时注入法。用 1/2 水溶解硫酸铜，用另 1/2 水溶化生石灰，待冷却后同时倒入第 3 个容器中，边倒边搅拌即成。

（2）稀硫酸铜溶液注入浓石灰水法。用 4/5 水溶解硫酸铜，用另 1/5 水溶化生石灰，然后将稀硫酸铜溶液倒入石灰水中，边倒边搅拌即成。

（3）浓石灰水注入稀硫酸铜法。原料准备同方法（2），将石灰水倒入稀硫酸铜液中，边倒边搅拌即成。

2. 质量鉴定方法

药液配好后，用以下方法鉴定质量。

（1）观察颜色。比较不同方法配制的波尔多液颜色是否一致。

（2）检查酸碱性。用石蕊试纸，分别投入制成的波尔多液中，测定其酸碱性。

（3）检查沉降速度。将不同方法配制的波尔多液分别装入试管中，静置 30min，观察波尔多液的沉降速度和沉降体积。沉降速度越慢越好，沉淀后上部清水层越薄越好。

（二）熬制石硫合剂

1. 药剂熬制

按生石灰：硫黄粉：水＝1：2：100 配比。称取生石灰 25g，硫黄粉 50g，水 2500mL。将生石灰放铁锅内，用少量水化开成糊状，再将称好研细（能过 40 目筛）的硫黄粉，慢慢加入糊状石灰乳中。搅拌均匀后，把其余的水倾倒入铁锅内，用木棒将药液深度作一标记，然后煮沸，并不断搅拌。蒸发的水要用热水不断补入，以保持原有药量。经 40～45min，至药液呈深红棕色，药渣为黄绿色时停火。冷却后，用双层纱布过滤去渣即成原液。

2. 质量检查

（1）颜色。优良的石硫合剂是透明的琥珀色溶液，底部有很少的黄绿色残渣。

（2）浓度。将波美计放入盛有石硫合剂澄清液的量筒中，波美计上刻有波美比重数值，液面水平的计数即药液波美度（°Bé），一般熬制的原液可达 26～28°Bé。

（3）比重。在无波美计时，可采用 1 个浅色玻璃瓶，先用标准秤称出重量，再装满清水称出水重，把清水倒掉甩干，装满石硫合剂原液，称得原液重量，用水的净重减去原液的重量，所得到的就是原液的普通比重，再查普通比重与波美比重对照表（表 2-2），求出波美比重。

表 2-2 普通比重与波美比重对照表

普通比重	波美比重	普通比重	波美比重
1.0000	0	1.1600	20
1.0007	0.1	1.1694	21
1.0012	0.2	1.1789	22
1.0023	0.3	1.1885	23
1.0025	0.4	1.1983	24
1.0035	0.5	1.2083	25
1.0069	1.0	1.2185	26
1.1154	15	1.2298	27
1.1240	16	1.2373	28
1.1328	17	1.2500	29
1.1317	18	1.2600	30
1.1508	19		

3. 稀释计算

$$加水倍数（重量）＝\frac{原液波美浓度－使用波美浓度}{使用波美浓度}$$

（三）配制白涂剂

1. 药剂配制

称取生石灰 5kg，石硫合剂原液 0.5kg，食盐 0.5kg，动物油 0.1kg，水 20kg。用少量热水将生石灰和食盐分别化开，然后将两液混合并倒入剩余的水中；再加入石硫合剂、动物油搅拌均匀即成。

2. 药剂使用

在 10 月中下旬，选择校园内乔木树种，在距离地面 1.3～1.5m 高度的树干上，用刷子均匀涂刷白涂剂，直至树基部。

※ 实训成果

以小组为单位，完成 1 份农药配制与质量检测报告。

实训八　林业常用防治药械使用与保养

※ 实训目标

通过本实训，学生会使用林业常用防治器械，能进行问题检测与保养。

※ 实训条件

可供 40～50 人操作的野外实训场所，最好选择在有病虫害发生的林区进行。配备手动喷雾器、3MF-6 型弥雾喷粉机、BG-305D 型背负式打孔注药机及机械维护用具等。供试材料：燃料及相关药剂等。

※ 实训模式

课前布置自主学习任务，让每个学生对背负式手动喷雾器、背负式机动弥雾喷粉机、打孔注药机的工作原理与结构有初步的了解，课上采用教师示范、学生模仿、分组操作、反复训练的方式完成实训任务。

※ 实训内容

（一）手动喷雾器的使用与维护

方法提示：对手动喷雾器的结构进行观察，在教师的指导下，小组成员互相协作完成，在操作训练过程中时刻注意安全，勿将器具对人操作。

1. 手动喷雾器主要工作部件识别

（1）药液箱。多由聚氯乙烯材料制成，容积为 16L。药液箱加水口内装有滤网，箱盖中心有一连通大气的通气孔，药液箱上标有水位线。

（2）液泵。液泵为喷雾器的核心部件，作用是给药液加压，迫使药液通过喷头雾化并喷洒在施药对象上，液泵分活塞泵、柱塞泵和隔膜泵 3 种。工农-16 型喷雾器采用皮碗活塞式液泵，由泵筒、塞杆、皮碗、进水阀和出水阀等组成。

（3）气室。气室是贮存空气的密闭耐压容器。其作用是消除往复式压力泵的脉动供液现象，稳定药液的喷射压力。进液口与压力泵相通，出液口与喷射管路相接。喷雾器长时间连续工作时，有压力的空气会逐渐溶于药液中，使空气室内的空气越来越少，药液压力的稳定性变差。因此，长时间连续工作的喷雾机（器）要定时排除空气室中的药液。目前生产的一些喷雾机，空气室用橡胶隔膜将药液与空气隔开，克服了这一缺点。

（4）喷头。喷头是喷雾器的主要部件，作用是使药液雾化和使雾滴分布均匀。工农-16 型喷雾器配有侧向进液式喷头，也可换装涡流片式喷头，这两种喷头均为圆锥雾式喷头。

2. 手动喷雾器的使用方法

第一步：安装。先把零件揩擦干净，再把卸下的喷头和套管分别连在喷管的两端，然后把胶管分别连接在直通开关和出水接头上。安装时要注意检查各连接处的垫圈有无漏装、是否放平、连接是否紧密。要根据防治对象、用药量、林木种类和生长期选用适当孔径的喷片和垫圈数目。1.3～1.6mm 孔径喷片适合常量喷雾，0.7mm 孔径喷片适宜低容量喷雾。

第二步：检查气筒是否漏气。可抽动几下塞杆。如果手感到有压力，而且听到喷气声音，说明气筒完好不漏气，这时在皮碗上加几滴油即可使用。如果情况相反，说明气筒中的皮碗已收缩变硬，将其取出放在机油或动物油中浸泡，待胀软后，再装上使用。安装皮碗时，将皮碗的一半斜放气筒内，边转边插入，切不可硬塞。

第三步：检查各连接部位有无漏气、漏水现象，观察喷出的雾点是否正常。方法是药液箱内放入清水，装上喷射部件，旋紧螺帽，抽拉塞杆，打气至一定压力，进行试喷。如有故障，查出原因，加以修复再喷洒药液。

第四步：在放入药液前，做好药液的配制和过滤工作。添加药液时，要关闭直通开关，以免药液流出，注意应添至外壳标明的水位线处。如超过此线，药液会经唧筒上方的小孔进入唧筒上部，影响工作。另外，药液装得越多，压缩空气越少，喷雾不能持久，就要增加打气次数。最后盖好加水盖（放平、放正、紧抵箱口），旋紧螺帽，防止盖子歪斜，造成漏气。

第五步：喷药前，先扳动摇杆 6～8 次，使气室内的气压达到工作压力后，再进行喷雾。如果扳动摇杆感到沉重，不能过分用力，以免气室外爆炸，而损伤人、物。打气时，要保持塞杆在气筒内竖直上下抽动，不要歪斜。下压时，要快而有力，使皮碗迅速压到底。这样，压入的空气量就多。上抽时要缓慢，使外界的空气容易流入气筒。背负作业时，每分钟扳动摇杆 18～25 次为宜，一般走 2～3 步就要上下扳动摇杆 1 次。

3. 手动喷雾器的日常保养

喷药完毕后，要倒出残液，妥善处理，并清洗喷雾器的所有零件（如喷管、摇杆等），涂上黄油防锈。零部件不能装入药液箱内，以防损坏防腐涂料，影响使用寿命。

（二）喷雾喷粉机的使用与维护

方法提示：对 3MF-6 型弥雾喷粉机的结构进行观察，在教师的指导下，小组成员互相协作完成，在操作训练过程中应时刻注意安全，勿将器具对人操作。

1. 喷雾喷粉机的主要工作部件

（1）药箱。药箱是盛装药粉的装置。根据弥雾或喷粉作用的不同，药箱中的装置也不一样。弥雾作业时的药箱装置由药箱、箱盖、箱盖胶圈、进气管、进气塞、进气胶圈及粉门等组成。需要喷粉时，药箱不需调换，只要将过滤网连同进气塞取下换上吹粉管，即可进行喷粉。

（2）风机。风机为高压离心式，由铁皮制成，包括风机壳和叶轮。风机壳呈蜗壳形，叶轮为闭式，在叶轮中心有轮轴，通过键固定在发动机曲轴尾端。当发动机运转时，叶轮也一起旋转。这种风机叶轮采用径向前弯式的叶片装置，尺寸较小，质量较轻，风量大，风压高，吹扬药粉均匀，特别是在用长塑料薄膜喷管作业时，粉剂能高速通过被喷植物，形成一片烟雾。

（3）喷射部件。喷射部件包括弯管、软管、直管、喷头、输液管和输粉管等。根据作业项目的不同，安装相应的工作部件，以适应弥雾和喷粉的需要。在弥雾作业时，喷射部件由弯管、软管、直管、输液管、手把开关和喷头组成。在进行喷粉作业时，将输液管和喷头去掉，换装输粉管。

另外，对于小型汽油机的主要部件也应有所了解，以便于掌握弥雾喷粉机的操作。

2. 背负式机动弥雾喷粉机的使用方法

（1）启动汽油机。打开燃油开关，使化油器迅速充满燃油；关小阻风阀，使之处于1/4开度，保证供给较浓的混合气以利于启动（热机启动时不必关阻风阀）；扣紧油门扳机，使接流阀或风门活塞处于1/2～2/3开度的启动位置；缓慢地拉启动绳或启动器几次，使混合气进入气缸或油箱；再用同样方法迅速平衡地拉启动绳或启动器 3～5 次，即可启动。启动后，将阻风阀立即恢复至全开位置，油门处于怠速位置，在无负荷状态下怠速空转 3～5 min，待汽油机温度正常后再加油门和负荷，并检查有无杂音、漏油、漏气、漏电现象。

（2）停机。将手油门放在怠速位置，空载低速运转 3～5min，使汽油机逐渐冷却，关闭手油门使之停机。严禁汽油机高速运转时急速停机。

（3）喷雾作业。使机具处于喷雾状态，然后用清水试喷 1 次，检查各连接处有无渗漏。加药时必须用过滤器滤清，防止杂物进入造成管路、孔道堵塞。药液不要加得过满，以免药液从引风压力管流入风机。加药液后，应旋紧药箱盖，以防漏气、漏液。药液质量浓度应较正常喷药浓度大 5～10 倍。可不停机加药液，但汽油机应处于怠速状态。药液不可漏洒在发动机上，以防损坏机件。汽油机启动后，逐渐加大油门，提高发动机的转速至 5000r/min，待稳定片刻后，再喷洒。行进中应左右摆动喷管，以增加喷幅。行进速度应根据单位面积所需喷药量的多少，通过试喷确定。喷洒时喷管不可弯折，应稍倾斜一定角度，且不要逆风进行喷药。

（4）喷粉作业。全机结构应处于喷散粉剂作业状态。粉剂要干燥，结块要碾碎，并除去杂草、纸屑等杂物。最好将药粉过筛后加入粉箱并旋紧药箱盖，防止漏气。不停机加药粉, 汽油机应处于怠速运转状态, 并把粉门关闭好。背机后, 油门逐渐加到最大位置, 待转速稳定片刻后, 再调节粉门的开度。使用长薄膜喷管时, 先将薄膜管全部放出, 再加大油门, 并调节粉门喷洒。前进中应随时抖动喷管, 防止喷粉管末端积存药粉。另外, 喷粉作业时, 粉末易吸入化油器, 切勿把化油器内的空气过滤网拿掉。

3. 背负式机动弥雾喷粉机的日常保养

在喷雾作业结束后, 要保养后再把机具放置在仓库中, 具体保养程序如下。

（1）喷雾喷粉机使用结束后, 应倒出箱内残余药液或粉剂。

（2）清除机器各处的灰尘、油污、药迹, 并用清水清洗药箱和其他与药剂接触的塑料件、橡胶件。

（3）喷粉时, 每天要清洗化油器和空气滤清器。

（4）长薄膜管内不得存粉, 拆卸之前空机运转 1～2min, 将长薄膜管内的残粉吹净。

（5）检查各螺丝、螺母有无松动, 工具是否齐全。

（6）保养后的机具应放在干燥通风的室内, 切勿靠近火源, 避免与农药等腐蚀性物质放在一起。

（三）打孔注药机的使用与维护

方法提示: 对 BG-305D 型背负式打孔注药机的结构进行观察, 在教师的指导下, 小组成员互相协作完成, 在操作训练过程中时刻注意安全, 勿将器具对人操作。

1. 打孔注药机使用方法练习

第一步: 安装好机器, 加好 90 号汽油和药剂。

第二步: 将停车开关推至启动位置。

第三步: 打开油开关, 垂直位置为开, 水平位置为关。

第四步: 适当关闭阻风门（冬天全关闭, 夏天部分关闭, 热机不用关闭）。

第五步: 拉启动绳直至启动为止。

第六步: 启动后怠速运转 5min, 预热汽油机。

第七步: 同时按下自锁手柄和油门手柄, 使汽油机高速运转。

第八步: 在树下距离地面 0.5～1m 处向下倾斜 15～45° 钻孔, 不宜用力压, 时刻注意拔钻头, 孔径为 10mm 或 6mm, 孔深 30～50mm。如果出现钻头卡在树中时, 要马上松开油开关, 使机器处于怠速状态, 然后停机, 向左旋出钻头。

第九步: 用注射器将一定量的药液注入孔中。

第十步: 停机时松开油门手柄使汽油机低速运转 30s 以上, 再将停车开关推至停机位置。

2. 打孔注药机的日常保养

① 清理汽油机上的油污和灰尘。

② 拆除空气滤清器，用汽油清洗滤芯。

③ 检查油管接头是否漏油，接合面是否漏气，压缩是否正常。

④ 检查汽油机外部紧固螺钉，如松动要旋紧，如脱落要补齐。

⑤ 每天工作完毕后用清水清洗注射器。

⑥ 每使用 50h 向硬轴及软轴外表面补加耐高温润滑脂。

⑦ 钻头磨钝后及时更换或调整。

※ 实训成果

以小组为单位完成防治药械的操作与日常保养任务报告。

◇◇◇ 自 测 练 习 ◇◇◇

1. 名词解释

原药、剂型、致死中量、有效使用浓度、内吸剂。

2. 填空题

（1）农药制剂的名称一般由农药的有效成分、农药原药的名称和_____组成。

（2）农药按防治对象及用途常可分为_____、_____、_____、杀线虫剂、杀鼠剂、除草剂和植物生长调节剂等多种类型。

（3）杀虫剂按其化学成分可分为_____、_____、_____和其他化学合成杀虫剂。

（4）生物农药杀虫剂可分为_____、_____、_____和_____。

（5）林业常用的杀菌剂可分为_____、_____和_____。

（6）杀虫剂按作用方式和进入虫体途径可分为_____、_____、_____、_____和其他杀虫剂。

（7）农药产品名称，如 40%福美砷可湿性粉剂，由 3 部分组成。其中 40%是指_____，福美砷是_____，可湿性粉剂是指_____。

（8）农药的"三证"，是指_____、_____和执行的产品标准证。

3. 单项选择题

（1）某农药毒性致大白鼠 1 次口服农药原药急性中毒的致死中量（LD_{50}）为 500～5000mg/kg，此农药毒性为（　　）。

　　A．低毒农药　　B．剧毒农药　　C．高毒农药　　D．微毒农药

（2）杀菌剂农药类别特征颜色标志带为（　　）。

　　A．红色　　　　B．黑色　　　　C．黄色　　　　D．蓝色

（3）杀虫剂农药类别特征颜色标志带为（　　）。

　　A．红色　　　　B．黑色　　　　C．黄色　　　　D．蓝色

（4）制作毒绳的药剂选择下列哪一种最合适？（　　）

　　A．灭幼脲　　　B．敌杀死　　　C．氧化乐果　　D．磷化铝

（5）石硫合剂在休眠季节的使用浓度为（　　）。

　　A．0.1～0.2°Bé　　　　　　　　B．0.3～0.5°Bé

　　C．3～5°Bé　　　　　　　　　　D．5～8°Bé

（6）拟除虫菊酯类杀虫剂的主要作用方式为（　　）。

　　A．熏蒸　　　　B．胃毒　　　　C．触杀　　　　D．内吸

（7）波尔多液是一种良好的保护剂，应在林木（　　）喷施。

　　A．感病前　　　B．感病中　　　C．感病后

（8）林间放烟点不要设置在林缘外边，应设在林内距林缘（　　）之处。

　　A．25m　　　　B．40m　　　　C．10m 左右　　D．50m

（9）林中放烟剂，要求林间产生"气温差逆增"现象出现和风速稳定在 0.3～1m/s。因此林中放烟剂时间最好在（　　）。

　　A．上午 10 时左右　　　　　　　B．阴天

　　C．日落后和日出前　　　　　　　D．下午 3 时左右

4．简答题

（1）简述合理使用农药的基本原则。

（2）简述农药的常用剂型。

（3）农药产品标签的主要内容有哪些？

（4）农药的施用方法有哪些？

5．计算题

（1）用 50%的 DDV 乳油 1500 倍液防治松毛虫，2kg 该乳油需要兑水多少千克？

（2）配制 40%乐果乳油 50 倍液涂干，15kg 该乳油需要兑水多少千克？

（3）用 5%吡虫啉乳油配制 7.5kg（手动喷雾器 1 药箱容量）2000 倍的药液，需要原液多少毫升？

任务 2.3　飞机防治病虫害作业

在森林病虫害大面积发生、劳动力资源不足、危害程度重且交通不便的情况下，使用飞机防治病虫害作业是森林病虫害防治部门的一个必然选择。作为林业工作者，必须熟悉飞机防治病虫害各个环节的技术与管理工作，以适应未来森防工作的需要。

相关知识

2.3.1 飞机防治的特点

飞机防治是指利用轻型飞机喷洒农药和生物制剂防治有害生物的生产过程，具有防治面积大、作业效率高、持续效果好、防治成本低，劳动强度小的特点。飞机防治适用于树高林密、交通不便、有害生物种群密度高、发生面积较大的林区，是应对突发生物灾害、解决地面防治效率低的有效手段，但其会受客观条件，如高温、大风、降雨、能见度、空气湿度等影响而降低作业质量和防治效果。

2.3.2 飞机防治的原则

飞机防治应遵守以下 3 个原则。

（1）作业区虫（病）情处于上升趋势，虫口密度（病情指数）达到防治指标。作业区目标害虫寄主树木叶片保存率在 50% 以上，林木郁闭度在 0.5 以上。

（2）使用运-5 飞机的作业区应集中成片，面积在 667hm^2 以上。

（3）作业区地势平缓、山峰之间高差在 50m 以内，坡度不超过 45°，距离机场不超过 60km。

2.3.3 飞机防治的常用机型

目前生产上常用机型有：以运-5 为代表的固定翼飞机、以 H125（小松鼠）直升机为代表的有人直升机、以大疆 T30 为代表的无人机。

（1）运-5 飞机，是一种国产单发、双翼多用途飞机。作业耗油量 160L/h，装载燃油 900kg。低空性能良好，作业速度为 160km/h，作业高度在山区距树冠 15~20m，平原地区距树冠 10~15m，起飞降落所用的机场面积小，对机场条件要求较低。在机身中部装有喷管，其上有 80 个喷嘴，喷嘴有 5 种型号，用以调节喷洒量。装药量 800~1000kg，有效喷幅 60m，架次作业面积 2000~4000 亩（1 亩≈666.67m^2）。

（2）H-125 直升机的配备药箱为 ISOLAIR 航空专用喷洒器，其特点是雾化好、效率高、损耗小，可安装 57 个等距喷头，配有恒压装置可保证整个喷杆的压力均等，设备腹部有紧急抛放口，在紧急情况下，飞行员可以在驾驶舱内实施药液抛放，确保飞行安全。设备有大、中、小三档调节，电磁阀直接进入药液中。飞行员在舱舱内可以通过操纵杆对药液进行搅拌，防止药液在药箱内因沉淀喷不出、堵喷头。连管有一电磁活阀门，当增加喷洒压力时，阀门会自动打开，将药液回流到药箱，调整到所需压力喷洒，防止压力过高致使喷药管破裂，能保持整个喷杆上每个喷头的压力均等，每个作业面的喷洒量均匀。

（3）无人机按照动力可分为油动无人机和电动无人机，按照旋翼可分为单桨无人机和多旋翼无人机，目前应用较多的为电动多旋翼机型。由于无人机具有飞行自动化、操作简单、体积小、携带方便、转场灵活、节水节药、操作时不需要特定的起降点和地勤保障等优点，已广泛应用于林业病虫害普查航拍、遥感监测和防治作业中。

2.3.4　飞机施药设备

飞机施药设备有常量喷雾、超低容量喷雾、撒颗粒、喷粉等多种施药设备，也可喷施烟雾，可以根据需要选用。目前主要使用的是喷雾设备。

喷雾设备分为常量喷雾和超低容量喷雾两种。喷雾设备主要由供液系统、雾化部件及控制阀等组成。供液系统由药液箱、液泵、控制阀门、输液管道等组成。液体农药、农药粉剂用同一药液箱装载，液泵由风车或电动机驱动。雾化部件由喷雾管路与喷头组成，根据不同喷雾要求，可更换不同型号的喷头。飞行员在座舱内操纵喷雾控制阀即可实施喷雾。超低容量喷雾与常量喷雾相比，其喷雾量很小，雾滴极细，可以直接喷洒未经稀释的农药原油，喷雾设备采用高速旋转的盘式或笼式雾化器，其他部件与常量喷雾设备差异不大。

1. 药液箱

药液箱可用不锈钢或玻璃钢制成，为便于飞行员检查药液在药液箱中的容量，要安装液位指示器。药液箱加药口有个网篮式过滤器，通过底部装药口可以较迅速且安全地从地面搅拌装置或机动加药车中把药液泵入药液箱。虽然每个喷头都有过滤网，为防止堵塞喷嘴，泵输入管仍需要安装精细滤网，网孔尺寸取决于喷嘴类型。一般网孔 50 目适用于大部分喷雾作业，并最适用于喷洒可湿性粉剂。

2. 液泵

液泵通常采用离心泵，由安装在飞机发动机螺旋桨气流中的一个螺旋桨直接驱动。液泵通常在起落架之间，安装在药液箱下方以保持处于启动状态。齿轮泵、滚子泵等如需要较高的压力，可在靠近泵的进口安装一个阀门，如果需要保养或者更换泵，不需要将装置中药液排空也能把泵拆下来。为使一部分药液再回流到药液箱进行液力搅拌，泵需要有足够的流量。

3. 喷杆

固定翼式飞机喷杆长度要比机翼短 0.5m，这样可避开翼尖区，以避免翼尖涡流把雾滴向上带。采用加长的喷杆是为了增加喷幅。喷杆通常安装在机翼后缘。喷杆可采用圆形管，为了减少阻力也可采用流线型管，对很黏的物质采用的直径可大一些。

2.3.5　飞机防治的农药种类与剂型

飞机施药可喷洒杀虫剂、杀菌剂、除草剂、植物生长调节剂和杀鼠剂等。

（1）杀虫剂喷雾处理，可以采用低容量和超低容量喷雾技术，低容量喷雾的施药液量为 $10\sim50L/hm^2$，超低容量喷雾须喷洒专用油剂或农药原油，施药液量为 $1\sim5L/hm^2$，一般要求雾滴覆盖密度为 20 个/cm^2 以上。

（2）飞机喷洒触杀性杀菌剂，一般采用中容量喷雾技术，施药液量为 50L/hm² 以上，喷洒内吸杀菌剂可采用低容量喷雾，施药液量为 20～50L/hm²。

（3）飞机喷洒除草剂，通常采用低容量喷雾，施药液量为 10～50L/hm²；若使用可湿性粉剂，施药液量为 40～50L/hm²。

（4）飞机喷洒杀鼠剂，一般是在林区和草原撒施杀鼠剂的毒饵和毒丸。

适用于飞机喷洒的农药剂型有粉剂、可湿性粉剂、水分散粒剂、乳油、水剂、可溶性粉剂、油剂、颗粒剂和微粒剂等。由于粉剂喷洒的细小粉粒容易飘移，现在已很少使用。由于乳油喷雾是加水稀释后喷雾，其溶剂容易挥发，为防止飞行中着火和水分蒸发后引起的农药飘移，乳油制剂不可直接用于超低容量喷雾，而只能用于中容量和低容量喷雾。油剂可直接用于超低容量喷雾，但其闪点的要求不得低于 70℃。

2.3.6　飞机防治作业的基本条件

飞机防治受气象因子（如风、雨、温度、湿度等）影响较大，因此，防治作业必须选择晴好天气并设法克服不利气象因子的影响。

1. 风

风对单位面积着药量影响较大，同时由于飞机在飞行时产生巨大的气流和风速，也影响药剂的沉降率，如风速过大，可使大部分药剂飘散。规定的作业条件：喷粉作业时最大风速在平原区不超过 4m/s，在丘陵区不超过 3m/s；喷雾作业时最大风速不超过 5m/s，超过上述条件应停止作业。

2. 雨

雨雾会影响药效和飞机起降，也不利于飞行。为避免药效降低，保证飞行安全，雨雾天要暂时停止作业。规定的作业条件：化学药剂、仿生制剂、生物制剂分别在 24h、48h 和 72h 内没有降水方可作业。

3. 气温

最适宜的喷药气温是 24～30℃，当气温超过 35℃时，飞机发动机温度过高，飞机性能受到影响，不适于防治作业。同时，气温过高，增加了地面辐射而产生上升气流，使药剂随风飘失，对防治作业质量影响很大。规定的作业条件：气温在 30℃ 以下。

4. 空气湿度

空气湿度过大，也会影响防治效果。当相对湿度高于 90% 时，药粉高悬于空中经久不散，使林木受药量很少；当相对湿度低于 40% 时，过于干燥，药粉因水分蒸发易于飘失。规定的作业条件：喷粉作业时，空气相对湿度为 40%～85%；喷雾作业时，空气相对湿度为 30%～90%。

5. 地形条件

地形过于复杂会直接降低防治效果,也不利于飞行安全,因此地形变化较大的地区不宜使用飞机作业。规定的作业条件:面积在 $500hm^2$ 以上,林木集中连片,地势平坦,山峰之间高差在 50m 以内,坡度不超过 45°,林分郁闭度在 0.3 以上,附近有机场或有修建临时简易机场的条件。

 实 操 训 练

实训九　飞机防治林业病虫害作业

※　**实训目标**

通过本实训,学生能够了解飞机防治工作的完整工作环节,熟知飞机防治作业设计与药剂喷洒要求,培养学生严谨认真、安全生产的职业态度。

※　**实训条件**

根据所选择机型的起降要求、作业半径、水电配备、飞行设计、安全保卫等因素,就近选择民航机场或军用机场、农用机场及临时起降场作为飞机起降地,并配备飞机防治的各种药剂。野外临时起降场应做好杂物清扫、抑制扬尘、防暑降温和安全保卫等准备。

飞机驾驶员应具备《民用航空器驾驶员和地面教员合格审定规则》(CCAR-61-R4)中规定的相关资质要求。

※　**实训模式**

由于飞机防治工作受时间、地点、面积和资金的限制,实施飞机防治的地区没有使用其他防治方法普遍,本项实训可采用到有飞机防治任务的地区现场参观和顶岗实习两种形式。

※　**实训内容**

(一)飞机防治组织的建立

飞机防治森林病虫害技术要求高、涉及部门广,必须要有统一的领导、严密的组织和各部门的大力协作才能把工作做好。林业部门和森林病虫害防治机构要会同有关部门建立防治作业指挥部,指挥部设行政组和技术组。行政组负责总务、运输、宣传和保卫等工作,技术组负责飞行、信号、装药、效果检查和气象预报等工作。

实施飞机施药防治的单位应具备《中华人民共和国民用航空法》和《一般运行和飞行规则》规定的资质,持有可在农林领域防治作业的经营许可证。

（二）选建机场

机场修建的技术要求由民航专业队提出，而林业工作者应向专业队提供森林病虫害防治情报，防治作业区域的方位资料，以供选择机场位置和决定飞行作业路线时考虑。选建机场在保证质量的前提下本着少用工时、节省费用的原则，尽可能借用当地现有机场或利用旧机场（使用时应按规定整修）。如果不具备上述的条件，或作业面积大、50km以内无机场时，则应选建临时或固定机场。机场的位置最好选择在作业区的中心地带，这样可以减少空飞时间，提高防治效率，降低成本。机场应选在地势平坦，表面坡度不超过 1% 的地方。跑道长 500m，宽 50m。在海拔 500m 以上的地区，标高每增加 100m，跑道两端必须各有 50m 长的端安全道，两侧必须各有 20m 宽的侧安全道。

（三）林业病虫情况调查

飞机防治作业前要深入防治地块调查病虫害分布、害虫龄期、天敌和危害程度，以及林相、地形情况，并进行室内或室外药效试验，以便据此确定使用药剂的种类、浓度、用量、喷药次序，并绘制病虫情况、林相分布图，以此作为飞机防治区规划的依据。调查病虫情况时，一般可根据林木的分布、地形、地势及危害程度，选择有代表性的林分作为样地，每 1.5km 范围内要选择 6～10 块。在每块样地上，调查 10～20 株树，统计每株树上的病虫情况，计算虫口密度、有虫株率或发病率、病情指数、病害严重程度等。在临近作业时要建立监测点，定期定点观察病虫发展情况，以便最后确定防治作业时机。

喷药期一般应选在害虫幼龄时期、活动盛期或病虫害发生初期。若害虫龄期过大，不仅抗药性增强，而且增加了用药浓度和单位面积的药量。当害虫已大部分老熟甚至结茧化蛹，药剂防治无效或效果很差时，应停止喷药。当有害生物天敌的寄生率达 50% 以上时，不能应用化学药剂进行防治。

（四）防治区的规划及作业设计

合理规划防治区，能达到提高防治效果、提高工作效率和降低防治费用的目的。林业部门应会同民航部门共同进行防治区的地形勘察，根据地形、地势、山脉走向、森林分布及单位面积喷洒量等特点，进行地面航线规划，包括飞行作业路线、起点和终点、航速、航高、是带状飞行作业还是环状飞行作业、是直线飞行作业还是曲线飞行作业等，并绘制简单的作业图。在作业图上应把作业区划（最好标出作业地块）、各防治区的方向、主要村庄、高压线、高大建筑物、忌避植物区，鱼塘、养蚕场、养蜂场、养鹿场等编成作业序号。作业前要认真研究，仔细规划作业区，采用经济合理的飞行路线。在确定作业区域和面积后，还要确定单架次作业距离和面积，飞行作业架次，飞行作业时间和飞行作业日程表。

（五）信号及通信

将各作业区或林班方位坐标数据输入飞机的 GPS 定位仪，以便精确飞行和精确作业。要建立机场与作业区的通信联系，以便飞机作业时及时传送作业指挥信息，通报不正常情况或作业安排，使飞机和地面有效配合，保证作业质量，协助技术人员输入作业区数据。

（六）药剂配制和装载

飞机作业任务确定后，要按防治面积准备足够的防治用药，并于作业前运达机场。配制的药剂一定要在事前经过分析鉴定，要求含量准确、质量好。为了避免害虫产生抗药性，保护天敌和提高防治效果，可以考虑几种药剂的混用，以及在施药的时间上，考虑化学防治和生物防治相结合。一般每架飞机加药人数的要求：喷粉作业需要 15 人左右，喷雾作业需要 8 人左右。喷粉的加药设备应有加药梯、药筛、磅秤、手推车、装药袋等；喷雾的加药设备有 5 马力（3.677kW）左右的电动机或柴油机、小型拖拉机、1.5～3 寸的水泵、30～40m 水管、水箱、大缸、过滤细砂和搅拌工具等。如有条件，也可利用消防车或水车加药或运水。在林业技术人员指导下进行药液配制作业。

（七）视察飞行和试喷工作

飞机正式作业前，一般进行视察飞行和试喷工作。视察飞行时，林业部门要配备 1～2 名熟悉作业区地形的人员作向导，负责介绍防治区位置、面积、方向、障碍物情况及忌药地区位置。作业前试喷 1～2 次，以保证准确的喷洒量。飞机喷洒液态农药时，喷药量按每公顷喷药重量可分为常量、低量和超低量 3 个等级。喷药量大于 75kg/hm² 为常量，5.25～75kg/hm² 为低量，小于 5.25kg/hm² 为超低量。如果试喷后，发现喷洒量与规定不符，应与民航专业队机务人员商议，对喷药装置加以调节。

试喷后，喷洒（撒）的时间、长度、面积，可按下列公式进行计算：

$$每秒喷药面积（亩）= \frac{航速（m/s）\times 喷幅宽度（m）}{666.7}$$

$$每架次喷药时间（s）= \frac{每架次载药量（kg）}{每亩喷药量（kg）}$$

$$每架次喷药时间（s）= \frac{每架次喷药面积（亩）}{每秒喷药面积（亩）}$$

$$或 = \frac{每架次载药量（kg）}{每亩喷药量（kg）\times 每秒喷药面积（亩）}$$

$$喷药长度（km）= \frac{每架次喷药面积（亩）\times 666.7}{喷幅宽度（m）\times 1000}$$

（八）防护工作宣传教育

飞机大面积喷洒作业时，涉及范围较广，防止人畜中毒问题更应引起注意。准备喷药的地区，应向当地群众做好宣传和防毒工作，通知附近居民事先做好防毒准备，喷药后一定时间内要停止放牧和挖野菜等活动，对需要保护的地区应树立明显的禁喷标志。

对地勤人员，特别是加药配药员、信号员等要加强安全思想教育，在工作时一定要戴手套、护目镜、口罩等保护用具。工作完成后要用肥皂清洗手、脸，漱口并换衣等，严防中毒事故发生。

（九）测定飞机喷洒药剂的质量

飞机喷洒药剂质量的好坏，直接影响灭虫、杀菌的效果。喷洒质量受作业时气象因子、作业地形、飞行高度等条件的影响，一般用药物沉降量、雾滴（粉粒）分布的均匀度、覆盖度和细小度来说明，具体测定的指标包括喷幅宽度、药剂分布密度和均匀度、地面受药量、药剂的覆盖度和细小度等。现场测定喷幅宽度的方法如下。

以 A4 纸为雾滴沉积靶标的采样片。在靠近作业区中间与飞机作业飞行方向垂直的地段上，以行距和间距均为 1m 的规格布设按方位编号的采样片，形成长 50m、宽 80m 的采样区。喷雾作业后，按方位收集采样片，统计各个方位采样片的雾滴沉积密度。一般 20 个/cm^2 以上者（静风喷雾为 5 个/cm^2）均为有效沉积，其样片所在位置即为有效沉积范围。根据垂直于飞行方向的横向范围的各个有效沉积样片的方位计算有效喷幅的宽度。

（十）防治效果调查与总结

在飞机喷药后，必须进行防治效果的调查。根据地形、林木种类、病虫种类等，采取重点调查或普遍调查，或两种方法相结合进行防治效果调查。

1. 杀虫效果调查

杀虫效果调查的方法很多，如标准树调查法、标准枝调查法、套笼法、虫粪统计法等，这里主要介绍标准树调查法。在标准地中与飞行方向相垂直的直线上，选择两组标准树，组间相距 50～100m，每组选择标准树 8～10 株，每株相距 5～10m，喷药前检查树冠虫口、虫龄，喷药后 8h、24h、48h 定期检查各龄死虫数。检查时间一般连续 3d 以上（生物制剂在 10d 以上），必要时可以延长。对于高大的树木，事前检查树冠上的虫数有困难，可以在喷药后，逐日统计地面的死虫数，直至不再发现死虫时为止。再将标准树上的残留活虫，全部振落于地上，计算防治效果，并选择与喷药条件相似的小区作对照区，校正防治效果。

2. 杀菌效果调查

杀菌剂的药效检查比较困难，因为病菌的体形极小，肉眼不可见，需要用显微镜检查。一般根据发病情况，统计每一个处理的平均发病率，和对照区的平均发病率作对比。经过效果调查，发现飞机漏喷或效果较差的地区，应根据不同情况，采取飞机补喷或地面人工补治，以确保防治的效果和质量。防治作业结束后，调查结果要及时汇总分析，撰写防治作业工作总结。

（十一）飞机防治注意事项

（1）飞机起降场应做好安全警戒，禁止无关人员进入机场或者靠近油库、药库等地，非执行飞行任务人员不得靠近飞机或乘坐飞机。飞机、燃油、药剂、工具等应由专人看管。

（2）飞机作业时要保证药剂、水车、工作人员、安全防护装备、应急药品及时到位，并做好药剂药械库出入库管理，储备必要的应急物资。

（3）如果飞机防治施药区域涉及对药剂特别敏感的生物，划定的作业避让区域的避让距离应大于 5000m。

（4）飞行作业结束后，应选择专门地点对飞机及配药、混药、施药部件进行清洗，对盛药容器应统一回收、定点处置，严防药害事件的发生。

（5）为了更好地监控飞机防治质量，建议加装符合相关规定要求的施药质量监控信息系统，实时监控飞行速度、飞行高度、飞行轨迹、施药轨迹、瞬时施药量等飞机作业位置和作业状态参数，并统计飞行架次、施药量、作业时间、作业面积等数据，以及自动生成、保存、回溯等作业数据。

※　实训成果

每人提交一份参观或学习飞机防治森林病虫害作业的心得体会。

◇◇◇ 自 测 练 习 ◇◇◇

1．填空题

（1）目前林业生产常用于飞机防治的机型有＿＿＿＿、＿＿＿＿、＿＿＿＿等。

（2）飞机防治喷雾时，要求的最大风速以不超过＿＿＿＿为宜。

（3）飞机防治最适宜的温度为＿＿＿＿。

（4）适用于飞机喷洒的农药剂型有＿＿＿＿、＿＿＿＿和＿＿＿＿、＿＿＿＿、＿＿＿＿、＿＿＿＿、＿＿＿＿和＿＿＿＿等。

2．简答题

（1）简述飞机防治的特点。

（2）简述飞机防治的注意事项。

项目 3　森林病虫害调查与监测预报

知识目标

* 具备森林病虫害调查的基本知识。
* 具备森林病虫害监测预报的基本知识。
* 具备林业病虫标本采集、制作与保存的基本知识。

能力目标

* 能进行森林病虫害一般性调查，会撰写调查报告。
* 能根据有效积温法和物候法对害虫发生期进行预测。
* 会采集、制作和保存林业病虫标本。

素质目标

* 培养学生认真工作和实事求是的工作态度。
* 培养学生在外业调查中勇挑重担和吃苦耐劳的精神。
* 培养学生运用辩证方法分析和解决问题的能力。

任务 3.1　森林病虫害一般性调查

森林病虫害的发生发展具有一定规律性，认识和掌握其规律，就能够根据目前的森林病虫害发生变动情况推测未来的发展趋势，及时有效地控制其发生。要获取森林病虫害的种类、种群数量、发生规律、危害程度、灾害损失等基本信息，必须通过调查才能实现。因此，森林病虫害调查是开展预测预报和防治工作的基础。

相关知识

3.1.1　一般性调查的类型

森林病虫害调查一般可分为普查、专题调查、监测调查 3 种。普查是指在较大范围内（全国或全省）进行森林病虫害发生、分布、危害情况的全面调查，目的是掌握森林病虫害本底资料，建立基础数据库，调查时间跨度大，通常可结合森林资源调查同时进行。专题调查是针对某一地区某一种森林病虫害进行的专门调查。监测调查是最基本的日常性调查，目的是全面掌握森林病虫害发生危害的实时情况，为预测未来发生发展动态提供基础数据。根据调查内容和目的，监测调查又可分为一般性调查和系统调查。一般性调查又称面上调查，每年调查 1～3 次，由村护林员、乡镇林业技术推广站技术人员或县（区）森林病虫害防治机构的技术人员实施，采取线路踏查或线路踏查与设置临时标准地相结合的方法，对森林病虫害的主要种类、发生危害程度、发生面积等情况进行直观调查。系统调查又称点上调查，由专职测报员实施，在测报对象发生的林分内，采取设置固定标准地观测测报对象生活史的方法，调查测报对象各虫态的发生期、发生量、各个发育阶段的存活率、增殖率和危害程度等。

3.1.2　一般性调查的工作流程与内容

开展森林病虫害一般性调查的工作流程为确定调查对象→制定调查工作历→编制调查统计用表→准备调查用品及材料→制定调查管理制度→落实调查人员→布置调查任务→培训调查人员→现场调查作业→调查质量跟踪检查→调查资料收集审核→调查资料统计分析→调查结果上报。以下对主要流程进行重点介绍。

1. 确定调查对象

调查对象根据当地森林病虫害的发生规律，由防治机构根据国家有关规定和当地防治检疫工作需要按森林类型来确定。一般分为重点调查对象和一般监测对象两类，前者是指大发生频率高，种群密度水平波动幅度不大，始终为林内主要优势种群的有害生物类群，是防治工作中的主要控制对象，一般都被列为区域性的测报对象；后者是指种群密度水平波动幅度极大，大发生频率低，一旦爆发，则危害十分严重，或是长期处于低密度水平的有害生物类群。

2. 制定调查工作历

调查对象确定后，由于不同种类的生活习性、发生规律、调查时期多有不同，因此要编制调查工作历。调查工作历的具体内容要因调查对象的不同而变动，其基本内容有调查起止时间、调查种类及发育阶段、调查的项目、调查准备工作、调查负责人和调查员、调查单位和地点、调查要求和结果等。

3. 编制调查统计用表

各种调查记录表、统计表和汇总表是野外调查结果的载体，森林病虫害防治机构都应统一编制规范性表格供调查使用。

其中，野外调查原始记录表主要是为调查员野外调查作记录而设计的。设计原则是项目具体明确、简便易记，便于携带和保存。一般包括调查地点、时间、所调查病虫发育阶段、调查株号或标准枝号、调查单元的森林病虫害数量，以及所代表的林地面积等。调查记录格式一经确定，一般不能轻易变动内容和项目，以免破坏调查资料的连续性。

调查统计汇总表是为综合统计汇总各调查员的野外调查记录而设计的，通过统计汇总表可以看出各种森林病虫害在各虫情调查责任区（林场、乡、镇、苗圃）的发生情况（表 3-1）。这类表供森保员使用，由森保员在每个病虫鼠害调查期结束后，及时将本调查期内所有调查员的野外调查记录表按病虫种类和地块进行分类统计汇总。

表 3-1   月份森林病虫害调查统计表

单位名称：

森林病虫害名称及发育阶段	应调查林分的林班号或地点	实际调查林分的林班号或地点	规定调查的标准地数	标准地编号	代表面积/hm²	平均虫口密度（病情指数）	原始记录编号	备注

统计时间：   年   月   日   统计人：

4. 制定调查管理制度

森林病虫害防治管理机构要对参加调查的森保员、调查员制定严格的管理制度，以保证调查工作能在统一的组织指挥下有秩序地进行。一般的制度有虫情调查领导责任制、森保员岗位责任制、调查员区域负责制、调查员管理制度、定期调查报告制度等。

5. 调查质量跟踪检查

对于调查的质量，可通过现场检查和资料审核的方法进行检查，其检查内容包括如下几方面。

（1）标准性检查。检查调查工作是否按规定要求开展，是否采用了规定的调查方法，每项调查资料是否符合规定的要求，是否按规定要求收集。对于统计、汇总资料，要检查所使用的计算方法、统计指标是否统一等。

（2）真实性检查。检查调查数据资料是否符合森林病虫害的发生发展规律，是否真正按规定在林地内经实地调查而来，其原始调查记录的科学性和真实性如何。一旦发现疑问，就要进行复查，对不真实部分进行处理。

（3）准确性检查。要对调查资料进行可靠性分析，尤其要检查资料有无不合理或矛盾之处，检查的重点是调查标准地的位置、取样方法、取样时间、调查取样的数量等是否符合规定或符合当地客观情况等。

（4）全面性检查。检查某一规定的调查时期和调查范围内，规定调查的病虫鼠种类在某一区域内有无遗漏，资料是否齐全，规定的调查项目有无空白或谬误之处。

6. 调查结果上报

在对野外调查记录和统计汇总表数据进行整理分析后，要按森林病虫害灾情应急管理办法的要求，以及森林病虫害发生面积统计指标和灾情分级标准进行检验后上报给有关部门。其主要内容有森林病虫害发生种类和发育阶段、发生面积（含轻、中、重灾面积）、发生地点、林分受害现状或预测受害程度、防治意见等。

3.1.3　森林病虫害调查的方法

1. 踏查

线路踏查时可沿林间小道、林班线或自选路线进行，要穿过主要森林类型和有害生物可能发生的林分。踏查路线之间的距离一般为 250～1000m。采用目测法（必要时辅以望远镜观察）认真观察踏查路线两边视野范围内主要树种的病虫害发生与分布情况，估测发生面积，同时进行病虫害标本的采集。按照有害生物种类分别记载受害株数和受害程度，还要记载踏查表中规定的林分因子状况，以及调查时发现的其他有害生物及其危害情况。记录表格式见表 3-2 和表 3-3。

表 3-2　踏查林分记录表

编号	地点名称	踏查林地面积/hm^2	森林类型及树种组成	林龄/年	有害生物种类	分布面积/hm^2	备注

填报日期：＿＿＿年＿＿＿月＿＿＿日　　　　　　　　　　　　调查员：＿＿＿＿＿＿＿

表 3-3　线路踏查株记录表

踏查编号＿＿＿＿＿＿　　　　　　踏查林分面积（hm^2）＿＿＿＿＿＿
森林类型及树种组成＿＿＿＿＿＿＿＿＿　　林龄（年）＿＿＿＿＿　　调查有害生物名称＿＿＿＿＿＿＿＿＿
调查时发现其他有害生物名称及其危害情况简述＿＿＿＿＿＿＿＿＿＿＿＿＿＿＿＿＿＿＿＿＿

调查情况记载（有害生物危害画 "√"）									
1	2	3	4	5	6	7	8	9	10
11	12	13	14	15	16	17	18	19	20
21	22	23	24	25	26	27	28	29	30
31	32	33	34	35	36	37	38	39	40
41	42	43	44	45	46	47	48	49	50
51	52	53	54	55	56	57	58	59	60
61	62	63	64	65	66	67	68	69	70
71	72	73	74	75	76	77	78	79	80
81	82	83	84	85	86	87	88	89	90
91	92	93	94	95	96	97	98	99	100
调查株数			受害株数			受害率/%			

调查时间：＿＿＿年＿＿＿月＿＿＿日　　　　　　　　　调查人：＿＿＿＿＿＿＿

调查时的病虫害分布状态描述：受害 1～2 株的为单株分布，受害 10 株至 1/4hm^2 的为块状分布块，受害 1/4～1/2hm^2 的为片状分布，受害 1/2hm^2 以上的为大片分布。

对于调查对象的危害程度划分，按照《林业有害生物发生及成灾标准》（LY/T 1681—2006）执行。

森林病虫害的危害程度常分为轻微、中等、严重三级，分别用 "+""++""+++"

符号表示。对于叶部病虫害，树叶被害率 1/3 以下为轻微，树叶被害率 1/3～2/3 为中等，树叶被害率 2/3 以上为严重；对于枝干和根部病虫害，受害率 10% 以下为轻微，受害率 11%～20% 为中等，受害率 21% 以上为严重；对于种实病虫害，种实被害率 10% 以下为轻微，种实被害率 11%～20% 为中等，种实被害率 21% 以上为严重。

2. 标准地调查

在踏查的基础上，对危害较重的病虫种类设立临时标准地进行调查，以便准确统计调查对象的发生数量、危害程度等。根据所确定的调查对象种类及分布特性，可在五点式、对角线式、棋盘式、Z 字形、平行线式等取样方式中选取合适的方式选取标准地，每个标准地面积不少于 $0.05hm^2$，标准地总面积应控制在调查总面积的 0.1%～0.5%。用测绳量取每个标准地的边长，并对每个标准地进行编号。根据所确定调查对象的分布和危害特性，选择样株法、样枝法、样方法，并选择相应的病虫种类、害虫虫态、害虫数量、被害梢数、受害株数、发病株数、发病程度、失叶程度等调查项目。每个标准地都要按调查表要求调查标准地内的林分因子，并做好记录。

1）虫害标准地调查

在标准地选取一定数量的样株、样枝或样方，逐一调查其虫口数，最后统计虫口密度和有虫株率。虫口密度是指单位面积或每株树上害虫的平均数量，用以表示害虫发生的严重程度；有虫株率是指有虫株数占调查总株数的百分数，用以表示害虫在林内分布的均匀程度。

$$单位面积虫口密度 = \frac{调查总活虫数}{调查面积}$$

$$每株（或种实）虫口密度 = \frac{调查总活虫数}{调查总株（或种实）数}$$

$$有虫株率 = \frac{有虫株数}{调查总株数} \times 100\%$$

虫害标准地调查通用表格见表 3-4 和表 3-5。

表 3-4　森林害虫标准地调查记录表

调查林分编号＿＿＿＿＿＿　　　林班小班名称＿＿＿＿＿＿　　森林害虫名称及虫态＿＿＿＿＿＿

调查小班面积（hm^2）＿＿＿＿　林龄（年）＿＿＿＿＿＿　　森林类型及树种组成＿＿＿＿＿＿

踏查所报有虫株率（%）＿＿＿＿＿

是否有其他有害生物同时发生及记述＿＿＿＿＿＿＿＿＿

标准株号	害虫数量	标准株号	害虫数量	标准株号	害虫数量	标准株号	害虫数量
1		4		7		10	
2		5		8		11	
3		6		9		12	
调查株数		有虫株数		有虫株率 /%		有虫总数		平均虫口密度	

调查时间：＿＿＿年＿＿＿月＿＿＿日　　　　　　　　调查人：＿＿＿＿＿＿

表 3-5　森林害虫标准地样枝（样方）调查记录表

调查林分编号_____　　　林班小班名称_____　　森林害虫名称及虫态_____

调查小班面积（hm²）_____　林龄（年）_____　　森林类型及树种组成_____

踏查所报有虫株率（%）_____

是否有其他有害生物同时发生及记述_____

样株号	取样部位	样枝长度（样方面积、调查梢数）	害虫数量（被害梢数）	样株号	取样部位	样枝长度（样方面积、调查梢数）	害虫数量（被害梢数）
1				3			
2				4			
样枝总长度（样方总面积、调查总梢数）			害虫数量（被害梢数）合计			平均虫口密度（梢被害率）	

调查时间：____年__月__日　　　　　　　　调查人：_____

（1）食叶害虫调查。在标准地内可逐株调查，或采用对角线法、隔行法，选出样树 10～20 株进行调查。若样株矮小（一般不超过 2m）可全株统计害虫数量；若树木高大，不便于统计时，可分别于树冠上、中、下部及不同方位取样枝进行调查。落叶和表土层中的越冬幼虫和蛹、茧的虫口密度调查，可在样树下树冠较发达的一面树冠投影范围内设置 0.5m×2m 的样方（0.5m 一边靠树干），统计 20cm 土壤深度内主要害虫的虫口密度。

对于危害较重的食叶害虫种类，要调查失叶率以确定成灾情况。受害等级见表 3-6。

失叶率＝单株树冠上损失的叶量/单株树冠上的全部叶量×100%

表 3-6　叶部森林害虫成灾情况标准地调查记录表

调查林分编号_____　　　林班小班名称_____　　森林害虫名称_____

调查小班面积（hm²）_____　林龄_____　　　　森林类型及树种组成_____

踏查所报受害率（%）_____

是否有其他有害生物同时发生及记述_____

年度内是否采取了防治措施及记述_____

受害等级	代表数值	记载（画"正"字）	小计
Ⅰ	0		
Ⅱ	1		
Ⅲ	2		
Ⅳ	3		
Ⅴ	4		
调查株数		受害株数	受害率/%	平均失叶率/%

（2）蛀干害虫调查。在发生蛀干害虫的林分中，选有树 100 株以上的标准地，统计有虫株数，调查有害生物种类及虫态。如有必要可从有虫树中选 3～5 株，伐倒并测量其树高、胸径，从干基至树梢剥一条 10cm 宽的树皮，分别记载各部位出现的害虫种类。

虫口密度的统计，则在树干南北方向及上、中、下部、害虫居住部位的中央截取 20cm×50cm 的样方，查明害虫种类、数量、虫态，统计每平方米和单株虫口密度。

（3）枝梢害虫调查。对危害幼嫩枝梢害虫的调查，可选有 100 株以上的标准地，逐株统计有虫株数。再从被害株中选出 5～10 株，查清虫种、虫口数、虫态和危害情况。对于虫体小、数量多、定居在嫩梢上的害虫（如蚜、蚧等），可在标准木的上、中、下部各选取样枝，截取 10cm 长的样枝段，查清虫口密度，最后求出平均每 10cm 长的样枝段的虫口密度。

（4）种实害虫调查。包括虫果率调查和虫口密度调查。调查虫果率可在收获前进行，抽查样株 5～10 株，检查树上种实（按上梢、内膛、外围及下垂枝不同部位，各抽查 50～100 个），分别记载其健康、有虫种实及不同虫种危害的种实数，然后计算总虫果率及不同虫种危害的虫果率。虫口密度调查与虫果调查同时进行。在虫果率调查的样株上，按不同部位各抽查有虫种实 20～40 个，分别记载种实上不同虫种危害的虫孔数，计算出每个种实的平均虫孔数。

（5）地下害虫调查。对于苗圃或造林地的地下害虫调查，调查时间应选在春末至秋初，地下害虫多在浅层土壤活动时期为宜。抽样方式采用对角线式或棋盘式。样坑大小为 0.5m×0.5m 或 1m×1m。按 0～5cm、5～15cm、15～30cm、30～45cm、45～60cm 等不同层次分别进行调查记载。

2）病害标准地调查

在踏查的基础上设置标准地，调查林木病害的发病率和病情指数。发病率是指感病株数占调查总株数的百分比，表明病害发生的普遍性。

$$发病率 = \frac{感病株数}{调查总株数} \times 100\%$$

病情指数又称感病指数，取值为 0～100，既表明病害发生的普遍性，又表明病害发生的严重性。测定方法：先将标准地内的植株按病情分为健康、轻、中、重、枯死等若干等级，并以数值 0、1、2、3、4 代表，统计出各级株数后，按下列公式计算：

$$病情指数 = \frac{\sum(病情等级代表值 \times 该等级株数) \times 100}{各级株数总和 \times 最重一级的代表值}$$

调查时，可从现场采集标本，按病情轻重排序，划分等级。重要病害分级标准在相关技术规程中都有规定，没有规定的可比照同类确定或依据常规分法确定（表 3-7、表 3-8），并填写森林病害标准地调查表（表 3-9）。

表 3-7 枝、叶、果病害分级标准

级别	代表值	分级标准
1	0	健康
2	1	1/4 以下枝、叶、果感病
3	2	1/4～2/4 枝、叶、果感病
4	3	2/4～3/4 枝、叶、果感病
5	4	3/4 以上枝、叶、果感病

表 3-8 干部病害分级标准

级别	代表值	分级标准
1	0	健康
2	1	病斑的横向长度占树干周长的 1/5 以下
3	2	病斑的横向长度占树干周长的 1/5～3/5
4	3	病斑的横向长度占树干周长的 3/5 以上
5	4	全部感病或死亡

表 3-9 森林病害标准地调查表

调查林分编号_____ 林班小班名称_____ 森林病害名称_____
调查小班面积（hm²）_____ 林龄（年）_____ 森林类型及树种组成_____
踏查所报发病率（%）_____
是否有其他有害生物同时发生及记述_____
年度内是否采取了防治措施及记述_____

病害等级	代表数值	记载（画"正"字）	小计
I	0		
II	1		
III	2		
IV	3		
V	4		
调查株数		发病株数	发病率/%	病情指数

调查时间：____年___月___日 调查人：_____

（1）叶部病害调查。按照病害的分布和被害情况，在标准地中选取 5～10 株样株，每株调查 100～200 个叶片。被调查的叶片应从不同的部位来选取。统计发病叶片数，计算发病率和病情指数。

（2）枝干病害调查。在发生枝干病害的标准地中，选取不少于 100 株的样株，统计发病株数和发病程度，统计发病率，计算病情指数。

（3）苗木病害调查。在苗床上设置大小为 $1m^2$ 的样方，样方数量以不少于被害面积的 0.3%为宜。在样方上对苗木进行全部统计，或对角线取样统计，分别记录健康、感病、枯死苗木的数量。同时，记录圃地的各项因子，如创建年份、位置、土壤、杂草种类及卫生状况等，并计算发病率，记录在苗木病害调查表中（表 3-10）。

表 3-10 苗木病害调查表

调查日期	调查地点	样方号	树种	病害名称	苗木状况和数量				发病率	死亡率	备注
					健康	感病	枯死	合计			

调查时间：____年___月___日 调查人：_____

实训十　林木病虫标本采集与制作

※　实训目标

通过本实训，学生能够掌握林木病虫标本采集、制作与保存技术。

※　实训条件

具备可供 40 人操作的实训室或校内实训基地，配备多媒体设备。

材料用具：标本盒、昆虫针、展翅板、大头针、剪枝剪、镊子、毒瓶、指形管、剪刀、废硫酸纸、三级台、三角台纸、还软器、粘虫胶、吸水纸、标本夹、载玻片、盖玻片等材料用具及相关试剂。

※　实训模式

采用现场教学方式，学生分组操作，在教师指导下完成病虫标本的采集、制作与保存任务。

※　实训内容

方法提示：无论用哪种方法采集的病虫标本，都必须填写"采集记载本"，并按采集顺序编号，在标本上挂上有相应的编号的小标签。

采集记载本记载内容：采集号、日期、采集地点、寄主、危害部位、被害状、病虫名称、病虫学名、病虫特点、采地环境、海拔、受害率、严重度、采集者等。

一、昆虫标本采集制作与保存

（一）昆虫标本的采集

1）采集用具的识别与制作

（1）捕虫网。用来采集善于飞翔和跳跃的昆虫，如蛾、蝶、蜂、蟋蟀等。由网框、网袋和网柄三部分组成。

（2）吸虫管。用来采集蚜虫、红蜘蛛、蓟马等微小的昆虫（图 3-1）。

（3）毒瓶。专门用来毒杀成虫。一般用封盖严密的磨口广口瓶做成。最下层放氰化钾（KCN）或氰化钠（NaCN），压实；上铺一层锯末，压实，每层厚 5～10mm，最上面再加一层较薄的煅石膏粉，上铺一张吸水滤纸，压平实后，用毛笔蘸水均匀地涂布，使之固定（图 3-2）。

毒瓶要注意清洁、防潮，瓶内吸水纸应经常更换，并塞紧瓶塞，避免对人的毒害，以延长毒瓶使用时间。毒瓶要妥善保存，破裂后应立即掘坑深埋。

图3-1　吸虫管

1. 石膏；2. 木屑；3. KCN。

图3-2　毒瓶

（4）采集箱。防压的标本和需要及时插针的标本，以及用三角纸包装的标本，需要放在木制的采集箱内。

（5）采集袋。用来盛装玻璃用具（毒瓶、指形管、吸虫管等）、工具（放大镜、修枝剪、镊子等）、记载本及采集箱（盒）等的多用途工具袋。

（6）活虫采集盒。用来采装活虫。铁皮盒上装有透气金属纱和活动的盖孔。

（7）指形管。一般使用的是平底指形管，用来保存幼虫或小成虫。

（8）三角纸包。用于临时保存蛾蝶类等昆虫的成虫。用坚韧的白色光面纸裁成 3∶2 的长方形纸片，如图 3-3 所示折叠。

此外，还需要配备诱虫灯、放大镜、修枝剪、镊子、记录本等用具。

图3-3　三角纸包

2）采集时间和地点的确定

（1）采集时间。因昆虫的种类和习性不同，采集时间也不相同。一般来说，一年四季都可采集，尤其在南方地区有些昆虫没有明显的越冬迹象，但每年晚春到秋末时昆虫活动频繁，是采集的有利时期。日出性昆虫一般在白天采集，夜出性昆虫在黄昏和夜间采集。具体对于某一种昆虫的采集，可根据它们的发生时期，适时采集。

（2）采集地点。应根据采集目标及其栖息环境来选定。一般植物种类丰富的地方，昆虫种类也丰富。

3）采集方法

（1）网捕法。对于飞行速度快的昆虫，可用捕虫网捕捉，并立即挥动网柄，将网袋下部连虫一并甩到网圈上来。若捕到的是大型蝶蛾，可隔网捏住其胸部，使之失去活动能力，然后投入毒瓶；若捕到的是有毒的或带刺的蜂类，可将带虫的1段网袋捏住一齐塞入毒瓶中，毒死后再从网内取出。

（2）观察搜索法。在昆虫的栖息场所寻找昆虫，如地下害虫生活在土壤中，枝干害虫钻蛀在枝干中，叶部害虫生活在枝叶上，不少昆虫在枯枝落叶层、土石缝、树洞等处越冬，只要仔细观察、搜寻，就可采获多种昆虫。

根据植物被害状来寻找昆虫，如被害状新鲜，害虫可能还未远离；如叶子发黄或有黄斑，可能找到红蜘蛛、叶蝉、蝽象等刺吸式口器的害虫；如树木生长衰弱，树干下有新鲜虫粪或木屑，可能找到食叶和蛀干害虫。

（3）诱杀法。对于蛾类、蝼蛄、金龟子等有趋光性的昆虫，可在晚间用灯光诱集；夜蛾类、蝇类等有趋化性的昆虫，可用糖醋液及其他代用品诱集；此外，还可以利用昆虫的特殊生活习性，设置诱集场所，如树干绑草能捕到多种害虫。

（4）击落法。对于高大树木上的昆虫，可用振落的方法进行捕捉。有假死性的昆虫，振动树干后就会坠地；有拟态的昆虫，经振动就会起飞而暴露，都可捕到昆虫。

（二）昆虫干制标本的制作

1）制作用具识别

（1）昆虫针，即不锈钢针。由于虫体大小不一，昆虫针的粗细也不同。型号分为00、0、1、2、3、4、5、6、7等号，号越大针越粗，其中以3号应用较多。

（2）三级台。用来矫正昆虫针上的昆虫和标签的位置。由一整块木板制成，一般板宽20mm，长60mm，高度分为3级，第1级高8mm，第2级高16mm，第3级高24mm。在每1级的中央有1个和5号昆虫针粗细相等、上下贯通的孔穴。使用时将插好针的标本倒置，把针头插入第1级孔中，这样使虫体与针头的距离保持8mm，然后插入标签将针头插入第2级孔中，使标签下方的高度等于第2级的高度。使用三级台可以使昆虫标本与标签在昆虫针上的高度一致，美观整齐（图3-4）。

图3-4　三级台（图中单位为 mm）

（3）展翅板。由软木、泡沫塑料等制成，用来展开蛾、蝶等昆虫的翅。多由较软的木料制成，板中有一槽沟，中央铺一层软木或泡沫塑料。沟旁的两块板是活动的，可调节中间的距离，以适应不同大小昆虫展翅的需要（图 3-5）。

1. 未放标本；2. 已放标本。

图3-5　展翅板

（4）整姿台。多采用软木板或泡沫塑料板，用来将不需要展翅的昆虫整理成自然状态。

（5）还软器。用来软化已干燥的昆虫标本的玻璃器皿。容器底部放置加有少量碳酸的湿沙或稀硫酸溶液，将昆虫标本放置于瓷隔板上，待标本充分软化后，即可取出整姿展翅。

此外，还有幼虫吹胀干燥器、三角台纸、粘虫胶等用具。

2）昆虫针插标本制作

除幼虫、蛹和小型个体外，一般都可制成针插标本，装盒保存。

第一步：正确选针。依标本的大小选用适当的昆虫针。

第二步：确定正确的针插位置，以免破坏虫体的鉴定特征（图 3-6）。

第三步：调整高度。插针后，用三级台调整虫体在针上的高度，其上部的留针长度是 8mm。

第四步：上标签。将采集时间、地点、采集者和昆虫的定名分别写在两个标签上，插在距标本下方 8mm 和 16mm 处。

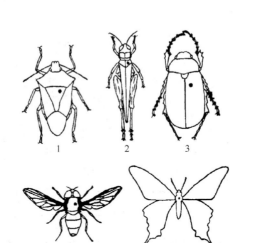

1. 半翅目；2. 直翅目；3. 鞘翅目；4. 双翅目；5. 鳞翅目。

图3-6　各种昆虫的插针部位

3）昆虫展翅标本制作

蛾、蝶等昆虫，针插后还需要展翅。

第一步：将虫体插放在展翅板的槽内，虫体的背面与展翅板两侧面平行。

第二步：左、右同时拉动1对前翅，使1对前翅的后缘同在1条直线上，用昆虫针固定，再拨动后翅，将前翅的后缘压住后翅的前缘，左右对称，充分展平。然后用光滑的纸条压住，以昆虫针固定。5～7d后即干燥、定形，可以取下。

第三步：甲虫、蝗虫、蟓象等昆虫，插针后需要进行整姿，使前足向前、中足向两侧、后足向后；触角短的伸向前方，长的伸向背两侧，使之保持自然姿态，整好后用昆虫针固定，待干燥后即定形。

（三）昆虫标本的保存

1）标本的临时保存

未经制作的标本，可临时保存，主要有以下两种方法。

（1）三角纸中保存。要保持干燥，避免冲击和挤压，可放在三角纸包存放箱内，注意防虫、防鼠、防霉。

（2）浸渍液中保存。装有浸渍液的标本瓶、小试管、器皿等封盖要严密，如发现液体颜色有改变要更换新液。

临时保存的、未经制作和未经鉴定的标本，应有临时采集标签。标签上写明采集的时间、地点、寄主和采集者。

2）标本的长期保存

已制成的标本，可长期保存。保存用具要求规格整齐统一。

（1）标本盒。针插标本，必须插在有盖的标本盒内（图 3-7）。标本在标本盒中可按分类系统或寄主植物排列整齐。盒子的四角用大头针固定樟脑球纸包或对二氯苯预防标本虫。

图3-7　昆虫标本盒

　　制作后的标本应带有采集标签，如属针插标本，应将采集标签插在第 2 级的高度。经过有关专家正式鉴定的标本，应在该标本之下附种名鉴定标签，插在昆虫针的下部。

　　（2）标本柜。用来存放标本盒和浸渍标本，防止灰尘、日晒、虫蛀和菌类的侵害，放在标本柜的标本，每年要全面检查 2 次，并用敌敌畏在柜内和室内喷洒或用熏蒸剂熏蒸。若发现标本发霉，应在柜中添加吸湿剂，并用二甲苯杀死霉菌。

　　浸渍标本最好按分类系统放置，长期保存的浸渍标本，应在浸渍液表面加 1 层液体石蜡，防止浸渍液挥发。浸渍标本的临时标签，一般是在白色纸条上用铅笔注明时间、地点、寄主和采集者，并将标签直接浸入临时保存液中。

二、林木病害标本的采集制作与保存

　　（一）病害标本的采集

　　1）采集用具识别

　　（1）标本夹。与植物标本采集夹类似，用来采集、翻晒、压制病害标本，由 2 块对称的木条栅状板和 1 条 6～7m 长的细绳组成。

　　（2）标本纸。一般用草纸、麻纸或旧报纸，用来吸收标本的水分。

　　（3）采集箱。与植物标本采集箱类似，用来临时收存新采的果实、子实体等柔软多汁的标本。采集箱由铁皮制成，扁圆筒形，箱门设在外侧，箱上设有背带。

　　（4）扩大镜、修枝剪、手锯、采集记载本、采集标签本等。

　　2）病害标本采集方法

　　采集时，要将有病部位连同一部分健康组织一起采下。要求如下：

　　（1）症状应具有典型性，有的病害还应有不同阶段的症状，才能正确诊断病害。

　　（2）真菌病害标本，应采有子实体的。如果没有子实体，便无法鉴定病原。

　　（3）每种标本上的病害种类应力求单纯，如果种类很多，会影响正确鉴定和使用。

　　（4）若不认识的寄主，应注意采上枝、叶、花、果实等部分，以便鉴定。

　　对于叶部病害标本，采集后要放在有吸水纸的标本夹内；对于干部病害，易腐烂的果实或木质、革质、肉质的子实体，采集后分别用纸包好，放在采集箱内，但不宜装得太多，以免污染或挤坏标本。

（二）病害标本的制作

1）干制标本的制作

叶、茎、果等水分不多、较小的标本，可在标本夹内分层的吸水纸中压制。在压制过程中，必须勤换纸、勤翻动，以防标本发霉变色，保证质量。通常前几天，每天换纸1～2次，此时由于标本变软，应注意整理使其美观又便于观察，以后每2～3天换1次纸，直到全干为止。

较大枝干和坚果类病害标本、高等担子菌的子实体，可直接晒干、烤干或风干。

肉质多水的病害标本，应迅速晒干、烤干或放在30～45℃的烘箱中烘干。

2）浸渍标本的制作

有些不适于干制的病害标本，如水果、伞菌子实体、幼苗和嫩枝叶等，为保存原有色泽、形状、症状等，用酪胶和消石灰各1份混合，加水调成糊状的封口胶封盖标本瓶，制成浸渍标本。常用的浸渍液有以下几种。

（1）一般浸渍液。只防腐而不保色。除用5%的甲醛水溶液和70%的乙醇2种浸渍液外，还可配制福尔马林1份，乙醇6份，水40份的浸渍液，放入标本，封口保存。

（2）绿色标本浸渍液。将乙酸铜慢慢加入盛有乙酸的玻璃容器中，使其溶解、达到饱和，然后取饱和液1份加水4份配成的溶液，加热煮沸后放入标本，并随时翻动，待标本的颜色由绿变黄，又由黄变绿，直到与标本原色相同时取出，放在清水中冲洗几次，最后放入5%的甲醛水溶液中，封口即可长期保存。

（3）黄色和橘红色标本浸渍液。用市售的亚硫酸（含SO_2为5%～6%的水溶液）配成4%～10%的稀溶液（含SO_2为0.2%～0.5%），放入标本，封口保存。

（4）红色标本浸渍液。将氯化锌200g溶于4000mL的水中，然后加福尔马林100mL和甘油100mL，取过滤后的浸渍液，放入标本，封口保存。

（三）病害标本的保存

1）浸渍标本的保存

将制好的浸渍标本瓶、缸等，贴好标签，直接放入专用标本柜内即可。

2）干制标本的保藏

干燥后的标本经制作后，连同采集记载一并放入牛皮纸中或标本盒内，贴上标签，然后分类存放于标本橱中。

3）玻片标本的保藏

将玻片标本排列于玻片标本盒内，然后将标本盒分类存放于标本柜中。

三、注意事项

体柔软或微小的成虫，除蛾蝶之外的成虫和螨类及昆虫的卵、幼虫和蛹，均可以用保存液浸泡在指形管、标本瓶中保存。保存液应具有杀死和防治腐烂的作用，并尽可能保持昆虫原有的体形和色泽。保存液加入量，以容器高的 2/3 为宜。昆虫放入量，以标本不露出液面为限。加盖封口，可长期保存。

常用保存液有以下几种。

（1）乙醇。常用浓度为 75%。小型或软体昆虫先用低浓度乙醇浸泡，再用 75%乙醇保存，虫体就不会立即变硬。若在乙醇中加入 0.5%~1%的甘油，能使体壁保持柔软状态。半个月后，应更换 1 次乙醇，以后保存液酌情更换 1~2 次，便可长期保存。

（2）福尔马林液。福尔马林（40%的甲醛水溶液）1 份，加水 17~19 份，保存大量标本时较经济，且保存昆虫的卵，效果较好。

（3）乙酸、福尔马林、乙醇混合液。乙酸 1 份、福尔马林 6 份、95%乙醇 15 份、蒸馏水 30 份混合而成。此种保存液保存的昆虫标本不收缩、不变黑，无沉淀。

（4）乳酸乙醇混合液。90%乙醇 1 份、70%乳酸 2 份配成，适用于保存蚜虫。有翅蚜可先用 90%的乙醇浸润，渗入杀死，1 周后再加入定量的乳酸。

※　实训成果

每人提交一份昆虫干制标本和一份林木病害标本。

◇◇ 自 测 练 习 ◇◇

1. 名词解释

虫口密度、发病率、病情指数。

2. 填空题

（1）采集昆虫标本的方法有_____、_____、_____、_____等。
（2）制作昆虫干制标本的主要用具有_____、_____、_____等。

3. 简答题

（1）简述昆虫针插标本的制作要点。
（2）简述昆虫展翅标本的制作要点。
（3）采集病害标本时应注意哪些问题？

任务 3.2　森林病虫害监测预报

森林病虫害监测预报是指对森林病虫害的发生危害情况进行全面监测、重点调查，并通过对采集数据的科学分析，判断其发生现状和发展趋势，做出短、中、长期预报，为科学防治提供决策依据的一项活动。它是森林病虫害防治工作的前提和基础，是森林病虫害防治人员必须具备的基本技能之一。

3.2.1　森林病虫害监测预报的概念、内容及形式

1）森林病虫害监测预报的概念

森林病虫害监测预报包括监测调查和预测预报两个方面。

（1）监测调查，是指最基本的日常性调查，其目的是全面掌握森林病虫害发生危害的实时情况，为分析预测发生发展动态提供基础数据。根据调查内容和目的，通常又分为一般性调查和系统调查，前者已在"任务 3.1"中阐述，在此不再赘述。后者又称点上调查，由专职测报员实施，在固定标准地内进行，标准地标准株的设置及调查时间、内容、方法等在测报对象的测报办法或技术规程中都有明确规定。系统调查的目的是通过对测报对象的生活史、发生期、发生量、危害程度等的观测，掌握测报对象种群发生规律，为预测预报服务。

（2）预测预报，是指根据森林病虫害的生态学特性、发生发展规律、近期监测调查采集的病虫情信息，并结合影响森林病虫种群数量变动的主要因子未来变化情况，采取多种比较、分析、选择的方法，对其未来发生动态作出科学准确的预测，并及时发布其发生动态及发生趋势预报，以便做好防治准备。

2）森林病虫害监测预报的内容

预报的内容包括：①发生期预报，即森林病虫害的各个危害阶段的始、盛、末期，以便确定防治的最适时期；②发生量预报，包括虫害的有虫株率、虫口密度，病害的病情指数、发病率，鼠害的被害株率、捕获率等，以便选择应急的防治措施；③发生范围预报，包括发生面积、发生地点，以便确定防治范围；④危害程度预报，即森林病虫害可能造成的枝梢、树干、树叶、根茎和果实的损失程度，以轻、中、重 3 级表示，以便根据森林生态效益、经济效益和社会效益进行权衡，确定防治方案。

3）森林病虫害监测预报的形式

发布预报的常用形式包括定期预报、警报和通报 3 种。

（1）定期预报，是指根据森林病虫害发生或流行的规律，定期发布的预报。根据预测的时效性，定期预报又可以分为短期预报、中期预报、长期预报和超长期预测 4 种。短期预报是根据害虫前一虫态预测后一虫态发生时期和数量，预测时间在 20d 以内。中期预报是根据害虫前一代预测后一代的发生时期和数量，预测时间在 20d 至 1 个季度。长期预报是指对 1 年或以上、多年 1 代的 1 个世代发生情况进行的预报，为制订全年防治计划提供依据，预测时间常在 1 个季度以上。超长期预报是根据某害虫的发生周期进行预测，预测时间为一年甚至多年，特别适合林业的病虫预测。

（2）警报，是指对短时间内发生面积可能在 $50hm^2$ 以上的暴发性病虫害，由县级林业行政主管部门发布的预警报告。

（3）通报，是指根据有关的调查数据，全面报道本地区森林病虫害发生发展及防治动态的报告。

3.2.2　森林病虫害监测预报的工作流程与内容

森林病虫害监测预报的工作流程归纳如下：确定监测调查对象→设置监测调查点→配备监测调查点的人员→配备监测调查点的仪器设备→选择调查林分→设置标准地→确定监测调查的内容与方法→日常现场监测调查→监测资料整理汇总→监测资料整理上报→监测资料处理分析→发生动态与趋势分析预测→撰写报告→报告发布→反馈与评估。

现就森林病虫害监测预报的主要工作内容进行简要介绍。

1. 确定监测调查对象

测报对象在其适生区域内的非发生区或低虫口分布区域（未达到发生面积统计标准的区域）调查时，一般与监测对象一样，采取一般性调查，即面上调查方法。在监测调查中发现种群数量呈上升趋势时，其调查方法应采取系统观测与调查的方法。监测调查对象应重点选择当地曾经大发生过，或目前在局部地块和周边地区正在发生而本地又是该种病虫鼠害适生区的种类。

2. 设置监测调查点

监测调查点是按照统一的规划，为准确掌握当地森林病虫鼠情发生发展规律而设立的具有调查林分、调查标准地、观测仪器设备和固定工作人员的劳动组织。在监测调查对象分布区内按不同自然条件和森林类型选定监测调查点的坐落位置。监测调查点的位置和所设立的监测调查林分在规范的区域内必须具有很强的代表性。监测调查点的多少和布局，应视当地林分状况和森林病虫害发生发展规律认识程度来确定。在设点初期，调查点数要多。经过监测调查工作一段时期后，随着监测调查任务的完成和对森林病虫鼠害发生发展规律的不断总结，监测调查内容会逐步减少。在所有监测调查项目均可用于开展准确科学的预测预报时，监测调查点的系统观测可转为一般性调查或根据需要进行调查。另外，在调查过程中若遇到意外情况，使监测调查无法进行，需由原设点单位决定变更或撤销地点。

监测调查点在管理上，一般采取分级管理的办法，即各级测报站点可根据测报工作开展的需要设立自己直接进行系统监测业务的监测调查点。直接按国家林业和草原局规定的调查内容和任务，为其提供观测资料的点为国家级点。以此类推。当监测调查点所监测调查的森林病虫害同时被作为两个或两个以上上级部门的监测对象时，可由上下级共同管理。

3. 配备监测调查点的人员

一般每个点要至少配备 2 名监测调查员，由其中一名负责或由林场的森保员负责。

监测调查人员的主要职责：①承担规定的野外监测调查任务；②负责整理与保存各类监测调查资料和档案；③如期上报各类调查资料；④如实反映调查中遇到的技术问题。

4. 配备监测调查点的仪器设备

监测调查点应有单独的工作室，并配备资料档案柜、标本柜和必要的采集、调查、饲养、观测等仪器和工具。

5. 选择调查林分与设置标准地

调查林分与标准地是监测调查员按规定进行野外监测调查的具体地点，也是森林病虫害发生情况预测资料的信息源。调查林分内的观测标准地主要用于预测对象的生活史、发生数量或发生程度、林木受害程度的观测调查。调查标准地以外的调查林分主要用于预测对象的发生期及害虫存活率的系统调查。调查林分和观测点的数量由所承担的预测对象的种类多少确定。一般在森林病虫害发生区内的同一类型区中选择 3～5 处即可。

选择监测林分时，可综合考虑观测点所处的地理环境、交通条件、预测对象的发生和分布情况、林分状况、立地条件等。观测林分选定后，要按年度对调查林分的基本情况作调查，填入监测调查林分登记表。观测林分除正常的抚育间伐等经营管理措施外，一般不采取防治措施。必须增减或变动的，要及时上报备案。监测调查标准地的设置，应在调查林分内选择下木及幼树较少、林分分布均匀、符合预测有害生物分布规律并有较强代表性的地域作为监测调查标准地。同一调查林分内两块标准地要保持适当距离。监测调查标准地数量通常在常灾区每 100～500hm² 设 1 块，偶灾区每 700～1000hm² 设 1 块，无灾区每 2000～3000hm² 设 1 块；人工林每 130hm² 设 1 块，天然林每 3000hm² 设 1 块。标准地内的标准株数量不得少于 100 株（种实害虫除外）。监测调查标准地位置选定后，要标明其四周边界，将其内所有调查林木统一编号，绘制平面坐标图，并按要求填报监测调查标准地登记表。

6. 确定监测调查的内容与方法

确定调查点的监测调查内容是在设点之初就应该考虑的问题，预测内容是因预测目的而定的。为不同的预测目的而设的系统调查点，其调查内容也是不同的；不同的预测对象，预测内容也不同。一般包括害虫各虫态发生期、种群密度及存活率监测调查；病害发生期与危害程度监测调查；害鼠种类、种群密度和林木受害程度监测调查等。

监测调查的方法依种类和内容不同而定，主要有人工地面调查法、信息素诱集法、灯光诱集法等。

7. 监测资料整理上报

测报点按要求进行某项监测调查时，必须及时将结果填入调查记录表内，并对监测对象及其调查内容进行整理、汇总和上报。上报调查资料的份数视测报点的级别而定。省级测报点的测报资料一式四份，地（市、州）级测报点一式三份，县（局）级测报点一式二份。其中，一份由测报点自留存档，其他的按测报点的管理级别分别上报。调查资料的上报时间分别为：①监测林分和监测标准地的基本概况资料，在每年冬后开始监测调查前上报一次；②森林病虫害发生数量调查资料，在每个规定调查月份的下月初上报一次；③对测报对象规定的某发育阶段的始见、始盛、盛、盛末、终见期的调查结果，由调查员观测到进入上述某一日期后，立即或于次日逐级进行上报；④害虫测报对象的发育进度和病害孢子捕捉呈报资料，按预测预报对象的测报办法规定时间统一上报；⑤害虫存活率监测资料，于每年 11 月下旬统一上报一次。

测报点的所有监测调查原始记录、笔记本、记录表等上报资料的依据材料，不能随意更改数据，并应及时整理，附在上报资料原件后归档、立卷，由专人负责，严加保管，不得外借。

3.2.3　预测预报的基本方法

森防站的测报人员，在接到测报点的信息资料后，要认真审查，去粗取精，去伪存真，科学分析并作出预测。下面简要介绍害虫的预测方法。

1. 发生期预测方法

发生期预测方法主要是指预测某种害虫某一虫态出现的始、盛、末期，以便确定防治的最佳时期。常将某一虫态或某一龄期按其种群内个体数量的多少分为始见期、始盛期、高峰期、盛末期和终见期。在统计过程中，一般将害虫种群内某一虫态或龄期的个体比例达到 16%、50% 和 84% 分别作为划分始盛期、高峰期和盛末期的标准。

发生期预测常用于预测一些防治时间性强、受外界环境影响较大的害虫，如钻蛀性、卷叶性害虫，以及龄期越大越难防治的害虫，这种预测生产上使用最广。害虫的发生期随着每年气候的变化而变化，所以每年都要进行发生期预测。

常用的发生期预测方法有物候预测法、发育历期预测法、期距预测法、有效积温预测法、多元回归预测法等。

1）物候预测法

物候是指自然界各种生物现象出现的季节规律性。人们在与自然的长期斗争中发现，害虫某个虫态的出现期往往与其他生物的某个发育阶段同时出现，物候法就是利用这种关系，以植物的发育阶段为指示物，对害虫某一虫态或发育阶段的出现期进行预测。"桃花一片红，发蛾到高峰"就是人们根据地下害虫小地老虎与桃花开放的关系来预测其发生期的。在湖南，马尾松毛虫越冬幼虫出蛰危害期与桃花盛开季节相符。

应用物候预测法前，可在当地选择常见植物，尤其是害虫寄主植物或与之有生态关系的物种，系统观察其生长发育情况，如萌芽、现蕾、开花、结果、落叶等过程；或者观察当地季节性动物的出没、鸣叫、迁飞等，分析其与当地某些害虫发生期的关系，特别要找出害虫发生期以前的物候现象，这对于害虫预报更具有实际意义。物候法必须经过多年观察总结出规律，且有严格的地区性特点。

2）发育历期预测法

发育历期预测法是根据某害虫在林间的发育情况，按照历史资料各虫态或虫龄相应发生期的平均期距值，预测各虫态或虫龄的发生期。

3）期距预测法

期距是指害虫前后世代之间或同一世代各虫态之间的时间间隔，在测报中常用的期距一般是指前一高峰期至后一高峰期的天数。根据前一虫态或前一世代的发生期，加上期距天数就可推测后一虫态或后一世代的发生期。

期距值的计算公式为

$$F = H_i + (X_i \pm S_{\bar{X}})$$

式中，F 为某虫态出现的日期；H_i 为起始虫态的实际出现期；X_i 为理论期距值；$S_{\bar{X}}$ 为与理论期距值相对应的标准差。

测定期距常用的方法有以下 3 种。

（1）调查法。在林地内选择有代表性的样方，对刚出现的某害虫的某一虫态进行定点取样，逐日或每隔 2～3 天调查 1 次，统计该虫态个体出现的数量及百分比，并将每次统计的百分比按顺序排列，便于观察其发育进度规律。通过长期调查掌握各虫态的发育进度后，便可得到当地各虫态的历期。按下列公式进行统计：

$$孵化率 = \frac{幼虫数或卵壳数}{总卵壳数} \times 100\%$$

$$化蛹率 = \frac{活蛹数 + 蛹壳数}{活幼虫数 + 蛹壳数 + 活蛹数} \times 100\%$$

$$羽化率 = \frac{蛹壳数}{活幼虫数 + 蛹壳数 + 活蛹数} \times 100\%$$

（2）诱测法。利用害虫的趋性及其他习性分别采用各种方法（灯诱、性诱、食饵、饵木等）进行诱测，逐日检查诱捕虫口数量，了解本地区害虫发生的始、盛、末期。掌握这些基本数据，就可推测以后各年各虫态或危害可能出现的日期。

（3）饲养法。对一些难以观察的害虫或虫态，从野外采集一定数量的卵、幼虫或蛹进行人工饲养，观察其发育进度，求得该虫各虫态的平均发育历期。在人工饲养时，应尽可能使室内环境接近自然环境，以减少误差。

4）有效积温预测法

根据各虫态的发育起点温度、有效积温和当地近期的平均气温预测值，预测下一虫态的发生期。

$$N = K / (T - C)$$

用此公式，首先要测定出害虫某一发育阶段的有效积温（K）和发育起点温度（C），然后再根据未来平均气温的预测值（T），代入公式计算出 N 值，从而进行害虫发生期的预报。

5）多元回归预测法

利用害虫发生期的变化规律与气候因子的相关性，建立回归预测式进行发生期预测，计算公式为

$$Y = a_0 + a_1 X_1 + a_2 x_2 + \cdots + a_n x_n$$

式中，Y 为害虫预测指标（发生期或发生量等）；X_i 为测报因子（如气温、降水、相对湿度等）；A_i 为回归系数。

例如，在贵州用公式 $Y = 48.13 - 0.8232X$ 可以预测马尾松毛虫成虫发生期；在辽宁朝阳地区用公式 $Y = 10.852 - 1.347X$ 可以预测油松毛虫上树始见期。可根据当地的实际情况，找出当地合适的发生期多元回归预测式。

2．发生量预测

1）有效虫口基数预测法

根据上一世代的有效虫口基数、生殖力、存活率预测下一代的发生量。此法对 1 年发生世代少，特别是在林分、气候、天敌寄生率等较稳定的情况下应用效果好。预测的根据是害虫的发生数量往往与其前一世代的虫口基数有着密切关系，虫口基数大，下一世代发生量可能就多；反之，则少。

预测方法是对上一世代的虫态，特别是对其越冬虫态，选有代表性的，以面积、体积、长度、部位、株等为单位，调查一定的数量，统计虫口基数，然后再根据该虫繁殖能力、性别比例及死亡情况，推测下一代发生数量。通常应用下式计算：

$$P = P_0 \left[e \cdot \frac{f}{m + f} (1 - M) \right]$$

式中，P 为繁殖量，即下一代的发生量；P_0 为下一代虫口基数；e 为每头雌虫平均产卵数；f 为雌虫数量；m 为雄虫数量；$\dfrac{f}{m+f}$ 为雌虫百分率；M 为死亡率（包括卵、幼虫、蛹、成虫未生殖前）；$1-M$ 为生存率，可为 $1-a$、$1-b$、$1-c$、$1-d$，其中 a、b、c、d 分别为卵、幼虫、蛹、成虫生殖前的死亡率。

2）回归分析预测法

分析害虫种群数量变化和气候及生物因子中的某些因素变化的相关关系，建立回归预测式的方法（见发生期预测法）。

3．分布范围预测

根据森林害虫的生存条件及其赖以生存的寄主的分布范围预测其可能或不可能分布的地区。根据现时病虫情调查资料，特别是现时森林害虫的危害程度和发生地的分布情况，以及影响该森林害虫扩散蔓延的主要因素（如害虫的扩散能力、寄主的流动、气候、交通条件等），预测森林害虫在某个时期内可能或不可能扩散或蔓延的区域。

4. 危害程度预测

危害程度预测是在发生量预测的基础上预测测报对象可能造成的危害，以轻、中、重表示，其划分标准按照林业有害生物发生及成灾标准（LY/T 1681—2006）执行。

◇◇ 自 测 练 习 ◇◇

1. 名词解释

发生期预测方法、期距法。

2. 填空题

（1）预测预报的种类按内容划分一般有_____、_____、_____和_____。

（2）发生期预测方法主要是指预测某种害虫某一虫态出现的_____、_____、_____期，以便确定_____。

（3）预测预报按时间长短划分有_____、_____和_____。

（4）测定期距常用的方法有_____、_____和_____3种。

（5）发生量预测常用方法有_____、_____、_____、_____和_____。

3. 简答题

（1）简述有害生物预测预报的主要内容。

（2）简述害虫发生期预测的基本方法。

模块二

综合应用——主要森林病虫害防治

模块概述

  本模块为森林病虫害防治技术的综合应用，主要内容包括林木根茎病虫害及防治、林木枝干病虫害及防治、林木叶部病虫害及防治、林木种实病虫害及防治等。建议在教学中，以多媒体教室、森林病虫害防治实训室及实训基地为依托，方便开展知识准备、计划制订、任务实施、知识迁移、任务评价、自测练习等环节，从而帮助学生掌握主要森林病虫害的防治技术，为学生顶岗实习、提升就业竞争力奠定基础。

项目 4 林木根茎病虫害防治

项目描述

根茎病虫害主要是指危害苗木的病虫害。苗木是造林的基础，没有健壮的苗木就不可能营造出高质量的森林。我们在培育苗木的过程中，不仅要浇水、施肥、除草以满足苗木对水、肥、气、热的需求，还要对其发生的病虫害进行及时防治，才能保证苗木的健康生长。

苗木害虫主要包括金龟子类、蝼蛄类、地老虎类、金针虫类、象甲类等，它们在苗圃地中以植物的主根、侧根为食，有时也危害刚播下的种子，以及近地面的茎和叶，造成地面缺苗断垄现象；苗木病害的病菌多为兼性寄生菌，引起根部皮层腐烂或形成瘿瘤、毛根等，常见的病害类群有立枯病、根癌病、茎腐病、根朽病等。其中，苗木立枯病和金龟子类地下害虫在全国各地森林苗圃中普遍发生，对其进行防治也是林业生产典型的工作任务。本项目以林木根茎病害及防治和林木根茎害虫及防治两个工作任务为载体实施教学，各院校可结合当地实际情况，选择合适种类进行教学，通过典型工作任务训练及知识迁移学习，使学生全面掌握苗木有害生物的调查和防治技术。

项目分析

任务名称	任务载体	学习目标		
		知识目标	能力目标	素质目标
任务 4.1 林木根茎病害调查与防治	苗木立枯病调查与防治	① 了解苗木病害的发生原因及发病规律 ② 熟知苗木病害调查的基本方法 ③ 掌握苗木病害防治原理与措施	① 能正确诊断苗木病害 ② 能对苗木病害进行调查 ③ 会拟定苗木病害的防治技术方案 ④ 会实施苗木病害的防治作业	① 培养学生对林木根茎病虫害的正确认知和科学防控理念 ② 培养学生团队合作精神和认真求实的工作态度 ③ 提高学生分析问题和解决问题的能力
任务 4.2 林木根茎害虫调查与防治	金龟子类害虫调查与防治	① 了解主要地下害虫的分布与生物学特性 ② 熟知地下害虫调查的基本方法 ③ 掌握地下害虫防治原理与措施	① 会识别各种地下害虫及被害状 ② 能进行地下害虫虫情调查 ③ 会拟定地下害虫的防治技术方案 ④ 会实施地下害虫的防治作业	

任务 4.1 林木根茎病害调查与防治

实施时间：调查时间为 6～7 月；防治时间从整地开始至苗木生长期。
实施地点：有苗木病害发生的苗圃地。
教学形式：理实结合、教学做一体化。
教师条件：由校内教师和苗圃技术员共同指导。指导教师需要熟知苗圃病害的发生规律，具备苗木病害的鉴别、调查与防治能力；具备组织课堂教学和指导学生实际操作的能力。
学生基础：具备林木病害识别的基本技能，具有一定的自学能力和资料收集与整理能力。

4.1.1 苗木立枯病调查与防治（任务载体）

1. 分布与危害

苗木立枯病又称苗木猝倒病，在苗圃中普遍发生，死亡率很高，是世界性病害，在我国大部分地区发生十分普遍。受害苗种主要有赤松、油松、樟子松、黑松、红松、落叶松等。

2. 发生原因

引起苗木立枯病的原因有非侵染性和侵染性两类。非侵染性病原主要是由于圃地积水、覆土过厚、土壤板结、土温过高而引起种芽腐烂、苗根窒息腐烂或日灼性猝倒。侵染性病原主要是半知菌门中的丝核菌 *Rhzoctonia* spp.、镰刀菌 *Fusarium* sp. 和卵菌门中的腐霉菌 *Pythium* sp.，偶尔也可由交链孢菌引起（图 4-1）。

（1）丝核菌 *Rhizoctonia* spp.。属半知菌门、无孢菌目、丝核菌属。丝核菌不产生孢子，主要以菌丝和菌核形态出现。菌丝有分隔，幼嫩菌丝无色，分枝近直角，分枝处细胞明显缢缩。老菌丝黄褐色，细胞稍粗。菌丝可交织成疏松的菌核，形状、大小不等，直径 1～10mm，深褐色。丝核菌喜含氮物质，适宜在 pH 值为 4.5～6.5 的环境中生长，主要生活在土壤中的植物残体上，具有很强的腐生能力，多分布在 10～15cm 深的土层中，在温度 24～28℃时，菌丝生长最快，在 18～22℃时，幼苗发病最迅速。

（2）镰刀菌 *Fusarium* sp.。属半知菌门、丛梗孢目、镰孢属。它们的菌丝多隔，无色，细长多分枝，产生两种孢子，即小型分生孢子和大型分生孢子。小型分生孢子卵形至肾形，单胞或双胞，散生于菌丝间。大型分生孢子黏结成团，纺锤形至镰刀形，具 3～5 个隔膜。在菌丝和大型分生孢子上，有时还形成厚垣孢子，厚垣孢子顶生或间生。镰刀菌分布在土壤表层，适宜生长温度为 25～30℃，以土温 20～28℃时苗木感病最重。

1. 种芽腐烂型病状；2. 茎叶腐烂型病状；3. 猝倒型病状；4. 根腐型病状；5. 病原菌 *Rhizoctonia* spp.的菌丝；
6. 镰刀菌的大、小分生孢子；7. 腐霉菌的游动孢子囊；8. 腐霉菌的囊泡及游动孢子；9. 交链孢菌。

图4-1 苗木立枯病

（3）腐霉菌 *Pythium* sp.。属藻菌纲、霜霉目、腐霉属。菌丝无隔膜，无性繁殖时产生薄壁的游动孢子囊，孢子囊为袋状，有不规则分枝，萌发泡囊，囊内产生游动孢子，游动孢子肾形，侧生两根鞭毛。游动孢子借水游动，侵染苗木。有性繁殖时，产生壁厚、色深的卵孢子。腐霉菌喜水湿环境，适宜生长温度为 26～28℃。一般在 17～22℃时发病最重。

3. 发病规律

丝核菌、镰刀菌、腐霉菌都是土壤习居菌，腐生性很强，可在病株残体和土壤中存活数年，因此土壤带菌是最重要的初侵染来源。丝核菌、镰刀菌、腐霉菌分别以菌核、厚垣孢子、卵孢子等渡过不良环境，可借雨水、灌溉传播，遇到适合的寄主便侵染危害。病害发生的时期，因各地气候条件的不同而存在差异。病菌主要危害 1 年生幼苗，尤其是苗木出土木质化前最容易感病。一般在 5～6 月，幼苗出土后，种壳脱落前发病最为严重，1 年中可连续多次侵染发病，造成病害流行。此外，长期连作感病植物、种子品质差、幼苗出土后连遇阴雨、光照不足、幼苗木质化程度差、播种迟、覆土深、雨天操作、揭草揭膜不及时均可加重病害流行。

苗木立枯病的发生除受温度、湿度影响外，还与下列因素关系密切。

（1）前作是松、杉、银杏、漆树等苗木，或是马铃薯、棉花、豆类、瓜类、烟草等感病植物，土壤中累积的病菌就多，苗木易发病。

（2）苗圃土壤黏重，透气性差，蓄水力小，易板结，苗木生长衰弱容易得病。再遇到雨天，排水不良积水多，有利于病菌的活动而不利于种芽和幼苗的呼吸与生长，种芽易窒息腐烂。

（3）圃地粗糙、苗床太低、床面不平、圃地积水、施未腐熟的有机肥料及混有病株残体，将病菌带入苗床，均有利于病菌繁殖，不利于苗木生长，苗木易发病。

（4）播种过迟，幼苗出土较晚，此时遇梅雨季节，湿度大有利于病菌生长；苗木幼嫩，抗病性差，病害容易流行。

（5）种子品质差，发芽势弱，发芽力低；幼苗出土后阴雨连绵，光照不足，木质化程度差；雨天操作，造成土壤板结；覆土过厚、揭草揭膜不适时等均有利于苗木发病。

 计 划 制 订

1. 小组分工

每 4～6 人为一组，设组长 1 名，操作员 2～4 名，记录员 1 名。

2. 工作准备

仪器：实体显微镜、手动喷雾器或背负式喷粉喷雾机。
用具：放大镜、镊子、铁锹、剪枝剪、天平、量筒、玻片、盖片、塑料桶等。
材料：本地区苗圃主要苗木病害标本及所需农药等。

3. 工作方案

以小组为单位领取工作任务，根据任务信息，查阅相关资料，结合国家苗木立枯病害防治技术规程拟定调查与防治预案。

调查预案包括调查内容，调查路线、样地设置、取样方法和调查方法等；防治预案包括防治原则和技术措施等。

对苗木病害防治，遵循的原则是进行苗木检疫，应注意苗木在调运过程中的传带病菌；最好选择没有发生过病害的地块作为苗圃地，对已有发病的地块应作必要的处理；播种期和生长期防治相结合；林业技术措施与其他防治措施相结合。具体措施应从以下几个方面考虑。

（1）选用圃地。选择地势平坦、排水良好、疏松肥沃的土地育苗，不用黏重土壤和前作是茄科等感病植物的土地作苗圃。

（2）土壤消毒。在酸性土壤中，播种前施生石灰 $300\sim375kg/hm^2$，可抑制土壤中的病菌，促进植物残体腐烂。在碱性土壤中，播种前施硫酸亚铁粉 $225\sim300kg/hm^2$，既能防病，又能增加土壤中的铁元素和改变土壤的酸碱度，使苗木生长健壮。将75%五氯硝基苯粉剂与70%敌磺钠可湿性粉剂按比例（3∶1）混合，用 20 倍过筛潮土稀释，用药量为 $4\sim6g/m^2$，施于播种沟内。还可用 30%硫酸亚铁水溶液于播种前 $5\sim7d$ 均匀地浇洒在土壤中，药液用量为 $2kg/m^2$。

（3）种子处理。播种前可用 0.5%高锰酸钾溶液浸泡种子 2h，捞出密封 30min，用清水冲洗后催芽播种。

（4）及时播种。播种不宜过早或过迟。以杉木种子为例，应在日均温达 10℃之前 20～30d 播种，使种子发芽顺利，苗木生长健壮，抗病性强。

（5）加强苗圃管理。合理施肥，细致整地，播种前灌好底水，苗期控制灌水，加强松土除草，使之有利于苗木生长，防治病害发生。

（6）化学药剂防治。对于幼苗猝倒，因多在雨天发病，可用黑白灰（柴灰与石灰的比例为 8∶2），用量 1500～2250kg/hm²，或用 70%敌磺钠原粉 2g/m² 与细黄心土拌匀后撒于苗木根颈部，可抑制病害蔓延。对于茎、叶腐烂，应及时揭去覆盖物，可喷 0.5% 等量式波尔多液，每 15 天喷 1 次；对于苗木立枯，要及时松土，可用硫酸亚铁炒干研碎，与细土按 2∶100 的比例拌匀，用量 1500～2250kg/hm²。

任务实施

1．苗木立枯病症状识别

苗木立枯病自播种至苗木木质化后都可被害，多在 4～6 月发生。因发病时期不同，受害状况及表现特点不同，可出现以下 4 种症状类型。

（1）种芽腐烂型。种子或幼苗在播种后至出土前被害，种芽因种子自身带菌或土壤带菌而腐烂，表现为出苗率降低、缺苗等。

（2）茎叶腐烂型。苗木出土后因过于密集、光照不足、高温雨湿天气等，嫩叶和嫩茎感病而腐烂。病部常出现白色丝状物，往往先从顶部发病再扩展至全株，也称首腐或顶腐型猝倒病。

（3）幼苗猝倒型。苗木出土后至嫩茎木质化之前被害，病菌自苗木茎部近基处侵入，出现褐色斑点，病斑扩大后呈水渍状腐烂，病部出现缢缩，地上部迅速倒伏。

（4）苗木立枯型。发生于出土后且茎部木质化的苗木上，病菌从根部侵入，使根部腐烂、病苗枯死，但不倒伏。若拔出枯死苗木，则根皮脱落，只能拔出木质部。

2．苗木立枯病病情调查

苗圃病害调查的目的是研究病害的发生和蔓延的条件，估计病害造成的损失，拟定病害的控制措施。苗木病害发生的季节性比较明显，应针对各种病害发生的时期及时进行调查。

（1）踏查。一般在苗木立枯病病害发生盛期或末期进行踏查。首先了解苗圃的基本情况和苗木病虫害发生的主要种类、危害苗木树种的大致情况；其次进行苗木立枯病标准地（样地）调查，了解苗木立枯病病害发病率与病情指数。

踏查时可沿苗圃地路缘进行调查。采用目测法调查所通过的圃地主要苗木病虫害种类、分布和危害程度，并填写踏查记录表（表 4-1）。

表 4-1   苗圃苗木病虫害踏查记录表

局：		场：		地名：					
调查点编号：		感病苗木：		苗龄：		苗圃总面积/hm²			
被害总面积/hm²		前作物：		土壤：		地形地势：			
种子来源：		播种日期和方法：		生长势：		发病时期：			
卫生状况：		发病动态：		防治经过和效果：					
树种	被害面积	病虫害种类	危害部位	危害程度			分布状况	备注	
				轻微（+）	中等（++）	严重（+++）			

（2）标准地调查。在踏查基础上，选择标准地进行详细调查。每组根据松苗育苗面积结合苗木立枯病病害调查技术规程确定样方数量。

① 样地选定。选定样地的关键是要具有代表性。一般避免在田边取样。在苗圃中调查病害发病程度，一般采用大五点式、棋盘式、对角线式、抽行式、Z 字形式等方法选定样地（图 4-2）。

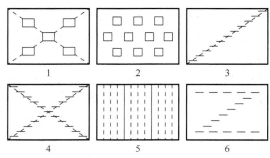

1. 大五点式；2. 棋盘式（面积）；3. 单对角线式（长度）；4. 双对角线式（长度）；5. 抽式法；6. Z 字形式。

图4-2   调查取样示意图

② 样地大小和数量。在各块圃地苗床上按对角线（如果是苗垄按抽行式设置）的位置在交叉点和各线上的等距点设置 5～10 个标准样地，样地离圃地边缘 2～3m。样地一般为正方形或长方形。样地大小因调查对象和实际情况的变化而异。通常，样地内苗木应不少于 100 株。样地面积可进行实测或按林木株数推算。苗圃调查样地的总面积以不少于该树种苗木面积的 0.1%～0.5% 为宜。

③ 发病程度估计。在标准地调查的基础上计算发病率和病情指数。

发病率，即计算发病的面积及发病的植株占调查总数的百分率，计算公式如下：

$$发病率 = \frac{感病株数}{调查总株数} \times 100\%$$

病情指数：先将样地内的植株按病情分为健康、轻、中、重、枯死等若干等级，并以数值 Ⅰ、Ⅱ、Ⅲ、Ⅳ、Ⅴ 等分别表示这些等级，统计出各等级株数后，按下列公式计算。松苗立枯病分级标准见表 4-2。调查各级苗木病害，计算其病情指数（表 4-3）。

$$病情指数 = \frac{\sum(病情等级代表值 \times 该等级株数) \times 100}{各级株数总和 \times 最重一级的代表值}$$

表 4-2　苗木立枯病分级标准

级别	代表值	分级标准
I	0	健康
II	1	20%以下幼苗叶感病
III	2	20%～50%幼苗叶、梢感病
IV	3	50%～75%幼苗叶、梢、茎感病
V	4	75%以上幼苗茎、叶、梢感病或死亡

表 4-3　苗木病害样地调查表

调查日期	调查地点	样方号	树种	病害名称	面积/m²	各级病苗木数量					合计	发病率/%	死亡率/%	病情指数	备注
						I	II	III	IV	V					
						0	1	2	3	4					

调查人：＿＿＿＿＿＿＿＿＿　　　　调查日期：＿＿＿＿＿＿＿＿＿

3. 苗木立枯病防治作业

根据本组苗木立枯调查结果和病害发生的实际情况选择性地实施防治作业，具体操作方法如下。

1）配制杀菌药土

方法一：播种期配杀菌药土预防苗木立枯病。用 75%五氯硝基苯与 70%敌磺钠按 3∶1 的比例混合，用 20 倍过筛潮土稀释，用药量 4～6g/m²，施于播种沟内。

方法二：发病期配杀菌药土防治苗木立枯病。用 70%敌磺钠原粉 2g/m² 与细黄心土拌匀制成杀菌药土。将苗木根部土壤稍疏松后均匀撒于苗木根颈部。

2）药剂防治法

第一步：幼苗猝倒期，可用黑白灰（柴灰与石灰按 8∶2 的比例混合），用量 1500～2250kg/hm²，或用 70%敌磺钠原粉 2g/m² 与细黄心土拌匀后撒于苗木根颈部，抑制病害蔓延。

第二步：茎叶腐烂期，应及时揭去覆盖物和排出积水，可喷 0.5%等量式波尔多液，每 15 天喷 1 次。

第三步：苗木立枯期，及时松土，可用硫酸亚铁炒干研碎，与细土按 2∶100 的比例拌匀，用量 1500～2250kg/hm²。

3）防治效果调查

首先，分别在最后一次喷药后的 3d、5d、7d、10d、15d 采用对角线法 5 点取样，每个样方为 1m 行长，分别记载各药剂种类、剂型或施药浓度在施药前后的发病率和病情指数。然后，再计算 3d、5d、10d、15d 的相对防治效果。学生利用业余时间到防治现场检查防治效果，并计算苗木立枯病病害相对防治效果，将调查结果填入表 4-4。

$$相对防治效果=\frac{对照区病情指数或发病率-防治区病情指数或发病率}{对照区病情指数或发病率}\times100\%$$

表 4-4　苗木立枯病害防治效果统计表

病害防治效果调查

防治日期	危害树种(树高、直径、树龄)	防治地点	防治面积	防治措施农药名称、浓度	标准地总株数	健康株数	病害各级株数						防治效果/%	
							I	II	III	V	V	VI	防治前标准地感染指数(或发病率)	防治后标准地感染指数(或发病率)
未防治区														

调查人：_____　　　调查日期：_____

注：树高的单位是 m；胸径的单位是 cm；树龄的单位是年。

 知 识 迁 移

4.1.2　其他苗木病害防治

森林苗圃地中除苗木立枯病之外，苗木根癌病、苗木茎腐病也不同程度对苗木造成危害。由于发生特点不同，其防治措施也有差异。为了全面掌握林木根部病害的防治技术，学生可利用业余时间通过自学、收集资料，学习其他苗木病害及防治内容。

1. 冠瘿病

1）分布及危害

冠瘿病又称根癌病，世界各地均有分布，国内以河南、河北、山西发生普遍，辽宁沈阳、辽阳、大连等地均有发生。寄主范围很广，主要有杨、柳、苹果、梨、山楂、栗、槭、桦、臭椿、核桃、柏、桧柏、冷杉等多种树木。病原菌侵染植物根茎，引起过度增生形成瘿瘤，影响植物生长甚至枯死。

2）病原

冠瘿病的病原为根癌土壤杆菌 *Agrobacterium tumefaciens*（Smith et Towns.）Conn.，隶属于根瘤菌科、土壤杆菌属，为国内林业检疫性有害生物之一。

细菌体为杆状，具 1~3 根鞭毛（图 4-3）。革兰氏染色反应阴性，在液体培养基上形成较厚的、白色或浅黄色的菌膜；在固体培养基上菌落圆而小，稍突起，半透明。发育的最适温度为 22℃，最高温度为 34℃，最低温度为 10℃，致死温度为 51℃（10min），耐酸碱度范围为 5.7~9.2，以 7.3 最为适宜。

1. 根颈部被害状；2. 病原细菌。

图4-3　苗木根癌病

3）发病规律

病原菌可在病瘤内、土壤或土壤中的病瘤残体上存活 1 年以上，2 年内得不到侵染机会即丧失活力。病菌可由灌溉或雨水传播，也可随繁殖材料如插条、接穗、苗木、地下害虫等传播。病菌由伤口侵入，在皮层的薄壁细胞间隙繁殖，刺激附近细胞加速分裂增生，形成肿瘤。病原菌生长适温为 22℃左右，从侵入到出现症状，需要数周至 1 年以上。病害在碱性土壤和湿度大的沙壤土内发生较重，在酸性土壤和黏重土壤中很少发病。平茬留床苗、采条苗、锄伤或虫伤苗易发病。

4）防治措施

（1）检疫措施。严把检疫关，无病区不宜从病区引进苗木，调运检疫中发现病苗应销毁。对可疑苗木出圃时，用 1%～2%硫酸铜液浸泡 5min，再放入生石灰 50 倍液浸泡 1min，或用 100～200μg/g 链霉素浸泡 20～30min 消毒，并用清水冲洗。

（2）土壤消毒。病圃地挖苗后，清除土内残留病根。应与不感病的树种轮作 2 年以上，以减少土壤中的病菌。病圃土壤可施硫黄粉、硫酸亚铁或漂白粉，用量为 75～225kg/hm^2，进行土壤消毒。

（3）苗木中耕时，应防止锄伤埋条和树根。采条时要提高采条部位，及时防治地下害虫，减少病菌从各类伤口入侵的机会。

（4）病株处理。对轻度病株可将病瘤切除，用 2%石灰水或 45%石硫合剂晶体 100 倍液、80%抗菌剂 402 乳油 50 倍液消毒，外涂波尔多液保护。用甲醇、乙酸、碘片（50∶25∶12）混合液或二硝基邻甲酚钠、木醇（20∶80）混合液涂病瘤数次，可使病瘤消除。

（5）栽前保护。在苗木栽植前，用放射土壤杆菌 *Agrobacterium radiobacter* K84 菌液（10^6 个/mL）对苗根或插条等浸根，可保护苗木免遭侵染，但不能治愈感病植株。

2. 苗木茎腐病

1）分布与危害

苗木茎腐病又称颈缩病。主要分布于我国长江流域以南，以及北方的河北、山东、辽宁（中部、南部）。本病危害多种针阔叶树苗，其中以银杏、侧柏、杜仲、香椿等最易感病。在夏季高温炎热的地区经常发生，死亡率可达 90%以上。

2）识别症状

病苗初期茎基部变褐色，叶片失绿，稍下垂。病部包围茎基，并迅速向上扩展，引起全株枯死，叶下垂不脱落。苗木枯死 3～5d 后，茎上部皮层稍皱缩，内皮层腐烂呈海绵状或粉末状，浅灰色，其中有许多黑色小菌核。病菌也入木质部和髓部，髓部变褐色，中空，也生有小菌核。最后，病菌蔓延至根部，使整个根系皮层腐烂。若拔起病苗，则根皮脱落，仅拔出木质部。2～3 年生苗感病，有的地上部枯死，根部仍保持健康，当年自根颈部能发出新芽（图 4-4）。

1. 症状；2. 示病部内皮组织腐烂，
内生菌核；3. 菌核。

图4-4　银杏茎腐病

3）病原

苗木茎腐病的病原为半知菌门的菜豆球壳孢菌 *Macrophmina phaseolina*（Tassi）G. Goid.。病菌在银杏、松、杉等病苗上一般不产生分生孢子器，只产生小菌核。菌核黑褐色，表面光滑，扁球形或椭圆形，细小如粉末状。

4）发病规律

该病菌是一种弱寄生菌，喜好高温，生长适宜温度为 30～32℃。平时在土壤中营腐生生活，在适宜条件下，自伤口侵入危害。苗木受害主要是由于夏季炎热，土壤温度增高，苗茎受高温灼伤，造成病菌入侵的机会。据观察，在南京地区，苗木一般在梅雨季节结束后 10～15d 开始发病，以后发病率增加，到 9 月中旬停止。发病程度与气温的高低及高温持续时间成正相关，气温越高，持续时间越长，则病害越重。因此，可以根据梅雨季节后气温的高低变化情况预测病害的流行程度。

5）防治措施

（1）合理抚育。夏季苗圃架设荫棚、行间覆草、适当灌水及间作绿肥等措施，可降低苗床温度，防止根颈灼伤，减少病害发生。

（2）施肥措施。适当增施有机肥、草木灰、饼肥，可促进苗木的生长，提高抗病力。

（3）合理避害。在海拔 600m 以上的地域育苗，可避免发生茎腐病。

任务评价

具体评价内容及标准见表 4-5。

表 4-5　林木根茎病害调查与防治任务评价表

任务名称：林木根茎病害调查与防治			完成时间：	
序号	评价内容	评价标准	考核方式	赋分
1	知识考核	掌握根茎病害种类及识别症状	单人考核（笔试）	5 分
		熟知根茎病害的病原及发生规律		5 分
		掌握根茎病害调查知识		10 分
		掌握根茎病害防治知识		10 分
2	技能考核	能准确识别苗木病害种类及病原	单人考核	10 分
		调查路线清晰、方法正确、数据翔实	小组考核	10 分
		防治措施得当、效果理想	小组考核	10 分
		操作规范、安全、无事故	小组考核	10 分
3	素质考核	工作中勇挑重担，有吃苦精神	单人考核	2 分
		与他人合作愉快，有团队精神		2 分
		遵守劳动记录，认真按时完成任务		2 分
		善于发现问题和解决问题		2 分
		提前预习，信息资料准备完备		2 分
4	成果考核	能在规定时间内完成调查报告，内容翔实、书写规范、结果正确	小组考核	10 分
		防治技术方案内容完整，条理清晰、措施得当，有一定的可行性	小组考核	10
总得分			100 分	

◇◇ 自 测 练 习 ◇◇

1. 填空题

（1）林木根部病害的发生与_____的理化性质密切相关。

（2）苗木茎腐病苗木枯死 3～5d 后，茎上部皮层稍皱缩，内皮层腐烂呈海绵状或粉末状，浅灰色，其中有许多黑色_____。

（3）夏季苗圃架设荫棚、行间覆草、适当灌水及间作绿肥等措施，可降低苗床温度，防止_____，可以减少苗木茎腐病发生。

（4）根部病害的预防措施包括选择适于植物生长的_____条件及改良土壤的_____性质。

（5）苗木立枯病的症状类型有_____、_____、_____、_____。

（6）引起苗木立枯病的病原除水、肥、土壤条件不适宜外，还有_____、_____、_____等侵染性病原。

（7）苗木立枯病的调查方法有_____、_____。

（8）根癌病由病原_____引起，革兰氏染色为_____反应。

（9）苗木立枯病的症状有4种类型，即_____、_____、_____和_____。

2. 单项选择题

（1）根部病害的远距离传播主要靠（　　）。
　　A. 雨水　　　　B. 种苗调拨　　C. 昆虫

（2）根病病原物大多具有较强的（　　）能力。
　　A. 寄生　　　　B. 腐生　　　　C. 寄生及腐生

（3）根病的主动传播靠（　　）等方式。
　　A. 流水　　　　B. 根生长　　　C. 菌索

（4）与根病发生关系最密切的环境因素是（　　）。
　　A. 湿度　　　　B. 温度　　　　C. 土壤

（5）下列病原物中，一般不引起根病的是（　　）。
　　A. 细菌　　　　B. 真菌　　　　C. 病毒　　　　D. 线虫

（6）对根癌病有效的药剂是（　　）。
　　A. 链霉素　　　B. 青霉素　　　C. 多菌灵　　　D. 三唑酮

3. 简答题

（1）简述幼苗立枯病的症状特点、病原种类、发病规律及控制措施。
（2）简述苗木茎腐病的控制措施。

任务 4.2　林木根茎害虫调查与防治

实施时间： 播种前期或地下害虫活动盛期。
实施地点： 有地下害虫发生的苗圃地。
教学形式： 现场教学、教学做一体化。
教师条件： 由校内教师和苗圃技术员共同指导。指导教师需要熟知苗圃地下害虫发生规律，具备苗圃地下害虫鉴别、调查与防治能力；具备组织课堂教学和指导学生实际操作的能力。
学生基础： 具备识别林木病害的基本技能，具有一定的自学能力和资料收集与整理能力。

知识准备

4.2.1　金龟子类地下害虫调查与防治（任务载体）

1. 种类与危害

金龟属鞘翅目金龟总科 Scarabaeoidea，通称金龟子。成虫体粗壮；鳃片状触角，末端 3～8 节呈鳃片状；前足开掘式，跗节 5 节；腹部可见 5～6 节。幼虫寡足型，体成"C"形弯曲，肥胖，多皱褶，俗称蛴螬。

金龟子的成虫和幼虫均对林木造成危害，且多为杂食性。蛴螬主要在苗圃及幼林地危害幼苗的根部，除咬食侧根和主根外，还能将根皮剥食尽，造成缺苗断条。蛴螬上颚强大坚硬，故咬断部位呈刀切状。成虫以取食阔叶树叶居多，有的则取食针叶树叶或花。往往由于个体数量多，可在短期内造成严重危害。常发生的种类有东北大黑鳃金龟 *Holotrichia oblita*（Faldermann）、铜绿金龟子 *Anomala corpulenta* Motschulsky、黑绒金龟子 *Maladera orientalis* Motschulsky 等。

2. 发生规律

（1）东北大黑鳃金龟。以成虫和幼虫在土中越冬，在次年 5 月上中旬，幼虫上移至表土危害，幼虫 3 龄，均有相互残杀习性。7～8 月在约 30cm 深的土中化蛹，成虫羽化后即在原处越冬。越冬成虫在 4 月中下旬出土活动，5 月中旬至 7 月下旬为活动盛期，6 月上旬至 7 月下旬为产卵盛期。成虫白天在土中潜伏，黄昏活动；有多次交尾和陆续产卵习性；有假死及趋光性。卵散产于 6～15cm 深的湿润土中，每雌虫平均产卵 102 粒。卵期为 19～22d。老熟幼虫化蛹于土室中，蛹期 15d 左右（图4-5）。

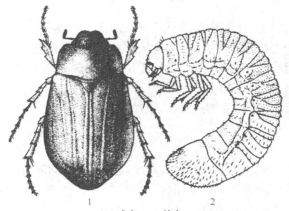

1. 成虫；2. 幼虫。

图4-5　东北大黑鳃金龟

（2）铜绿金龟子。东北1年1代，多以3龄、少数以2龄幼虫在土中越冬。次年4月越冬幼虫上移至表土危害，5月下旬至6月上旬化蛹，7月上中旬至8月间是成虫发育期，7月上中旬是产卵期，7月中旬至9月间是幼虫危害期，10月以后陆续进入越冬。成虫白天在土中潜伏，夜间活动，有多次交尾习性；趋光性和假死性强；平均寿命为28d。产卵于6～16cm深的土中，每头平均产卵约40粒，卵期10d。幼虫多在清晨和黄昏由土壤深层爬到表层咬食，被害苗木根茎弯曲，叶枯黄甚至枯死，1年中有春秋2次幼虫危害期。在14～26cm的土层中化蛹，预蛹期13d，蛹期9d（图4-6）。

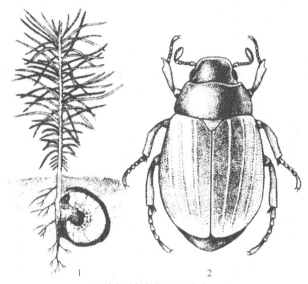

1. 幼虫及危害状；2. 成虫。

图4-6　铜绿金龟子

（3）黑绒金龟子。东北1年发生1代，以成虫在土中越冬，次年4月中旬出土活动，4月末至6月上旬为成虫盛发期，6月末虫量减少，7月很少见成虫。成虫大量出土前多有降雨，其适宜的活动温度为20～25℃，成虫在日落前后从土中爬出活动，飞翔力强。傍晚取食，一般在21:00～22:00又飞回土中潜伏。成虫有假死性和趋光性，嗜食杨、柳、榆的芽、叶，可利用此习性进行诱杀。幼虫在土中取食植物的根。

3. 调查方法

调查时间应在春末至秋初，地下害虫多在浅层土壤活动的时期为宜。抽样方式多采用对角线式或棋盘式。样坑数量因地而异，一般每0.2～0.3hm²圃地挖样坑1个。样坑大小为0.5m×0.5m或1m×1m，按0～5cm、5～15cm、15～30cm、30～45cm、45～60cm深度段分不同层次分别进行调查，并填写苗圃地下害虫调查表（表4-6），计算虫口密度。

表 4-6   地下害虫调查表

调查日期	调查地点	土壤植被情况	样坑号	样坑深度	害虫名称	虫期	害虫数量	调查面积	虫口密度/（头/m²）	备注

计划制订

1. 小组分工

每 4～6 人为一组，设组长 1 名，操作员 2～4 名、记录员 1 名。

2. 工作方案

以小组为单位领取工作任务，根据查阅相关资料和任务单要求，结合国家和地方地下害虫虫情监测与防治标准拟定调查和防治预案。

调查预案包括调查时间、调查地点、调查路线、调查方法等，防治预案包括防治原则和技术措施等。

地下害虫防治应遵循的原则是成虫与幼虫防治相结合、播种期和生长期防治相结合及林业技术措施与其他防治措施相结合。具体措施应从以下几个方面考虑。

（1）林业技术措施。冬季深翻，可将越冬虫体翻至土表冻死或被鸟食；苗圃地必须使用充分腐熟的厩肥作为底肥，追肥时尽量避开蛴螬活动期；苗圃地要及时清除杂草以降低虫口密度；苗圃地的周围种植蓖麻或紫穗槐，对金龟子成虫有诱食毒杀作用。

（2）物理机械防治措施。根据成虫的假死习性，在成虫盛发期可采用人工捕捉；根据成虫趋光性，可在成虫羽化期选择无风、温暖的前半夜设置诱虫灯进行诱杀成虫；根据大多数金龟子成虫喜食新鲜刚出芽的杨柳枝条，可于成虫期用药枝进行诱杀。

（3）生物防治。保留苗圃和绿地周围的高大树木，以利食虫鸟类栖息筑巢。在辽宁地区的调查结果表明，灰椋鸟、灰顶伯劳、灰喜鹊等多种食虫鸟类均能取食金龟子；利用日本金龟芽孢杆菌，以 10 亿菌体/g 按每亩 100g 均匀撒入土中，使虫体感染致死。还可以用蛴螬乳状杆菌、金龟子绿僵菌、金龟子白僵菌等防治金龟子。

（4）化学防治。播种前将种子与药剂按一定比例拌种；播种前用毒土法进行土壤处理，可预防金龟子发生；当出苗后发现蛴螬危害时，可用灌根法进行防治；在成虫发生盛期，可喷洒 90%敌百虫、80%敌敌畏、40%氧化乐果、75%辛硫磷等农药 1000～1500 倍液进行毒杀。

3. 工作准备

仪器：双目实体解剖镜、实体显微镜、手动喷雾器、频振式诱虫灯。
用具：放大镜、镊子、采集箱、标本瓶、铁锹、枝剪、天平、量筒、塑料桶、筛子。

材料：本地区苗圃主要地下害虫种类的生活史标本、幼虫浸渍标本、成虫针插标本及危害状标本；糖、醋、白酒；50%辛硫磷乳油、80%敌百虫；搅拌器具、新鲜杨柳枝条。

 任 务 实 施

1. 现场识别

对于金龟子成虫可从体形、体色和前足胫节齿的着生情况加以识别；幼虫可从头部前顶刚毛的数量、臀节腹面刺毛列的有无及数量、肛门形态等方面加以区别。

2. 虫情调查

第一步：每组根据苗圃地下害虫调查技术规程和苗圃实际面积确定样坑数量，一般每 $0.2\sim0.3hm^2$ 圃地设样坑 1 个，样坑大小为 0.5m×0.5m 或 1m×1m。

第二步：按对角线式抽样法或棋盘式抽样法设置样坑位置。

第三步：按 0～5cm、5～15cm、15～30cm、30～45cm、45～60cm 深度段分不同层次分别进行调查，并写苗圃地下害虫调查表，计算虫口密度。

3. 除治作业

根据本组调查结果和害虫发生的实际情况选择性地实施防治作业，具体操作方法如下。

1）土壤处理防治法

第一步：将用土过筛成细土。

第二步：以每 $667m^2$ 用 50%辛硫磷乳油 200～250g，加细土 25～30kg 进行制作，先将药剂用 10 倍水加以稀释，然后将稀释药液喷洒于细土上拌匀，使其充分吸附。

第三步：播种前将药土撒在沟中或垫在苗床上，然后覆土或浅锄。

2）药枝法诱杀成虫

第一步：在成虫出土期将刚出芽的杨树枝条剪成 1m 长段，每 6～7 根捆成 1 小把，阴干。

第二步：将杨树枝条蘸入 80%敌百虫 200 倍液。

第三步：在 20:00 之前插在田间或地边，每 10～15m 插 1 把，每 $667m^2$ 用 5 把插在苗圃地。

第四步：第 2 天清晨检查杨树枝条，统计诱虫数量。

3）灌根法防治害虫

第一步：将 50%辛硫磷乳油稀释 200 倍液，装入塑料桶中。

第二步：在离幼树 3～4cm 处或在床（垄）上每隔 20～30cm 用棒插洞，灌入药液后，用土封洞，以防苗根漏风。

4）药剂防治效果检查

防治作业实施 12h、24h、36h 后，利用业余时间到防治现场检查防治效果，将调查结果填入记录表（表 4-7），并计算虫口减退率。

表 4-7　地下害虫防治效果记录表

调查日期	调查地点	土壤植被情况	检查样坑号	样坑深度	害虫名称	虫期	害虫数量	调查面积	虫口减退率/%	备注

地下害虫虫口减退率的计算公式为

$$虫口减退率 = \frac{防治前虫口密度 - 防治后虫口密度}{防治前虫口密度} \times 100\%$$

4.2.2　其他地下害虫防治

地下害虫除金龟子类外，还有蝼蛄类、地老虎类、白蚁类等，都不同程度地对苗木造成危害。由于生活习性不同，其防治措施也有差异。为了全面掌握地下害虫的防治技术，学生利用业余时间通过自学、收集资料，掌握其他各种害虫的识别特征、发生规律及防治方法。

1. 蝼蛄类

蝼蛄俗名拉拉蛄、土狗子，是苗圃常见地下害虫，对播种苗造成极大危害。国内分布有 4 种：台湾蝼蛄 *Gryllotalpa formosana* Saussure，分布在台湾、广东和广西；普通蝼蛄 *Gryllotalpa gryllotalpa* L.，只在新疆有分布，危害不严重；华北蝼蛄 *Gryllotalpa unispina* Saussure 和东方蝼蛄 *Gryllotalpa orientalis* Burmeister，分布较普遍，危害较严重。

1）东方蝼蛄 *Gryllotalpa orientalis* Burmeister

（1）虫态识别。

成虫　体长 30～35mm，灰褐色，全身密布细毛。头圆锥形，触角丝状。前胸背板卵圆形，中间具 1 暗红色长心脏形凹陷斑。前翅灰褐色，较短，仅达腹部中部。后翅扇形，较长，超过腹部末端。腹末具 1 对尾须。前足为开掘足，后足胫节背面内侧有 4 个距（图 4-7）。

若虫　形似成虫，体形较小，初孵时体色为乳白色，1 龄以后变为黄褐色，5、6 龄后基本与成虫同色。

卵　椭圆形，初产时黄白色，后变为黄褐色，孵化前呈深灰色。

（2）寄主及危害特点。

东方蝼蛄为重要地下害虫，其以成虫、若虫均在土中活动，取食播下的种子、幼芽或将幼苗咬断致死，受害的根部呈乱麻状，造成缺苗断垄。

（3）生物学特性。

华中、长江流域各省每年发生1代，华北、东北、西北2年1代。在黄淮地区，越冬成虫5月开始产卵，盛期为6、7两月，卵经15～28d孵化，当年孵化的若虫发育至4～7龄后，在40～60cm深土中越冬。第2年春季恢复活动，危害至8月开始羽化为成虫。若虫期长达400余天。当年羽化的成虫少数可产卵，大部分越冬后，至第3年才产卵。在黑龙江省越冬成虫活动盛期在6月上中旬，越冬若虫的羽化盛期在8月中下旬。

2）华北蝼蛄 *Gryllotalpa unispina* Saussure

（1）虫态识别。

成虫　体黄褐至暗褐色，体长39～45mm。前胸背板中央有1心脏形红色斑点。后足胫节背侧内缘有棘1个或消失。腹部近圆筒形，背面黑褐色，腹面黄褐色（图4-7）。

1．华北蝼蛄成虫；2．华北蝼蛄前足；3．华北蝼蛄后足；4．东方蝼蛄前足；5．东方蝼蛄后足。

图4-7　华北蝼蛄、东方蝼蛄

若虫　形似成虫，体形较小，初孵时体乳白色，1龄以后变为黄褐色，5、6龄后基本与成虫同色。

卵　椭圆形。初产时黄白色，后变为黄褐色，孵化前呈深灰色。

（2）寄主及危害特点。

华北蝼蛄主要分布在北纬32°以北地区，在苗圃地常有发生，以成虫和幼虫取食苗木幼根和靠近地面的嫩茎，危害部位呈丝状残缺，也取食刚发芽的种子；还在土壤中开掘纵横交错的隧道，使幼苗须根与土壤脱离而枯萎，造成缺苗断垄。

（3）生物学特性。

华北蝼蛄3年1代，多与东方蝼蛄混合发生。华北地区成虫6月上中旬开始产卵，当年秋季以8～9龄若虫越冬；第二年4月上中旬越冬若虫开始活动，当年可蜕皮3～4次，以12～13龄若虫越冬；第3年春季越冬高龄若虫开始活动，8～9月进行最后一次蜕皮后以成虫越冬；第4年春天越冬成虫开始活动，于6月上中旬产卵，至此完成1个世代。成虫具一定趋光性，白天多潜伏于土壤深处，晚上到地面危害，喜食幼嫩部位，危害盛期多在播种期和幼苗期。

（4）防治原则与措施。

① 肥料腐熟处理。施用厩肥、堆肥等有机肥料要充分腐熟，可减少蝼蛄的产卵。

② 灯光诱杀成虫。特别在闷热天气、雨前的夜晚更有效。可在 19:00～22:00 时用黑光灯诱杀成虫。

③ 鲜马粪或鲜草诱杀。在苗床的步道上每隔 20m 左右挖一小土坑，将马粪、鲜草放入坑内，次日清晨捕杀，或施药毒杀。

④ 毒饵诱杀。用 40.7%乐斯本乳油或 50%辛硫磷乳油 0.5kg 拌入 50kg 煮至半熟或炒香的饵料（麦麸、米糠等）中作毒饵，傍晚均匀撒于苗床上。或用碎豆饼 5kg 炒香后用 90%晶体敌百虫 100 倍液制成毒饵，傍晚撒入田间诱杀。

2. 地老虎类

地老虎俗称地蚕、切根虫。危害幼嫩植物，切断根茎之间取食。主要有 3 种，即小地老虎、大地老虎和黄地老虎，其中以小地老虎在防治中最为重要，其次为黄地老虎、大地老虎。

小地老虎 *Agrotis ypsilon* Rottemberg

（1）虫态识别。

成虫　体长 17～23mm、翅展 40～54mm。头、胸部背面暗褐色，足褐色，前足胫、跗节外缘灰褐色，中后足各节末端有灰褐色环纹。前翅褐色，前缘区黑褐色，外缘以内多暗褐色；基线浅褐色，黑色波浪形内横线双线，黑色环纹内有 1 圆灰斑，肾状纹黑色具黑边，其外中部有 1 楔形黑纹伸至外横线，中横线暗褐色波浪形，外横线褐色双线波浪形，不规则锯齿形，亚外缘线灰色，其内缘在中脉间有 3 个尖齿，亚外缘线与外横线间在各脉上有小黑点，外缘线黑色，外横线与亚外缘线间淡褐色，亚外缘线以外黑褐色。后翅灰白色，纵脉及缘线褐色，腹部背面灰色（图 4-8）。

1. 成虫；2. 卵；3. 幼虫；4. 蛹。

图4-8　小地老虎

幼虫　圆筒形，老熟幼虫体长 37～50mm、宽 5～6mm。头部褐色，具黑褐色不规则网纹；体灰褐至暗褐色，体表粗糙、布大小不一且彼此分离的颗粒，背线、亚背线及气门线均黑褐色；前胸背板暗褐色，黄褐色臀板上具两条明显的深褐色纵带；胸足与腹足黄褐色。

卵　馒头形，直径约 0.5mm、高约 0.3mm，具纵横隆线。初产乳白色，渐变黄色，孵化前卵 1 顶端具黑点。

蛹　长 18～24mm、宽 6～7.5mm，赤褐色有光泽。口器与翅芽末端相齐，均伸达第 4 腹节后缘。腹部第 4～7 节背面前缘中央深褐色，且有粗大的刻点，两侧的细小刻点延伸至气门附近，第 5～7 节腹面前缘也有细小刻点；腹末端具短臀棘 1 对。

（2）生物学特点。

我国各地均有分布，是对林木幼苗危害很大的地下害虫，在东北主要危害落叶松、红松、水曲柳等苗木，在南方主要危害马尾松、杉木、茶等苗木，在西北主要危害油松、果树等。

小地老虎 1 年 3～4 代，老熟幼虫或蛹在土内越冬。3 月上旬成虫开始出现，一般在 3 月中下旬和 4 月上中旬会出现两个发蛾盛期。成虫白天不活动，傍晚至前半夜活动最盛，喜食酸、甜、酒味的发酵物和各种花蜜，有趋光性。幼虫 6 龄，1、2 龄幼虫躲伏在杂草或植株的心叶里，昼夜取食，这时食量很小，危害不十分显著；3 龄后白天躲到表土下，夜间出土危害；5、6 龄幼虫食量大增，每条幼虫一夜能咬断幼苗 4～5 株，多的达 10 株以上。幼虫 3 龄后对药剂的抵抗力显著增加。因此，药剂防治一定要控制在 3 龄以前。3 月底到 4 月中旬是第 1 代幼虫危害的严重时期。西北地区 1 年 2～3 代，长城以北一般 1 年 2～3 代，长城以南、黄河以北 1 年 3 代，黄河以南至长江沿岸 1 年 4 代，长江以南年 4～5 代。无论年发生代数多少，在生产上造成严重危害的均为第 1 代幼虫。南方越冬代成虫于 2 月出现，全国大部分地区羽化盛期在 3 月下旬至 4 月上中旬，宁夏、内蒙古为 4 月下旬。

成虫对黑光灯、糖、醋、酒等趋性较强。成虫多在下午 3 时至晚上 10 时羽化，白天潜伏于杂物及缝隙等处，黄昏后开始飞翔、觅食，3～4d 后交配、产卵。卵散产于低矮叶密的杂草和幼苗上，少数产于枯叶、土缝中，近地面处落卵最多，每雌产卵 800～1000 粒，多的达 2000 粒；卵期约 5d。幼虫 6 龄、个别 7～8 龄，幼虫期在各地相差很大，但第 1 代为 30～40d。幼虫老熟后在深约 5cm 土室中化蛹，蛹期 9～19d。

（3）地老虎类防治原则与措施。

① 林业技术防治。早春清除圃地及周围杂草，可减轻危害。清除的杂草要远离苗圃，进行沤粪处理。

② 堆草诱杀。在播种前或幼苗出土前以幼嫩多汁的新鲜杂草 10kg 拌 90%敌百虫 50g 配成毒饵，于傍晚撒布地面，诱杀 3 龄以上幼虫。

③ 诱杀成虫。春季成虫出现时，用黑光灯或糖醋液（糖 6 份、醋 3 份、白酒 1 份、水 10 份、90%敌百虫 1 份）诱杀成虫。

④ 化学防治。幼虫危害期用 90%晶体敌百虫或 75%辛硫磷乳油 1000 倍液喷洒幼苗或周围土面，也可用 75%辛硫磷乳油 1000 倍液喷浇苗间及根际附近的土壤。

3.　白蚁类

白蚁属蜚蠊目昆虫，世界已知 2000 种左右，我国约有 350 种。分布北限在辽宁丹东，越往南方危害越严重。白蚁在长江以南和西南各地危害林木、房屋、水库堤坝等十分严重。

白蚁为社会性多形态昆虫，蚁群包括生殖型（蚁王、蚁后及其前身的有翅成虫）、非生殖型（兵蚁、工蚁）2 种类型。

1）黑翅土白蚁 *Odototermes formosanus*（Shiraki）

（1）虫态识别。

兵蚁　发育共 5 龄，末龄兵蚁体长 5～6mm；头部深黄色，胸、腹部淡黄色至灰白色，头部发达，背面呈卵形，长大于宽；复眼退化；触角 16～17 节；上颚镰刀形，在上颚中部前方有 1 根明显的刺。前胸背板元宝状，前窄后宽，前部斜翘起，前、后缘中央皆有凹刻。兵蚁有雌雄之别，但无生殖能力（图 4-9）。

1. 蚁后；2. 有翅成虫；3. 工蚁；4. 兵蚁。

图4-9　黑翅土白蚁

有翅成虫　发育共需要 7 龄，体长 12～16mm，全体呈棕褐色。翅展 23～25mm，黑褐色。触角 19 节，第 2 节长于第 3～5 节中的任何一节。前胸背板后缘中央向前凹入，中央有 1 个淡色"十"字形黄色斑，两侧各有 1 圆形或椭圆形淡色点，其后有 1 小而带分支的淡色点。

蚁王、蚁后　由有翅成虫经分飞、脱翅、配对落巢发育而成，雌蚁发育成蚁后，雄蚁发育成蚁王。蚁后腹部特别庞大，乳白色；蚁王形态与有翅成虫相似，仅体色较深。

工蚁　发育共 5 龄，末龄工蚁体长 4.6～4.9mm。头部黄色，近圆形。胸、腹部灰白色；囟位于头顶中央，呈小圆形凹陷；后唇基显著隆起，中央有缝。触角 17 节，第 2 节长于第 3 节。

卵　乳白色。长椭圆形，长径 0.6mm，短径 0.4mm，一边较为平直。

（2）寄主及危害特点。

广泛分布于华东、华中、华南、西南等地。食性杂，主要危害杉木、桉树、檫木、泡桐、刺槐、樟树、橡胶、黑荆、油桐、板栗、侧柏、木荷、柳杉、柳、栎、茶等林木，也危害樱花、梅、木樨、桃、广玉兰、红叶李、月季、栀子、海棠、蔷薇、蜡梅、麻叶绣球等花木，还危害果树。白蚁在江河、水库堤坝内筑巢，是农、林、水利的重要害虫。

黑翅土白蚁是一种土栖性害虫。主要以工蚁危害树皮、浅木质层，以及根部，造成被害树干皮层形成大块蚁路，长势衰退。当侵入木质部后，树干枯萎；尤其对幼苗，极易造成死亡。采食危害时做泥被和泥线，严重时泥被环绕整个树干形成泥套，危害特征十分明显。

（3）生物学特性。

黑翅土白蚁筑巢于地下，群栖巢内，大的蚁群数量达百万头以上，3个品级间分工合作，蚁群内幼蚁数量极多，工蚁在蚁群中占比较高，一般在85%以上，兵蚁一般占15%以下，蚁群经8年左右开始成熟，产生有翅成虫分群繁殖。

由于巢龄、食料、气候、发育状况和蚁后多寡等因素的影响，每次产生有翅成虫数量不一，一般为1000～3000头，处于繁殖旺盛期的大蚁群，出飞的有翅成虫可大大增加。有翅成虫3～4月羽化，4～6月分飞，由工蚁修筑高2～4cm、底径4～8cm的分飞孔，几个至几十个分组排列，分群孔离主巢一般1～6m（个别可达10m以上）。分飞在19～21时下雨前后的闷热天气或雨中进行，分几次完成，分飞和落地的脱翅成虫大部分被蝙蝠、蜘蛛、蚂蚁、燕子、蟾蜍等天敌捕食。

经分飞落地、配对、脱翅的雌雄成虫入土营造新巢，交配产卵、饲养幼蚁，当出现工蚁、兵蚁和菌圃后，才形成新蚁群。一般由1王1后繁殖维持蚁群，也有1王几后或几王多后的，王总少于后。蚁群内蚁后数增加，蚁群数量也会成倍增多。巢体有主巢和菌圃腔。主巢由小到大、由浅到深、由简单到复杂逐步形成。在地下0.3～2.0m处，大的蚁巢巢腔直径近1m。巢内主要是馒头形蜂窝状的菌圃层层叠起，以泥片、泥骨相隔，是培育真菌和加工食料的场所，并具有调节巢中温湿度的作用。菌圃的饱满、充实程度是蚁群盛衰的标志。在6～8月连续降雨后，有些离地面较近的幼蚁巢和成蚁巢，可从菌圃腔中向地面长出鸡枞菌，可作为确定蚁巢的标志。蚁巢一般筑在山的下坡，荒岗平地的高处。

黑翅土白蚁喜湿怕渍，喜温怕冷，喜舐吮和交哺，敏感而畏光（有翅成虫分飞时有短暂的趋光性），其活动、危害与温度关系密切。冬季集中在主巢。当日平均气温达12℃时，工蚁开始离巢采食，当最高气温达25℃，最低气温达15℃，平均气温达20℃时，工蚁采食达到高峰，故在整个出土取食期中，4～5月和9～10月（尤其在4月中下旬和8月下旬至9月初）为全年两次外出采食危害高峰。进入盛夏后，工蚁一般不进行外出活动。

兵蚁保卫蚁巢和工蚁外出采食活动。工蚁负责扩筑蚁巢、采食和喂饲幼蚁、蚁王、蚁后。工蚁采食时，在树干上做成泥线、泥被或泥套，隐藏于其内进行采食树皮和木纤维。

（4）防治措施。

① 挖巢灭蚁。首先根据地形特征，受害树木分布状况，泥被、泥线和分群孔，鸡枞菌出现的位置等判断巢位。然后隔一定距离开始挖掘，找到蚁道后，随着挖掘及时用树

枝、竹篾插入标记，直到找出主蚁道，再向兵蚁最多、腥味浓的方向追挖，快速挖出蚁巢，从泥质"王室"中找出蚁王、蚁后。

② 压烟灭蚁。挖掘找到主蚁道后，用铁烟筒装入 1～1.5kg 发烟剂，上面放塑料袋盛装 80%敌敌畏乳油 10～20mL，点燃引线，将筒口对准主蚁道，发烟剂燃烧产生高温、高压，将敌敌畏烟雾迅速压送到蚁巢，可使全巢蚁群覆灭。

③ 饵料诱杀。采用低密度聚乙烯塑料（LLDPE）白蚁诱杀袋诱杀。在气温 25～27℃，白蚁活动频繁的春秋季节，在有泥被或泥线、距地面 80～120cm 的树干上缠系 LLDPE 白蚁诱杀袋（松、杉、悬铃木锯末各 20%，小米粉 14%，糯米粉 13.8%，甘蔗渣 10%，增效剂 2%，防腐剂 0.2%，95%氟铃脲 TF0.025%）。诱杀效果在 93%以上。用 70%"灭蚁灵（十二氯代八氢-亚甲基-环丁并 cd 戊搭烯）"粉 1 份，菝葜、蕨粉末 6 份，食糖 1 份诱饵，在春秋白蚁活动的频繁季节，将诱饵装袋（4～6g/袋）按 150～300 袋/hm^2 投放，投放前铲除 5～10cm 表土，将诱饵袋放在枯枝杂草间，上面覆土。

④ 合理营林。采伐时尽量降低伐桩，并把伐倒木、腐朽木、枯立木、大丫枝等清出森林。造林不垦，保留一定的地被物，减少白蚁对主要树木的危害。

2）家白蚁 *Coptotermes formosanus* Shiraki

（1）虫态识别。

兵蚁 体长 5.34～5.86mm。头及触角浅黄色，卵圆形，腹部乳白色。头部椭圆形，上颚镰刀形，前部弯向中线。左上颚基部有 1 深凹刻，其前方另有 4 个小突起，向前渐小。颚面其他部分光滑无齿。上唇近于舌形。触角 14～16 节。前胸背板平坦，较头狭窄，前缘及后缘中央有缺刻（图 4-10）。

1. 兵蚁头侧面；2. 兵蚁上颚；3. 兵蚁触角；4. 兵蚁前胸背板；5. 有翅成虫前、后翅。

图4-10 兵蚁

有翅成虫 体长 7.8～8.0mm，翅长 11.0～12.0mm。头背面深黄色。胸腹部背面黄褐色，腹部腹面黄色。翅为淡黄色。复眼近于圆形，单眼椭圆形。触角 20 节。前胸背板前宽后狭，前后缘向内凹。前翅鳞大于后翅鳞，翅面密布细小短毛。

工蚁 体长 5.0～5.4mm。头淡黄色，胸腹部乳白色或白色。头后部呈圆形，前部呈方形。后唇基短，微隆起。触角 15 节。前胸背板前缘略翘起。腹部长，略宽于头，被疏毛。

卵　长径 0.6mm，短径 0.4mm，乳白色，椭圆形。

（2）寄主及危害特点。

分布于北京、河北、山东、陕西、安徽以南的各地，是危害房屋木构件、桥梁和四旁绿化树木最严重的一种土木两栖白蚁。危害的树种主要有樟树、檫木、柳树、杨树、刺槐、枫杨、银杏、悬铃木、柏木、重阳木、柳杉等，尤喜在古树名木及行道树内筑巢，使之生长衰弱，甚至枯死。

蚁群中分生殖类型和非生殖类型。生殖类型包括原始型蚁王、蚁后，由有翅成虫经分飞后脱翅落巢发育而成；短翅型补充性蚁王、蚁后，由翅芽若蚁发育而成，一般在原始型蚁王、蚁后死亡后产生。非生殖类型包括工蚁、兵蚁。幼蚁不成为一个独立的品级，它是工蚁、兵蚁、翅芽若蚁的前身。

家白蚁有大型主巢和若干副巢，常筑巢于大树内、夹墙内、木梁与墙交接处、门楣旁、木柱与地面相接部分、楼梯近地面部分、猪圈、锅灶台、坟墓内。巢由土、木质、粪便和唾液组成。外围有 5～6cm 泥壳状的防水层，内有一层层作同心圆排列呈蜂窝状的巢片，在主巢近中央有半月形的"王室"。

蚁巢常有外露迹象：①排泄物，似黄褐色或深褐色的疏松泥块，堆积在蚁巢外围或附近；②分飞孔，是有翅成虫外出分飞的孔口，一般呈泥条状、颗粒状，孔口外露的颜色反映蚁巢所在的位置；③通气孔，是调节蚁巢温湿度的小孔，在蚁巢的外表皮层或附近，如芝麻、米粒状，少则 3～5 个，多的达数十个。成熟的蚁群每年产生有翅成虫在 4～6 月气候闷热的傍晚分飞，有强烈的趋光性。

（3）防治原则与措施。

① 挖巢。根据林木和房屋木结构受害后暴露的蚁路、分飞孔、通气孔、排泄物等迹象，结合周围地形条件确定巢位。冬季进行挖巢，巢内喷少量"灭蚁灵"，可以杀灭全巢白蚁。

② 巢外施药。在白蚁活动季节，于被害物、蚁路、分飞孔、蚁巢上轻轻撬开 1 条裂缝，发现白蚁后，每处喷入 0.3g 灭蚁灵，然后用纸封住缝口，不要影响白蚁活动。工蚁沾染药粉后，由于舐理和交哺行为，可使整巢白蚁中毒死亡。

③ 诱杀。于白蚁活动季节，在其活动区域设诱集坑、箱，放置劈开的松木、甘蔗渣、芒萁等，横竖排好，用淘米水或红糖水淋湿，然后覆土踏实，堆土要高出地面，以防积水。5～7d 后挖开检查，发现白蚁后在其体上喷灭蚁灵，工蚁传带至巢中可杀死整巢白蚁。或将 LLDPE 白蚁诱杀袋放置在蚁路、分飞孔、通气孔等有白蚁活动迹象区域诱杀白蚁。

任务评价

具体评价内容及标准见表 4-8。

表 4-8　林木根茎害虫调查与防治任务评价表

任务名称：林木根茎害虫调查与防治			完成时间：	
序号	评价内容	评价标准	考核方式	赋分
1	知识考核	掌握地下害虫的种类及危害特点	单人考核 （笔试）	5 分
		熟知主要地下害虫的生物学知识		5 分
		熟知地下害虫虫情调查知识		10 分
		掌握地下害虫防治知识		10 分
2	技能考核	能准确识别地下害虫	单人考核	10 分
		会进行地下害虫虫情调查	小组考核	10 分
		防治措施得当、效果理想	小组考核	10 分
		操作规范、安全、无事故	小组考核	10 分
3	素质考核	工作中勇挑重担，有吃苦精神	单人考核	2 分
		与他人合作愉快，有团队精神		2 分
		遵守劳动纪律，按时完成任务		2 分
		善于发现问题，有一定解决问题的能力		2 分
		收集信息准确、方法有创新		2 分
4	成果考核	按时完成调查报告，内容翔实，书写规范，结果正确	小组考核	10 分
		防治技术方案条理清晰，措施得当，可操作性强	小组考核	10 分
总得分			100 分	

◇◇ 自 测 练 习 ◇◇

1. 填空题

（1）森林苗圃地下害虫主要有_____类、_____类、地老虎类、白蚁类和蟋蟀类等。

（2）金龟子类的幼虫通称_____，属于_____目昆虫。

（3）东北大黑金龟子一般_____年完成 1 代，以_____在地下越冬。

（4）东方蝼蛄是苗圃地常见的地下害虫，以_____咬食根部及靠近地面的幼根茎，使之呈不整齐的_____。

（5）蝼蛄昼伏夜出，具有强烈的_____性和_____性。

（6）金龟子类害虫危害幼苗根茎部，造成的伤口较_____。

（7）蝼蛄危害植物幼苗根茎部，咬的切口_____。

（8）蛴螬身体在地下一般呈_____形弯曲，有_____对胸足。

（9）小地老虎属于_____目_____科昆虫。

（10）小地老虎成虫对糖、醋、蜂蜜、酒等香甜物质有特别嗜好，故可设置_____诱杀。

（11）白蚁属于等翅目昆虫，分为_____栖、_____栖和土木栖 3 大类。

（12）白蚁为社会性多形态昆虫，蚁群包括_____、_____、_____、_____和_____。

2. 单项选择题

（1）在表土钻筑隧道，形成隆起垅土的是（　　　）。
　　A．蝼蛄　　　　B．蟋蟀　　　　C．地老虎　　　D．金龟子

（2）在（　　　）天气或雨前夜晚灯诱蝼蛄效果更好。
　　A．温暖　　　　B．凉爽　　　　C．闷热　　　　D．晴朗

（3）金龟子幼虫足的类型为（　　　）。
　　A．多足型　　　B．寡足型　　　C．无足型　　　D．原足型

（4）用炒香的饵料诱杀蝼蛄时，加入（　　　）效果好。
　　A．敌百虫　　　B．氧化乐果　　C．磷化铝　　　D．敌杀死

（5）东北大黑鳃金龟老熟幼虫黄褐色，头部前顶刚毛每侧（　　　）。
　　A．1根　　　　B．2根　　　　C．3根　　　　D．4根

（6）东北大黑鳃金龟的生活史为（　　　）。
　　A．1年1代，以成虫越冬
　　B．1年1代，以幼虫越冬
　　C．2年1代，以成虫和幼虫越冬
　　D．2年1代，以幼虫和蛹越冬

（7）用50%辛硫磷乳油灌根防治地下害虫，其药剂的稀释倍数一般为（　　　）倍。
　　A．200　　　　B．500　　　　C．1000　　　　D．2000

（8）东方蝼蛄在土壤湿度（　　　）时易危害严重。
　　A．小　　　　　B．中等　　　　C．大　　　　　D．没要求

（9）小地老虎属地下害虫，其分类地位是（　　　）。
　　A．鳞翅目灯蛾科　　　　　　　　B．鳞翅目夜蛾科
　　C．鞘翅目虎甲科　　　　　　　　D．直翅目蝼蛄科

（10）用毒饵诱杀害虫，其利用了害虫的（　　　）。
　　A．趋光性　　　B．趋化性　　　C．假死性　　　D．本能

3. 多项选择题

（1）下列害虫中属于地下害虫的是（　　　）。
　　A．蛴螬　　　　B．小地老虎　　C．金针虫　　　D．叶甲

（2）以下措施中对地下害虫发生起到预防作用的是（　　　）。
　　A．施入腐熟的有机肥　　　　　　B．药土垫床
　　C．冬季深翻　　　　　　　　　　D．灌封冻水

（3）影响地下害虫发生的环境条件有（　　　）。
　　A．土壤质地　　　　　　　　　　B．土壤含水量

　　　C．土壤酸碱度　　　　　　　D．苗圃前作物

（4）用糖醋液可诱杀的成虫是（　　）。

　　　A．金龟子　　　　　　　　　B．小地老虎

　　　C．蝼蛄　　　　　　　　　　D．种蝇

（5）蛴螬是常见的地下害虫，对其形态描述正确的是（　　）。

　　　A．头部一般是黑色

　　　B．只有 3 对胸足，无腹足

　　　C．在土壤中一般呈 C 字形弯曲

　　　D．口器为咀嚼式

（6）金龟子成虫形态描述正确的是（　　）。

　　　A．体形一般为椭圆形　　　　B．鳃片状触角

　　　C．咀嚼式口器　　　　　　　D．前翅为鞘翅

（7）蝼蛄类成虫的形态描述正确的是（　　）。

　　　A．体形一般为椭圆形　　　　B．丝状触角

　　　C．咀嚼式口器　　　　　　　D．前翅为覆翅

（8）对东北大黑鳃金龟生物学特性表述正确的是（　　）。

　　　A．一般 1 年 1 代，以成虫在土中越冬

　　　B．成虫昼伏夜出，晚上出土活动

　　　C．卵一般产在表土中

　　　D．幼虫共 3 龄，随着土壤温度变化上下迁移

（9）对黑绒金龟子生物学特性表述正确的是（　　）。

　　　A．一般 1 年 1 代，以成虫在土中越冬

　　　B．成虫晚上出土活动

　　　C．成虫 5 月上旬开始飞翔，取食植物幼苗及嫩芽嫩叶

　　　D．卵多产于粪肥中

（10）对东方蝼蛄生物学特性表述正确的是（　　）。

　　　A．一般 1 年 1 代，以若虫在土中越冬

　　　B．昼伏夜出，具强烈的趋光性和趋化性

　　　C．对香甜味物质的趋性强

　　　D．对未腐熟的马粪、有机肥也有一定的趋性

4．判断题

（1）地下害虫是指生活在土壤中，以植物根部为食的害虫。　　　　　　　（　　）

（2）地老虎属鳞翅目夜蛾科昆虫。　　　　　　　　　　　　　　　　　　（　　）

（3）蛴螬是金龟子幼虫的通称，只有 3 对胸足，没有腹足。　　　　　　　（　　）

（4）地老虎喜欢生活在干旱的沙壤土地。　　　　　　　　　　　　　　　（　　）

（5）蝼蛄多生活在温暖潮湿且富含有机质的沙壤土中。　　　　　　　　　（　　）

（6）蛴螬喜欢地下水位高的碱性土壤。   （   ）
（7）若前作物是大豆，且常施未腐熟的厩肥，则蛴螬危害就会较严重。   （   ）
（8）毒饵诱杀是防治地下害虫的常用方法，其配制时使用的毒剂一般是内吸剂。
                                                            （   ）
（9）黑绒金龟子一般 1 年发生 1 代，以成虫在土中越冬。   （   ）
（10）铜绿金龟子一般 1 年发生 1 代，以 3 龄幼虫在土中越冬。   （   ）

5．简答题

（1）地下害虫常见类群有哪些？发生与危害特点如何？
（2）简述蛴螬、蝼蛄、地老虎的危害状。
（3）简述用药枝诱杀金龟子成虫的方法。
（4）简述用毒饵制作与使用方法。
（5）简述用糖醋液诱杀小地老虎的方法。
（6）黑翅土白蚁和家白蚁的生物学特性有何异同？目前采用哪些防治措施？

6．论述题

试述经常危害苗圃的害虫种类，以金龟子为例说明其综合防治措施。

项目 5　林木枝干病虫害防治

项目描述

在森林病虫害防治中，比较难以控制的是枝干部病虫害，林木一旦受害严重，很难恢复生机，因此主要预防措施需要以选育品种，提高树势为前提，做到早发现、早防治。

枝干害虫常见类群包括鞘翅目的天牛、小蠹、吉丁、象甲，鳞翅目的木蠹蛾、透翅蛾、螟蛾，膜翅目的树蜂、茎蜂及同翅目的介壳虫等，多为"次期性"危害，危害树势衰弱或植物濒临死亡，以幼虫钻蛀树干被称为"心腹之患"。这类害虫除成虫裸露在外，其他虫态均在枝干内营隐蔽生活，因此受外界环境影响较小，种群数量相对较稳定，可连年危害。枝干病害的种类繁多，症状类型主要有干锈、疱锈、腐烂、溃疡、枝枯、肿瘤、丛枝、黄化、萎蔫、腐朽、流脂流胶等。引起枝干病害的病原菌大多是弱寄生菌，有真菌、细菌、植原体、寄生性种子植物和线虫等，也有非生物病原，如日灼、冻伤等。其中，杨树烂皮病、松材线虫病，松突圆蚧、杨树天牛在全国各地普遍发生，本项目以它们为任务载体实施教学，通过典型工作任务训练及知识迁移学习，使学生全面掌握枝干部病虫害和防治技术。

项目分析

任务名称	任务载体	学习目标		
		知识目标	能力目标	素质目标
任务 5.1 林木枝干病害调查与防治	杨树烂皮病调查与防治 松材线虫病调查与防治	① 了解林木枝干病害的发生原因及发病规律 ② 熟知枝干病害的调查方法 ③ 掌握枝干病害防治原理与措施	① 会诊断林木枝干病害 ② 能对林木枝干病害进行调查 ③ 会拟定枝干病害防治技术方案 ④ 会实施枝干病害防治作业	① 培养学生对林木枝干病虫害的正确认知和科学防控理念 ② 培养学生团队合作精神和认真求实的工作态度 ③ 提高学生分析问题和解决问题的能力
任务 5.2 林木枝干害虫调查与防治	杨树天牛调查与防治 松突圆蚧调查与防治	① 熟知枝干害虫种类及危害习性 ② 掌握枝干害虫的调查方法 ③ 掌握枝干害虫防治原理与措施	① 会识别枝干害虫及被害状 ② 能对枝干害虫虫情进行调查 ③ 会拟定枝干害虫防治技术方案 ④ 会实施枝干害虫防治作业	

任务 5.1　林木枝干病害调查与防治

实施时间：调查时间宜安排在春末夏初或秋初，防治时间一般选在春季和夏季进行。

实施地点：有枝干病害发生的林地。

教学形式：现场教学、教学做一体化。

教师条件：由校内教师和林场技术员共同指导。指导教师需要熟知枝干病害的发生与危害特点，具有枝干病害诊断及调查防治能力；具备组织课堂教学和指导学生实践训练的能力。

学生基础：具备识别林木病害的基本技能，具有一定的自学能力和资料收集与整理能力。

5.1.1　杨树烂皮病调查与防治（任务载体一）

杨树烂皮病为溃疡病类（canker）。病原主要是真菌，少数由细菌和非侵染因素所致。大多为弱寄生菌，只能侵染生长势变弱的林木。发病特点具有明显的年周期性，一般每年有两个发病期，病害的消长与寄主树皮含水量有密切关系。病害的扩展与寄主生长的节律密切相关，侵入途径有伤口、皮孔。此类病原有潜伏侵染现象。

杨树枝干溃疡病主要有水泡型溃疡病、大斑型溃疡病、腐烂型溃疡病和细菌性溃疡病等，是杨树主要的枝干病害。杨树从苗木、幼树到大树均可感染这些病害，以苗木和幼树受害最重，造成枯梢或全株枯死。因此，防治杨树枝干病害要适地适树，改善经营管理条件，增强树势，消除诱因，提高杨树的生命力。危害严重时采用化学防治辅助治疗。

1.　分布与危害

杨树烂皮病又称杨树腐烂病，危害杨属各树种，主要分布于黑龙江、吉林、辽宁、内蒙古、河北、山西、陕西、新疆、青海等杨树栽培地区，是公园、绿地、行道树和苗圃杨树的常见病和多发病，常引起防护林和行道树大量枯死，新移栽的杨树发病尤重，发病率可达 90% 以上。除危害杨属树种外，也危害柳、椴、樱、接骨木、花楸、桑树、木槿等。

2.　症状特点

杨树烂皮病发生在主干和侧枝上，表现为干腐和枯枝 2 种类型。

（1）干腐型。主要发生在主干、大枝及分杈处。病斑初期呈暗褐色水浸状，微隆起，病皮层腐烂变软，手压病部有水渗出，随后失水下陷，病部呈现浅砖红色，有明显的黑褐色边缘，病变部分分界明显。后期在病部产生许多针头状小突起，即病菌的分生孢子器。雨后或潮湿天气，从针头状小突起处挤出橘黄色卷丝状物（分生孢子角）。腐烂的皮层、纤维组织分离如麻状，易与木质部剥离。当条件适宜时，病斑很快向外扩展，向纵向扩展比横向扩展速度快。病斑包围树干后，导致树木死亡。在秋季，死亡的病组织上会长出黑色小点，即病菌的子囊壳。

（2）枯枝型。主要发生在小枝上。小枝染病后迅速枯死，无明显的溃疡症状。病枝上也产生小颗粒点和分生孢子角。

3. 病原

引起杨树烂皮病的主要病原菌是子囊菌门、球壳菌目的污黑腐皮壳菌（*Valsa sordida*），其无性型为半知菌门、球壳孢目的金黄壳囊孢菌（*Gtosporachry sosperma*）。子囊壳多个埋生于子座内，呈长颈烧瓶状；子囊棍棒状，中部略膨大，子囊孢子 4～8 枚，2 行排列，单孢，腊肠形，分生孢子器埋生于子座内，呈不规则形，分为多室或单室，具长颈，黑褐色，分生孢子单细胞，无色，腊肠形（图 5-1）。

1. 分生孢子器；2. 分生孢子；3. 子囊及子囊孢子；4. 子囊壳假子座。

图5-1　杨树烂皮病病原菌

引起成年树枯枝型还有子囊菌门的白壳属（*Leucostoma*），子囊壳初埋生后突出表皮，在孔口周围有一圈灰白色粉状物，基部有一明显黑色带状结构。该菌在 PDA 培养基上菌丝初为白色，后渐变为墨绿色。

4. 发病规律

病菌以菌丝、分生孢子器及子囊壳在病组织内越冬。翌年春天，孢子借雨水和风传播，从伤口及死亡组织侵入寄主，潜育期 6～10d。病害于每年 3～4 月开始发生，5～6 月为发病盛期，病斑扩展很快，7 月后病势渐缓，至 9 月基本停止。病菌分生孢子器于 4 月开始形成，5～6 月大量产生，之后减少。子囊壳于 11～12 月在枯枝或病死组织上可以见到。病菌在 4～35℃均可生长，但以 25℃生长最适宜。菌丝生长最适 pH 值为 4。分生孢子和子囊孢子萌发的适宜温度为 25～30℃。

杨树烂皮病的发生和流行与气候条件、树龄、树势、树皮含水量、栽培管理措施等有密切的关系。病菌只能危害生长衰弱的树木或濒临死亡的树皮组织。立地条件不良、栽培管理措施不善等因素削弱了树势，可促进病害大发生。冬季受冻害或春季干旱、夏季发生日灼伤，也易诱发此病。杨树苗木移栽前假植时间太长、移栽时伤根过多、移栽后灌溉不及时或不足、行道树修剪过度等均易造成病害严重发生。一般认为，小叶杨、加杨、美国白杨较抗腐烂病，而小青杨、北京杨、毛白杨较易感病。当年移植的幼树和6～8年生幼树发病重。另有研究表明，病菌有潜伏侵染现象，苗木中带菌率很高，一旦条件适宜，病害会突然大发生。

计划制订

1. 小组分工

每4～6人为一组，设组长1名，操作员2～4名，记录员1名。

2. 工作准备

仪器：实体显微镜、手动喷雾器或背负式喷粉喷雾机。

用具：放大镜、镊子、采集袋、标本盒、铁锹、枝剪、天平、量筒、玻片、盖片、塑料桶、板刷、注射器、电工刀等。

材料：本地林区主要枝干害虫标本，药剂包括生石灰、食盐、硫酸铜、动物油、70%甲基托布津可湿性粉剂、10%双效灵可湿性粉剂、40%福美砷、50～100ppm赤霉素、2%843康复剂、10%腐烂敌、70%甲基托布津、50%退菌特可湿性粉剂等。

3. 工作预案

以小组为单位领取工作任务，根据任务资讯，查阅相关资料，结合国家和地方枝干病害防治技术标准拟定调查与防治预案。

调查预案包括调查内容、调查路线、样地设置、取样方法和调查方法等，防治预案包括防治原则和技术措施等。

对杨树烂皮病的防治，应根据其发生规律，找出薄弱环节，制定控制对策。一般应遵循的原则是采用以加强检疫、林业技术措施为主，化学防治为辅的综合防治措施，根据造林地生态环境选用抗病优良品种，应适地适树，加强管理，清除严重病株，减少侵染来源及传播媒介，提高树木对病害的自控能力。具体措施应从以下几个方面考虑。

（1）育苗时插条应贮于2.7℃以下的阴冷处，以防止病菌侵染插条。移栽时减少伤根，缩短假植期。移栽后及时灌足水，以保证成活。

（2）选用抗病品种，抗性由大到小依次为美洲黑杨＞欧洲杨＞黑杨派与青杨派的杂交种＞青杨派品种。

（3）加强抚育，增强树势。栽植后适时进行中耕除草，灌水施肥，禁止放牧，防治蛀干害虫，保证树木健康成长，初冬及早春树干涂白。营造混交林，修枝要合理，剪口平滑。

（4）全面清理病死树。对发病较重的林分，及时清理病树，无保留价值的林分应全面伐除，并妥善处理病死树。

（5）对发病程度较轻的林分，采用腐烂敌或 70%甲基托布津可湿性粉剂，或 40%福美砷可湿性粉剂 50～200 倍液涂抹病斑，涂前先用小刀将病组织划破或刮除老病皮。涂药 5d 后，再用 50～100μg/g 赤霉素涂于病斑周围，可促进产生愈合组织，阻止复发。

任务实施

1. 杨树烂皮病识别

1）现场典型症状识别

第一步：主干有凹陷的病斑出现并生有许多针头状黑色小突起物，遇潮湿、雨水溢出橘红色卷须状物，为分生孢子角。此症状为干腐型。

第二步：枝条枯死后散生许多黑色小点，即为枯枝型症状。

2）室内病原菌鉴别

第一步：在杨树烂皮病的病斑症状明显处切取病组织小块（5mm×3mm），然后将病组织材料置于小木板或载玻片上，左手手指按住病组织材料，右手持刀片，把材料横切成薄片（厚度＜0.8mm），再将切好的材料制成玻片标本。

第二步：在显微镜下镜检观察，并查阅相关资料，识别病原。

2. 杨树烂皮病病情调查

（1）踏查。杨树多为防护林、行道树和栽植用的苗木等，所以踏查可以沿林班线或林间大小道路进行，踏查路线之间的距离随调查精度而异，一般为 250～1000m，通常还需深入道路线两侧 50～100m 调查。踏查路线要通过有代表性的地段及不同的林分，在环境条件不利于林木生长的地方，更要仔细调查，一般每 1000 亩设置 1～3 个调查点，每点选 10～15 株树木（苗木）进行调查。调查情况必须详细记载，病害的分布按单株、点状（2～9 株）、块状（10 株以上，0.25hm^2 以下）、片状（林木 0.25～0.5hm^2、苗木 200m^2 以上）记载。

调查时将病害分为"轻、中、重"三级，分别用"＋""＋＋""＋＋＋"符号表示，杨树烂皮病感病率在 5%～10%以下为轻（＋）；枝干感病株率在 11%～20%为中（＋＋）；枝干感病率在 21%以上为重（＋＋＋）；杨树枝干腐烂病成灾标准定为受害率 30%以上，树木死亡率 3%以上。划分依据参考林业有害生物发生及成灾标准（LY/T 1681—2006）。

踏查采用目测法边走边查，注意各项因子的变化，绘制主要病虫害分布草图并填写踏查记录表（表 5-1）。

表 5-1　杨树烂皮病踏查记录表

县＿＿＿＿＿＿＿　乡（场）＿＿＿＿＿＿＿　村地名＿＿＿＿＿　权属＿＿＿＿＿＿＿
调查地编号＿＿＿＿＿　林分总面积＿＿＿＿＿＿＿（亩）被害面积＿＿＿＿＿＿＿（亩）
林木组成＿＿＿＿＿＿＿＿＿＿＿＿＿　优势树种＿＿＿＿＿＿＿＿＿
平均林龄＿＿＿＿＿＿＿　平均树高＿＿＿＿＿＿＿（m）平均胸径＿＿＿＿＿＿＿（cm）
郁闭度＿＿＿＿＿＿＿　生长势＿＿＿＿＿＿＿　地形地势＿＿＿＿＿＿＿
林地卫生状况＿＿＿＿＿＿＿　其他＿＿＿＿＿＿＿

树种	受害面积/亩	病害种类	危害部位	危害程度		
				轻（+）	中（++）	重（+++）

（2）标准地调查。在发病林地按发病轻、中、重选择有代表性地段设置标准地。按林地发病面积的 0.1%～0.5% 计算应设样地面积，按每个样地林木不少于 100 株计算应设样地数。圃地的植株全部调查，取样方法在 4.1.1 节中已有介绍，此处不再赘述。应根据林木病虫害及林木在田间的分布形式确定取样方法，如在人工林地、圃地中进行病害调查，一般用抽行式、大五点式等取样方法来选定样地。

在样地统计杨树烂皮病的发病率和病情指数，用来表示危害程度。

发病率表示感病株数占调查总株数的百分比，它表明病害发生的普遍性，计算公式为

$$发病率 = \frac{感病株数}{调查总株数} \times 100\%$$

病情指数的测定方法：先将样地内的林木按病情分为健康、轻、中、重、枯死等若干等级，并以数值 0、1、2、3、4 等分别代表具体的分级，按照林业有害生物发生及成灾标准（LY/T 1681—2006）规定进行测定。然后统计出各等级株数后，按下列公式计算：

$$病情指数 = \frac{\sum(病情等级代表值 \times 该等级株数) \times 100}{各级株数总和 \times 最重一级的代表值}$$

（3）确定杨树烂皮病病级划分。在标准地内逐株调查健康株数、各病害等级感病株数。划分标准见表 5-2。

（4）计算各样地发病率、病情指数，填写杨树烂皮病样地调查表（表 5-3）。

表 5-2　杨树烂皮病病级划分

级别	代表值	病斑分级情况
I	0	健康
II	1	病斑大小占病部树干周长比例的 1/5 以下
III	2	病斑的大小占病部树干周长比例的 1/5～2/5
IV	3	病斑的大小占病部树干周长比例的 2/5～3/5
V	4	病斑的大小占病部树干周长比例的 3/5 以上或濒死木

表 5-3　杨树烂皮病样地调查表

调查日期	调查地点	样方号	树种	病害名称	总株数	发病株数	发病率/%	病害分级					病情指数	备注
								I	II	III	IV	V		

3. 杨树烂皮病防治作业

（1）加强抚育管理。修枝要合理，全面清理病死树，并妥善处理病死树。

（2）生长季节栽植胸径 5cm 左右的幼树时，防止水分快速蒸发，将梢头截掉，横截面要平滑，然后涂一层 45%石硫合剂晶体 30～50 倍液，再涂一层沥青或铅油。

（3）在 4～5 月或 10 月对树干涂白剂，防止冻害与灼伤。

白涂剂配制示例：称取生石灰 5kg，石硫合剂原液 0.5kg，食盐 0.5kg，动物油 0.1kg，水 15kg。用少量热水将生石灰和食盐分别化开，然后将两液混合并倒入剩余的水中，再加入石硫合剂、动物油搅拌均匀即成。在距离地面 1.3～1.5m 处树干涂刷。

（4）在 4 月、6 月发病初期涂药两次，用 10%腐烂敌复合剂 10～20 倍液或 70%甲基托布津可湿性粉剂 50～80 倍液涂抹。

技术要点：计算药剂、稀释剂的用量，分别称取，然后加入容器中搅拌均匀待用。涂药前需要用小刀将病皮组织顺树干纵向划破条状，病健交界处延长 1cm 或刮除病斑老皮再涂药。涂药后第 5 天，再用 50～100 倍赤霉素涂于病斑周围。

4. 防治效果调查

最后一次施药后，利用业余时间分别在 3d、5d、7d、10d、15d 到防治现场检查防治效果，具体做法如下。

（1）防治调查。首先在防治区和对照区取样（参照杨树烂皮病调查方法）。

（2）样地杨树烂皮病病株分级调查。统计样地发病率、病情指数，计算相对防治效果。

$$相对防治效果 = \frac{对照区病情指数或发病率 - 防治区病情指数或发病率}{对照区病情指数或发病率} \times 100\%$$

知识准备

5.1.2　松材线虫病调查与防治（任务载体二）

1. 发生与危害

松材线虫病又称松枯萎病，是松树的毁灭性病害。该病在日本、韩国、美国、加拿大、墨西哥等均有发生，但危害程度不一，其中以日本受害最重。1982 年此病在中国南京市中山陵首次发现，短短的十几年内，又相继在安徽、广东、山东、浙江、辽宁等地局部地区发现并流行成灾，导致大量松树枯死，对我国的松林资源、自然景观和生态环境造成严重破坏，而且有继续扩散蔓延之势。在我国主要危害黑松、赤松、马尾松、海岸松、火炬松、黄松等树木。

2. 症状及病原

松材线虫主要借助媒介昆虫松墨天牛传播或经主动侵染进入松树体内，多数存在于木质部内，取食松木木质部管胞和薄壁细胞，阻碍水分运输，造成松树失水萎蔫，生长势减弱，甚至死亡。国外研究显示，松材线虫侵染松树表皮细胞时，形成气泡（气栓筛），阻止木质部的水分运动，造成松树萎蔫，迅速枯死。病原线虫侵入树体后，松树的外部症状表现为针叶陆续变色（5～7月），松脂停止流动、萎蔫，而后整株干枯死亡（9～10月），枯死的针叶红褐色，当年不脱落。松材线虫侵入树体后不仅使树木蒸腾作用降低、失水、木材变轻，而且会引起树脂分泌急速减少和停止。在病树已显露出外部症状之前的9～14d，松脂流量下降，量少或中断，在这段时间内病树不显其他症状，因此泌脂状况可以作为早期诊断的依据。

1. 雌成虫；2. 雄成虫；3. 雄虫尾部；
4. 交合伞；5. 雌虫阴门；6～8. 雌虫尾部。

图5-2　松材线虫

松材线虫 *Bursaphelenchus xylophilus* 属于线虫门、侧尾腺纲、滑刃目、滑刃科、伞滑刃属。松材线虫的雌雄虫均呈蠕虫状，体长约 1mm。头部唇区高，缢缩明显，口针细长。基部略微增厚。中食道球卵球形，占体宽的 2/3 以上。食道腺细长，长叶状。排泄孔的开口大致与食道和大肠交界处平行。半月体在排泄孔后的体宽约 2/3 处。雌虫尾部亚圆锥形，末端盾圆，少数有微小尾尖突。卵巢前伸，卵单行排列，阴门开口于身体中后部73%处，上覆盖于宽的阴门盖。雄虫交合刺大，弓状。喙突显著，远端膨大如盘状。雄虫尾部似鸟爪，向腹部弯曲，尾端被小的交合伞所包被（图5-2）。

拟松材线虫 *B.mucronatus* 的特征与松材线虫十分相似，区别如下。①松材线虫雌虫尾部为亚圆形，末端钝圆。少数可见微小的尾尖突，不超过2μm，一般为1um；拟松材线虫为圆锥形，末端有明显的尾尖突，长度在3.5μm以上。②松材线虫交合刺远端有盘状突，交合伞卵形；拟松材线虫交合刺远端无盘状突，交合伞近方形。

3. 发病规律

该病的发生与流行与寄主树种、环境条件、媒介昆虫密切相关。在我国主要危害黑松、赤松、马尾松。苗木接种试验表明，火炬松、海岸松、黄松、云南松、乔松、红松、樟子松也能感病，但在自然界尚未发生成片死亡的现象。低温能限制病害的发展，干旱可加速病害的流行。

松材线虫病多发生在每年 7～9 月。在我国，传播松材线虫的媒介昆虫主要是松墨天牛 *Monochamus alternatus* Hope。

南京地区松墨天牛每年发生 1 代，于 5 月下旬至 6 月上旬羽化。从患病树中羽化的天牛几乎 100%携带松材线虫。天牛体内的松材线虫均为耐久型幼虫，主要在天牛的气管中，一只天牛可携带上万条，多者可达 28 万条。2 月前后分散型松材线虫幼虫聚集到松墨天牛幼虫蛀道和蛹室周围，在天牛化蛹时分散型幼虫蜕皮变为耐久型幼虫，并向天牛成虫移动，从气门进入气管，这样天牛从羽化孔飞出时就携带了大量线虫。当天牛补充营养时，耐久型幼虫就从天牛取食造成的伤口进入树脂道，然后蜕皮变为成虫。感染松材线虫病的松树往往是松墨天牛产卵的对象，翌年松墨天牛羽化时又会携带大量的线虫，并"接种"到健康的松树上，导致病害的扩散蔓延。

4. 防治原则及措施

切断松材线虫、松墨天牛和松树之间的联系，是防治松材线虫病的根本策略。

（1）松材线虫 SCAR 标记与分子检测技术监测。只需在树干上钻 4 个孔，将放有线虫引诱剂的引诱管插入小孔内，2h 后每个插管可引诱 10～20 头线虫，完成松材线虫快速取样，并且可以通过松材线虫 SCAR 标记与分子检测技术直接进行检查和鉴定。

（2）检验中发现有携带该线虫的松木及包装箱等，应采取溴甲烷熏蒸处理或浸泡于水中 5 个月以上，或切片后用作纤维板、刨花板或纸浆等工业原料，以及用作烧炭等燃料用。

（3）新发现的感病松林，要立即采取封锁扑灭措施。小块的林地要砍除全部松树；集中连片的松林，要将病树全部伐除，同时刨出伐根，连同病树的枝干一起运出林外，进行熏蒸或烧毁处理。对利用价值不大的小径木、枝丫等可集中烧毁，严禁遗漏。在焚烧过程中要加强防火管理，特别是余火的处理。

（4）松墨天牛发生盛期，利用直径 5cm 以上、长 1.5m 的新鲜柏木，去掉枝叶，每 10 根一堆，放在有虫林间，引诱成虫产卵，于 5 月底至 6 月初，将皮揭掉，集中消灭幼虫。

（5）释放肿腿蜂，也可配合施用白僵菌感染松墨天牛。

（6）加强松林抚育，增强树势，保持林木旺盛生长。

（7）3～10 月，松墨天牛幼虫活动盛期，配制来福灵或敌敌畏或速灭杀丁 30 倍液，用针管注入排粪孔或换气孔，用黄泥将虫孔封严。

（8）松墨天牛成虫羽化盛期，喷洒 80%敌敌畏乳油 1000 倍液，或喷洒 12%倍硫磷 150 倍液、4%聚乙烯醇 10 倍液、2.5%敌杀死 2000 倍液的混合液，有效期达 20d。

计划制订

1. 小组分工

每 4~6 人为一组，设组长 1 名，操作员 2~4 名、记录员 1 名。

2. 工作准备

（1）调查、取样备品。松褐天牛植物引诱剂诱捕器和诱芯（XL-Ⅱ型或其他类型诱捕器）；望远镜、遥感图像、手摇钻、木锯、钳子、镊子、皮尺、分规、卷尺、测绳、搪瓷盘、广口瓶；乙醇、甲酚；耐腐蚀的标签条、油漆、野外记录本等。

（2）分离线虫备品。漏斗架 2 台，漏斗口径 12~15cm 2 个、乳胶管（长 25cm）2 根、止水夹 2 个、培养皿（直径 6cm）4 套（其中 2 套在底部上划 0.5cm 的小方块）、胶头吸管 2 支、200mL 的烧杯 1 个、纱布 2 块（长 50cm、宽 16cm）、盛样品的沙袋、铜纱网、小玻璃管、剪刀 1 把、药物天平、标签等。三乙醇胺、38%~40%福尔马林、蒸馏水、高锰酸钾、500mL 广口瓶 1 个，10mL、5mL、200mL 量筒各 1 个，接种针 1 把。

（3）鉴定线虫仪器和用品。无菌培养室及相关设备、PCR 仪、数码相机、解剖镜、光学显微镜、温控电热板、载玻片、盖玻片、酒精灯、乳酚棉蓝、蜂蜡等。

任务实施

1. 实施主体

松材线虫病的调查监测与防治工作主要依托各级林业部门开展，主要核心工作依托各级林业有害生物检疫站或森防检疫站。松材线虫病调查监测工作包括松材线虫病日常监测、松材线虫病专项普查（每年两次）、疑似松材线虫病病死木取样、松材线虫鉴定分离、疫情确认、疫情报告等步骤；疫情防治工作主要包括确定防治方案、疫木除治、媒介昆虫防治和疫情封锁。

2. 工作流程

监测调查松材线虫病工作流程：制定调查方案→编制调查用表→准备调查用品和材料→制定调查的管理制度、落实调查人员→布置调查任务→培训调查人员、现场作业→质量跟踪→调查资料收集审核→在踏查的基础上确定松材线虫病危害的确切地点（精确到小班）→遥感技术调查→诱捕器调查→详细调查→松材线虫的野外取样、分离、鉴定→调查结果上报。

3．实施模式

本任务的媒介天牛和松材线虫因在全国不同地区的发生情况不同，调查涉及林区面积大、时间跨度大和松材线虫分离、制片技术，尤其是分类鉴定难度较大等特点，因此本次实训内容以分离出并初步鉴定到松材线虫、会正确使用天牛诱捕器为基本目标，统计松材线虫的危害率、林木受害程度。根据松墨天牛和松材线虫生活史和侵染特性，设计防治方案。可以综合实训或顶岗实习形式分小组进行，教师给予指导。

实训地点选择应在充分普查的基础上，会同相关部门，选择危害症状明显且典型的林分，确定典型林班或标准地。进行详细调查和防治作业，最好结合项目进行。调查时间宜在 5～8 月和 9～10 月。

4．实施内容与方法

1）松材线虫病调查

（1）调查时间。根据松墨天牛的活动习性，5～8 月调查为佳，松材线虫病发病高峰为 9～10 月，因此调查松材线虫病的危害率和松墨天牛的危害率最好每年分两次分别进行。

（2）调查方法。包括踏查、遥感调查、诱捕器调查等方法。①踏查。采取目测或者使用望远镜等方法观测，根据松树的典型症状记载发病情况，并填表记录（表 5-4、表 5-5）。②遥感调查。利用遥感技术可以对大面积松林进行监测调查，根据遥感图像的卫星定位信息，若有松树枯死和针叶异常情况，开展人工地面调查和取样鉴定。③诱捕器调查。在林间寄主上设置，诱捕器顶部距地面 1.5～2.0m，操作时，根据实际情况，可将诱捕器悬挂在透风的林地松树更高处，提高诱捕效率。以上方法调查中取样的松树和松墨天牛一旦分离出并确定有松材线虫时，应立即进行详细调查。

表 5-4　松材线虫病程度划分表

受害程度	轻	中	重
被害率/%	<1	1.1～2.9	>3

资料来源：林业有害生物发生及成灾标准（LY/T 1681—2006）。

表 5-5　松材线虫病踏查记录表

时间：　　　　　　　地点：

单位	小班名称	踏查林分					调查总株数
		踏查林地面积/hm²	森林类型及树种组成	松材线虫病典型症状株数	松墨天牛危害痕迹	分布面积/hm²	
总被害率（%）＝各小班危害总株数/调查总株数							

（3）详细调查。以小班为单位统计，不能以小班统计发生面积的以实际发生面积统计，四旁松树和风景林的发生面积以折算方式统计。对病死松树进行精准定位，绘制疫

情分布示意图和疫情小班详图。调查病死树数量时，需将疫情发生小班内的非疫病死亡的树（如火灾、其他病虫害、人畜破坏等造成枯死松树、濒死松树）排除在外，只对典型松材病症状的可疑松树、病死松树进行调查和统计，并对这些可疑树进行定位、贴标签，便于追踪调查。

2）松材线虫病取样

（1）取样对象。最好抽取具备上述典型症状的濒死松树。

（2）取样部位。抽取尚未完全枯死或刚枯死的优势木，一般在树干下部（胸径处）、上部（主干与主侧枝交界处）、中部（上、下部之间）3个部位取样。其中，对于仅部分枝条表现症状的，在树干上部和死亡枝条上取样。对于树干内发现松墨天牛虫蛹的，优先在蛹室周围取样。

（3）取样方法。在取样部位剥净树皮，用砍刀或者斧头直接砍取100～200g木片；或者剥净树皮，从木质部表面至髓心钻取100～200g木屑；或者将枯死松树伐倒，在取样部位分别截取2cm厚的圆盘。所取样品应当及时贴上标签，标明样品号、取样地点（须标明地理坐标）、树种、树龄、取样部位、取样时间和取样人等信息。

（4）取样数量。对需要调查疫情发生情况的小班进行取样时，总数在10株以下的要全部取样；总数在10株以上的先抽取10株进行取样检测，如没有检测到松材线虫，应继续取样检测，再抽取其余数量的1%～5%。

（5）样品的保存与处理。采集的样品应当及时分离鉴定，样品分离鉴定后须及时销毁。样品若需要短期保存，可将样品装入塑料袋内，扎紧袋口，在袋上扎若干小孔（若为木段或者圆盘无须装入塑料袋），放入冰箱，于4℃条件下保存。若需要较长时间保存，要定期在样品上喷水保湿，保存时间不宜超过1个月。

3）松材线虫病分离

采用贝尔曼线虫分离法。将直径10～15cm的漏斗末端接一段长约10cm的乳胶管后置于漏斗架上，并在乳胶管上装1个止水夹，然后在漏斗中铺上大小适当的两层纱布；分离木屑时，两层纱布之间放1张纸巾。

把带回实验室的样木去皮后劈成长3～4cm、直径2～3mm的细条，约取10g（或木屑）放入漏斗中的纱布上，将纱布四角向中间折叠盖上分离材料，然后向漏斗内注入清水至浸没，注意使水充满漏斗和下面的乳胶管，乳胶管内不得有气泡。线虫从小木条游离到水中，并通过纱布沉积到漏斗末端。在常温下一般24h后即可打开止水夹，用小培养皿（直径6～7cm）接取底部约5mL的水样进行镜检。

分离时室温不得低于20℃，先将分离用水的温度调至20～30℃，具体水温可视分离时室温的高低而定，即室温较低时可将水温调得较高些，但不得超过30℃。经过3～4h后，打开止水夹，用直径60～70mm培养皿在乳胶管下接取分离液约10mL，置于解剖镜下观察，或用5mL离心沉淀管接取分离液5mL，然后经自然沉淀30min或1500r/min离心2min，收集线虫供镜检。

4）松材线虫的鉴定。

（1）镜检。分别将各标号盛有线虫的分离液置于解剖镜下观察，先确认有无线虫。

对有线虫的样品进行活体检查，观察它的一般形态结构，然后选择几条成熟、特征明显的线虫，用接种针或吸管移至载玻片上的水滴中，将此载玻片在酒精灯火焰上方往返通过 5～6s，或置于打开盖子的高温热水瓶口上，热杀处理 30～60s，至虫体死亡，加盖玻片后（临时玻片）镜检观察，根据形态特征予以初步鉴别是否为松材线虫，以判断是否作进一步的鉴定。

（2）快速检验。当漏斗下的乳胶内出现透明度降低甚至混浊现象时，表明线虫的分离量较多，即可接取分离液 3～5 滴，置于解剖镜下观察。如有线虫，就将盛有分离液的培养皿置于高温热水瓶口上，进行 30～40s 的热杀处理后，放置显微镜下观察其特征进行鉴别；二是用显微镜直接观察线虫分离液，将漏斗胶管下放出的线虫悬浮液直接移放在光学显微镜下观察。一般在 10 倍的物镜下，松材线虫的基本形态特征，如头部、中食道球、阴门、交合、尾形等都可以清晰地看到。

（3）吸虫纯化。如果分离出的线虫中杂质很多而影响观察时，可用吸管将线虫全部吸入另一个培养皿中。吸虫时要求虫多水少，尽量不要吸入杂质。

（4）消毒处理。线虫分离纯化后，为了避免受到污染，需要对松材线虫进行表面消毒，消毒方法和消毒液可根据工作需要选择，常用的松材线虫表面消毒液由 0.002%放线菌酮和硫酸链霉素的混合液组成。

（5）线虫分离后的处理方法。染色法是鉴别线虫死活的优良方法之一，死的线虫易被染色，而活的线虫不易被染色。常用的染色剂包括甲基蓝或亚甲基蓝水溶液，浓度为0.5%；龙胆紫溶液（龙胆紫结晶 0.4g，95%乙醇 10mL）与 1%苯酚溶液 100mL 混合，在 2mL 线虫悬浮液中加入 4 滴混合液，6～14h 后加水稀释至 20mL 即可镜检观测；高锰酸钾水溶液，浓度 5%～10%，染色 2～3min，用水洗净后即可镜检观测。

（6）线虫标本的固定方法。固定液同三羟基乙胺福尔马林（TAF）固定液的配制，配方为 2%三乙醇胺、38%～40%福尔马林 7%、蒸馏水 91%。固定方法：纯净的线虫置于 43℃恒温箱内 12min，把 TAF 固定液加热至 43℃，倒入线虫瓶中。为了减少线虫变形，要求换一次固定液，其间隔时间为 2h。即把第一次倒入的固定液吸出以后，再加入新的固定液，以此类推，之后加盖蜡封保存。

（7）线虫的计数。样品中线虫数量减少时，可以放入小培养皿或线虫计数皿中，在解剖镜下计数，线虫数量过多时，要充分搅匀和适当分析后，吸取 5～10mL 线虫悬浮液在计数皿中计数。

计数要求线虫悬浮液和线虫要均匀。方法如下：将 5mL 或 10mL 注射器的针头去掉，向悬浮液中打气使线虫均匀分布，打气后立即取出 5mL 悬浮液放入划有小方格的培养皿中，在显微镜下计数，根据 5mL 悬浮液含的虫数，换算整个样品分离出来的线虫总数，然后换算整个样品分离出来的线虫总数，最后计算单位重量样品中的线虫数。

5）常见松材线虫培养方法。

（1）试样品松材线虫个体较多时，在离心管内进行消毒。具体方法：通过离心使线虫转移至离心管中，用无菌管将线虫液移入另一支离心管中，加入 2mL 双倍浓度的消毒液，轻轻震荡搅拌匀，处理 5min 后，在 1500r/min 下离心 5min 后，吸去上清液，重复消毒 1 次，用无菌水淋洗 2 次，最后用无菌吸管将线虫移入 PDA 培养基上。

（2）试样品松材线虫个体较少时的消毒方法。用 70%乙醇中浸载玻片 1min 并经过火焰灭菌，冷却后置于双目解剖镜台上，将消毒液和无菌水分别滴在载玻片表面的 3 个点上，每点 1 滴，其中 2 个点为消毒液，将线虫挑入消毒液中，约 1min 后依次转入另一滴消毒液和无菌水滴中，最后用无菌吸管将消毒后的线虫移入 PDA 培养基上。

一般当没有分离到成虫或成虫极少时，才需要进行培养，以获大量成虫进行进一步鉴定。

（3）鉴定初报。报请当地或国家权威机构确定。

5.1.3　其他枝干病害及防治

除溃疡病类外，还有许多其他类型的林木枝干病害，如干锈类、枯梢类、丛枝类、枯萎类等也对林木枝干造成严重危害，各地可根据当地实际发生的种类有针对性地进行教学，学生也可利用业余时间通过自学和查阅相关资料，学习林木主要枝干病害的防治技术。

1. 松疱锈病

1）危害性及特点

松疱锈病又称五针松疱锈病、五针松干锈病，通常以五针松受害最为普遍且严重。从幼龄幼苗到成熟林分均可感病，但以 20 年生以下的中幼林感病最重。严重发病林分的发病率可达 70%以上。感病红松当年松针长度减少 30%，颜色变浅，呈灰绿色或无光泽，绝对干重减少 27%；主梢生长量减少 82%～94%，树高显著降低，仅为健树的 3/5～4/5，且逐年递减使树冠变为圆形，3～5 年后干枯死亡。西南地区的华山松人工林感病后，轻病林分发病率一般为 5%左右，重病林分发病率常达 30%以上，严重发病的林分可高达 90%。

该病在国内分布于东北、西北、西南及华北等地。病原菌的性孢子和锈孢子阶段的寄主有红松、华山松、新疆五针松（西伯利亚红松）、偃松、台湾五针松、乔松、海南五针松、瑞士石松、北美乔松、美国白皮松、墨西哥白松和糖松等。在自然条件下，转主寄主有东北茶藨子、黑果茶藨子、裂叶茶藨子、马先蒿、穗花马先蒿等。

2）症状类型及病原识别

此病于春秋两季在松树上有明显的发病症状。春季在枝干皮上出现病斑并肿大裂缝，从中心向外生长出黄白色至橘黄色的锈孢子器，孢囊破裂后散出锈黄色的锈孢子。老病斑无孢囊，只留下粗糙黑皮，并流出树脂。锈孢子器阶段过后，树皮龟裂下陷。秋季在枝干上出现初为白色后变为橘黄色的泪滴状蜜滴，具甜味，是性孢子与黏液的混合物。蜜滴消失后皮下可见血迹状斑，此时幼苗及大树松针上产生黄色至红褐色的斑点。在转主寄主上，夏季期间叶背出现带油脂光泽的黄色丘形夏孢子堆，最后在夏孢子堆或新叶组织处出现刺毛状红褐色冬孢子堆。该病病原为担子菌门茶藨子柱锈菌 *Cronartium ribicola* J.C.Fischer ex Rabenhorst（图 5-3），为我国林业检疫性有害生物之一。

1. 精子；2. 锈孢子；3. 夏孢子；4. 冬孢子；5. 冬孢子及担子、担孢子。

图5-3　松疱锈病病原菌

3）发病规律

在秋季，转主寄主叶片的冬孢子成熟后，产生担子和担孢子，经风传播，落到五针松松针上萌发产生芽管，大多由气孔侵入松针，并在其中生长菌丝，经 3～7 年才在小枝、侧枝、干皮上产生性孢子器，翌年春季才产生锈孢子器。病树年年发病，产生性孢子和锈孢子。如果病株已濒临死亡，枝干上则不再发病。担孢子向松针侵染，不一定年年发生。锈孢子借风力传播到转主寄主上，在多湿、冷凉气候条件下产生芽管，由气孔侵入叶片，发生于松树枝干薄皮处，因此刚定植的幼苗和 20 年生以内的幼树及在杂草丛生的林内，或林缘、荒坡、沟渠旁的幼龄松树易感病。转主寄主多的林地病害也严重。

4）防治原则及措施

（1）植物检疫。疱锈病菌为我国林业检疫性有害生物，由疫区输出苗木及转主寄主等要检疫，发现病菌应及时销毁。在病区附近不设苗圃，如建苗圃时，应在冬孢子萌发之前向苗木喷施化学药剂防治。

（2）营林措施。从幼林开始坚持修枝，结合采伐清除病株病枝。发病率在 40% 以上的幼林要进行皆伐，改种其他树种。造林后抚育和苗圃周围特别是林间苗圃要铲除中间寄主。在苗圃周围 500m 内，用 45% 五氯酚钠、二甲四氯钠盐、50% 莠去津可湿性粉剂于 7 月中旬杀灭马先蒿和茶藨子，用药量为 1～5g/m^2。

（3）药剂防治。对 5～13 年生感病幼树，春季在锈孢子尚未飞散之前，用 270℃分馏的松焦油涂抹病部消灭锈孢子；秋季产生蜜滴时用松焦油涂干，消灭性孢子，可连续涂抹 1～3 年。当年采伐的小径木及带皮原木可用 20g/m³ 溴甲烷熏蒸处理，熏蒸时间为 48h。

2. 竹秆锈病

1）危害性及特点

竹秆锈病主要危害淡竹、早竹、哺鸡竹、篌竹和刺竹等竹种，在毛竹上尚未证实。竹被害部变黑，材质发脆，影响工艺价值。重病株常枯死，生病竹林会逐渐衰败。发病率常达 50% 左右，严重的达 70%～90%，不少竹林因此而毁坏。该病分布在江苏、浙江、安徽、山东、河南、湖北、陕西、四川、贵州、广西等地。

2）症状类型及病原识别

竹秆锈病俗称黄斑病，严重影响新笋生长和成材，多发生于竹秆中下部或秆基部，严重时小枝也会受害。初期病部出现白色小圆点，后逐渐变成土黄色条状或片状木栓质垫状物（病菌冬孢子堆），有时形成一圈环状软木栓，外壳紧箍于竹秆上。后期病部变成灰褐色或暗褐色，竹秆变黑发脆，降低竹材使用价值，严重受害时造成整株或成片枯死（图 5-4）。

1. 症状；2. 夏孢子；3. 冬孢子。

图5-4 竹秆锈病及病原菌

病原为担子菌门的皮下硬层锈菌 *Stereostratum corticioides*（Berk.et Br.）Magnus。

3）发病规律

病菌以菌丝体和不成熟的冬孢子越冬。翌年春季冬孢子成熟，5～6 月病斑角质层破裂，露出夏孢子堆，借风雨传播，从伤口侵入。侵入竹秆表皮后潜育期达 7～18 个月，而后症状逐渐显露。病斑可逐年增大和加厚，病情也逐渐加重，严重时竹林成片衰败枯死。该病在阴湿、通风不良、低洼的环境中和管理不善、生长过密、植株病弱的竹林中发生比较严重。

4）防治原则及措施

（1）加强竹林的抚育管理，合理砍伐，改善通风条件，增施磷肥、钾肥或进行垫土。

（2）发病初期及时伐除和烧毁病株，清除侵染源。

（3）初夏和秋末喷洒 0.5～1°Bé 的石硫合剂、1%的敌锈钠水溶液或粉锈宁 800～1000倍液。

（4）在每年的 2～3 月对病斑较少的病株用刀刮除病斑（即冬孢子堆），然后涂以煤焦油，以封死冬孢子。

（5）由于该病菌传播性较强，应做好联防联治，提高防治效果。

3. 落叶松枯梢病

1）危害性及特点

落叶松枯梢病是落叶松重要病害之一，分布于黑龙江、吉林、辽宁、山东等地，树木受害后新梢枯萎，整个树冠呈扫帚状，连年受害，生长量逐年下降。以幼苗、幼树受害最重，对落叶松人工林造成严重威胁。

2）症状类型及病原识别

一般先从主梢发病，然后由树冠上部向下蔓延。起初在未木质化的新梢嫩茎部或茎轴部褪绿，由浅褐色渐变为暗褐色、黑色，微收缩变细。上部弯曲下垂呈钩状，叶枯萎，大部分脱落，只在顶部残留一丛针叶。发病部位以上的枝梢枯死。

病原为子囊菌门的落叶松座腔菌 *Botryosphaeria larcina*（Sawada）Shang，是我国林业检疫性有害生物之一（图 5-5）。

1. 分生孢子；2. 分生孢子器；3. 子囊座和子囊；4. 子囊。

图5-5　落叶松枯梢病菌

3）发病规律

病原菌在病枝上越冬，翌年 5~7 月病菌落到当年新梢上，气候适宜时经过 10d 左右萌发侵入发病，主要危害当年新梢，由树冠逐渐向下部扩散蔓延。发病茎部逐渐褪绿，由淡褐色变深褐色，凋萎变细，流出树脂，近 7 月形成分生孢子再次传染新梢，秋后在危害处形成子囊腔越冬，从幼苗到 30 年生大树的枝梢均能受害，尤其对 6~15 年生落叶松危害最重。受害新梢枯萎，树冠变形，甚至枯死。

处于风口的迎风面的林分因伤口多，病害发生严重。适温与高湿（最适相对湿度为100%）是子囊孢子和分生孢子萌发的必要条件，如相对湿度在 92%以下，病菌孢子就不萌发。

4）防治原则及措施

（1）加强立地检疫和调运检疫，在调查的基础上，确定病区和无病区，禁止病区苗木调出。

（2）选育抗病品种，营造落叶松与阔叶树混交林。避免在风口处造落叶松林。成林后及时修枝、间伐。伐除重病树，搞好林内卫生。苗圃中松苗要经常检查，发现病株及时销毁。

（3）对患病苗木于 6 月下旬至 7 月下旬用森保 1 号 1000 倍液、"森保 1 号+灭病威"（1∶20，1000 倍液）或"森保 1 号+多菌灵"（1∶20，1000 倍液）喷雾 3 次，每次间隔10d。

（4）在郁闭林分，6~7 月使用百菌清或硫碳烟剂防治 2 次，每次间隔 15d。

4. 毛竹枯梢病

1）危害性及特点

毛竹枯梢病分布于江苏、浙江、安徽、江西、福建、上海、湖南及广东等地，危害当年新竹，发病后轻者枝梢枯死，重者整株死亡。受害毛竹质量下降，受害竹林出笋量减少，对毛竹生产威胁很大。

2）症状类型及病原识别

感病后先在主梢或枝条的节叉处出现舌状或梭形病斑，初为淡褐色后变成紫褐色。当病斑包围枝干一圈时，其上部叶片变黄，纵卷直到枯死脱落。在林间因病害危害的程度不一，竹子可出现枯梢、枯枝和全株枯死 3 种类型。剖开病竹，可见病斑内壁变为褐色，并长有白色絮状菌丝体。翌年春天，枯梢或枯枝节处出现不规则的小突起，后不规则开裂，从裂口处伸出 1 至数根毛状物，即为该病菌的子实体。天气潮湿时突起呈不规则形开裂，形似黑色棘状物，继而流出淡红色至枯黄色胶状物，即为子囊孢子角。病斑上散生圆形的小黑点，是病原菌无性世代的子实体，吸水后流出黑色卷曲须状的分生孢子角（图 5-6）。

病原为子囊菌门的竹喙球菌 *Ceratosphaeria phyllostachydis* Zhang。

1. 病枝；2. 病菌子囊腔；3. 子囊孢子。

图5-6　毛竹枯梢病

3）发病规律

病菌以菌丝体在寄主组织内潜伏越冬，并能存活 3～5 年。每年 4 月开始形成子囊壳，以 2 年前感病竹内的菌丝体产生的子囊壳为最多。子囊壳于 5 月中旬到 6 月中旬成熟，并在阴雨或饱和湿度的条件下，释放子囊孢子。这时正是新竹的发枝、放叶期，处于感病状态。孢子萌发后通过伤口或直接侵入寄主。受侵寄主经 1～3 个月的潜育期后，开始表现症状。潜育期的长短和新竹枯死的严重程度与 7～8 月高温、干旱期出现的迟早、持续时间及长短有密切的相关性。

毛竹枯梢病可以根据竹林内菌源的数量，新竹感病期的降水情况和 7～9 月高温、干旱期的持续时间和程度进行测报。据初步分析：4 月气温回升快，月平均气温达 15℃；5～6 月雨水多，达 300mm，雨日多达 35d 以上；7～8 月高温、干旱期长；竹林内病竹枯梢残留量多，枯梢病有可能流行成灾。一般来说，山岗、风口、林缘、高山、阳坡、纯林内的新竹发病较重。

4）防治原则及措施

（1）加强竹林的抚育管理，在冬末春初毛竹出笋前，结合常规的砍竹、钩梢两项生产措施，彻底清除竹林内的死竹及病枝、病梢，以减少病害侵染源。

（2）加强检疫，禁止带病母竹和竹材外运，防止病害扩散。

（3）病害流行的年份，可用 50%多菌灵 1000 倍液，或 1∶1∶100 的波尔多液在新竹发枝放叶期喷洒，隔 10～15d 连续喷 2～3 次。

5. 泡桐丛枝病

1）危害性及特点

泡桐丛枝病又称泡桐扫帚病，是泡桐的危险性病害，分布于我国泡桐栽培地区，以华北平原危害严重。泡桐一旦染病，在全株各个部位均可表现出受害症状。染病的幼苗、幼树常于当年枯死。大树感病后，常引起树势衰退，材积生长量大幅度下降，甚至死亡。

2）症状类型及病原识别

泡桐丛枝病危害泡桐的枝、干、根、花、果。幼树和大树发病，多从个别枝条开始，

枝条上的腋芽和不定芽萌发出不正常的细弱小枝，小枝上的叶片小而黄，叶序紊乱，发病小枝又抽出不正常的更加细弱的小枝，造成局部枝叶密集成丛。有些病树多年只在一侧枝条发病，没有扩展，仅由于病情发展使枝条枯死。有的树随着病害逐年发展，丛枝现象越来越多，最后全株都呈丛枝状态而枯死。病树根部须根明显减少，并有变色现象。1年生苗木发病，表现为全株叶片皱缩，边缘下卷，叶色发黄，叶腋处丛生小枝，发病苗木当年即枯死（图5-7）。

泡桐丛枝病的病原为植原体。

3）发病规律

该病主要通过嫁接、病根繁殖、病苗的调运传播；病菌也可通过媒介昆虫取食传播，如烟草盲蝽、茶翅蝽等的取食活动。病原侵入泡桐植株后引起一系列病理变化，病叶叶绿素含量明显减少，树木同化作用降低，能量积累减少，枝叶呈现瘦小、黄化、营养不良而逐渐枯死。病原在

图5-7　泡桐丛枝病病状

树体内可严重干扰叶内氮代谢，导致枝叶增生，树木出现病态。有时泡桐受侵染后不表现症状，这种无症状的植株有可能被选为采根母树。用病枝叶浸出液以摩擦、注射、针刺等方法接种泡桐实生苗，均不发生丛枝病；种子、病株土壤也不传病。

不同地理、立地条件和生态环境对丛枝病的发生蔓延有一定影响，发病有一定的地域性，高海拔地区往往发病较轻。用种子育苗在苗期和幼树未见发病。实生苗根育苗代数越多，发病越重。根繁苗、平茬苗发病率显著增高。泡桐不同品种类型发病差异大。一般兰考泡桐、楸叶泡桐、绒毛泡桐发病率较高，白花泡桐、川泡桐较抗病。

4）防治原则及措施

（1）培育无病苗木。严格选用无病母树供采种和采根用。注意从实生苗根部采根。采根后用 40～50℃温水浸根 30min，或用 50℃温水加土霉素（浓度为 1000mg/kg）浸根 20min 有较好的防病效果。不用留根苗或平茬苗造林，发病严重的地方最好实行种子育苗。

（2）及时检查苗圃和幼林地，发现病株及时刨除烧毁。

（3）对病枝进行修除或环状剥皮。由于病原物在寄主体内随寄主同化产物扩散，可在春季泡桐展叶前，在病枝基部将韧皮部环状剥除，环剥宽度因环剥部位的枝条粗细而定，一般为 5～10cm，以不能愈合为度，以阻止病原由根部向树体上部回流。夏季修除

病枝，用利刀或锯把病枝从基部切除，伤口要求光滑不留茬，注意不撕裂树皮，切口处涂土霉素碱、凡士林药膏（比例为 1∶9）。若有新萌生的病枝可再次修除，使病原不能下行到根部。

（4）药物治疗。泡桐发病后，尽早用 1 万单位的兽用土霉素或四环素溶液，用树干注射机髓心注射或根吸治疗。具体方法如下。

① 髓心注射。1～2 年生幼苗或幼树髓心松软，可直接用针管将药液注入髓部；大树可于树干基部病枝一侧上下钻两个洞，深至髓心，之后将药液慢慢注入其中。

② 根吸治疗。在距树干基部 50cm 处挖开土壤，在暴露的根中找到 1cm 粗细的根截断，将药液装入瓶内并把根插入，瓶口用塑料布盖严，经一定时间后，药液就被树体吸入。

（5）叶面喷药。在苗木生长期间用 200 单位的土霉素溶液喷洒 1～2 次，可收到较好的效果。

（6）5～6 月对传病媒介昆虫及时进行药剂防治。

任 务 评 价

具体考核内容可参考表 5-6。

表 5-6　林木枝干病害调查与防治任务评价表

任务名称：枝干枝干病害调查与防治			完成时间：	
序号	评价内容	评价标准	考核方式	赋分
1	知识考核	掌握枝干病害症状特点识别知识	单人考核（笔试）	5 分
		掌握枝干病害的病原及发生规律知识		5 分
		熟知枝干病害发生程度调查知识		10 分
		掌握枝干病害防治原理与方法		10 分
2	技能考核	能识别枝干病害种类及病原	单人考核	10 分
		调查路线清晰、方法正确、数据翔实	小组考核	10 分
		防治措施得当、效果理想	小组考核	10 分
		操作规范、安全、无事故	小组考核	10 分
3	素质考核	工作中勇挑重担，有吃苦精神	单人考核	2 分
		与他人合作愉快，有团队精神		2 分
		遵守劳动记录，认真按时完成任务		2 分
		善于发现问题和解决问题		2 分
		信息收集准确，有一定创新精神		2 分
4	成果考核	能在规定时间内完成调查报告，内容翔实、书写规范、结果正确。	小组考核	10 分
		防治技术方案内容完整，条理清晰，措施得当，有一定的可行性。	小组考核	10 分
总得分			100 分	

◇◇ 自 测 练 习 ◇◇

1. 填空题

（1）杨树烂皮病的典型识别症状是发生部位_____，病斑上有许多略微突起的_____，遇雨水或潮湿可挤出许多_____色、胶状卷须物。该病是由_____病原引起的。

（2）毛竹枯梢病发生在_____上，症状分为_____型、_____型和株枯型。

（3）落叶松枯梢病发生在芽、松针、枝梢、根茎等部位，但主要发生在_____，引起_____。

（4）松材线虫病的传播媒介为_____。

2. 多项选择题

（1）以下病害中由植原体引起的有（　　）。
　　　A．竹丛枝病　　　　　　　　B．枣疯病
　　　C．泡桐丛枝病　　　　　　　D．木麻黄枯萎病

（2）以下锈病中已发现转主寄主的有（　　）。
　　　A．胡杨锈病　　　　　　　　B．松针锈病
　　　C．竹秆锈病　　　　　　　　D．松疱锈病

（3）下列病害为国内林业检疫对象的是（　　）。
　　　A．板栗疫病　　　　　　　　B．红松疱锈病
　　　C．毛竹枯梢病　　　　　　　D．落叶松枯梢病

3. 简答题

（1）试述杨树烂皮病的症状特点及防治方法。

（2）简述毛竹枯梢病症状特征。

（3）简述松材线虫病的症状与病原。

4. 论述题

试述松材线虫病的症状取样、分离与鉴定方法。

任务 5.2　林木枝干害虫调查与防治

实施时间： 调查时间为春季越冬虫体开始活动和秋季落叶后虫体越冬前，防治最佳时间为幼虫（若虫）危害初期或成虫羽化初期。

实施地点： 有枝干害虫发生的苗圃或林地。

教学形式： 现场教学、教学做一体化。

教师条件：由校内教师和企业技术员共同指导。指导教师需要熟知枝干害虫的发生规律，具备枝干害虫鉴别、调查与防治能力；具备组织课堂教学和指导学生实际操作的能力。

学生基础：具备害虫识别基本技能，具有一定的自学能力和资料收集与整理能力。

5.2.1   杨树天牛调查与防治（任务载体一）

天牛属鞘翅目天牛科，世界已知 2 万种以上，我国记录 2000 多种，主要以幼虫钻蛀植物茎干，在韧皮部和木质部蛀道危害，是森林植物重要的蛀茎干害虫。杨树以其适应性强、易繁殖、生长快等特点在全国各地广泛栽植，也是"三北"地区防风固沙、水土保持、农田林网的重要树种。但是，杨树天牛近 20 年来在我国大部分地区危害严重，造成了巨大损失。更为严重的是，杨树天牛在"三北"地区总体上仍处于蔓延发展之势，杨树天牛的寄主种类也在不断增加，潜在威胁十分严重。若不采取有效措施加以防治，将会给林业生产带来严重经济损失。

1. 星天牛 *Anoplophora chinensis*（Forster）

1）虫态识别

成虫　体长 19～45mm，体宽 6～13.5mm，体黑色，有光泽。头部和身体腹面被银白色和部分蓝灰色细毛。触角鞭状，第 1～2 节黑色，其他各节基部 1/3 有淡蓝色的毛环，其余部分黑色，雌虫触角超出身体 1～2 节，雄虫触角超出身体 4～5 节。前胸背板中瘤明显，两侧具尖锐粗大的侧刺突。鞘翅基部具黑色颗粒状小突起，每翅具大小白斑约 20个，排成为不整齐的 5 横行，第 1～2 行各 4 个，第 3 行 5 个斜形排列，第 4 行 2 个，第 5 行 3 个（图 5-8）。

1. 成虫；2. 卵；3. 幼虫；4. 蛹。

图5-8　星天牛

卵　长椭圆形，长 5～6mm，初产时乳白色，后渐变为黄白色。

幼虫　老熟幼虫体长 38～67mm，扁圆筒形，乳白色至淡黄色。头部褐色。前胸背板后部有 1 个明显的"凸"字形斑纹，其前方有 1 对形似飞鸟的黄褐色斑纹，足略退化。

蛹　纺锤形，长 22～42mm，初为黄白色，羽化前逐渐变为黄褐色。翅芽超过腹部第 3 节后缘，形似成虫。

2）寄主及危害特点

该虫主要分布于广西、广东、海南、台湾、福建、浙江、江苏、上海、山东、江西、湖南、湖北、河北、河南、北京、山西、陕西、甘肃、吉林、辽宁、四川、云南、贵州等地。食性杂，危害的主要寄主有桉树、木麻黄、油茶、油桐、核桃、龙眼、荔枝、柑橘、苹果、梨、李、枇杷、杨、柳、榆、槐、红花天料木、乌桕、相思树、樱花、海棠、苦楝、罗汉松、月季等 50 多种林木、果树及花卉植物。成虫取食叶片，咬食嫩枝皮层，严重的可导致枝条枯死；主要以幼虫蛀食近地面的主干及主根，破坏树体养分和水分运输，致使树势衰弱，降低树的寿命，影响产量和质量，重者整株枯死。

3）生物学特性

南方 1 年 1 代，北方 2～3 年 1 代，以幼虫在被害枝干内越冬。越冬幼虫翌年 3 月开始活动。4 月上、中旬陆续化蛹，蛹期 20～30d。4 月下旬至 5 月上旬始见成虫，5～6 月为成虫羽化盛期，8～9 月仍有少量成虫出现，成虫寿命 40～50d。成虫羽化后取食叶片和幼枝嫩皮补充营养，产卵时先咬 1 个"T"形或"人"字形刻槽，再将产卵管插入刻槽一侧，产卵于树皮夹缝中，每处产 1 粒，每雌产卵 20～80 粒，卵多产于距地面 10cm 范围内的树干皮层中，产卵后分泌一种胶状物质封口，卵期 9～15d。初孵幼虫在产卵处皮层下盘旋蛀食，被害处有白色泡沫状胶质物或酱油状液体流出，2～3 个月后蛀入木质部，开有通气孔 1～3 个，虫粪及木屑则从近地面处的通气孔排出，老熟幼虫化蛹前爬到近地面的蛀道内筑 1 宽大蛹室，11 月初开始越冬。幼虫期约 10 个月。郁闭度大、通风透光不良、管理粗放、周围有其喜食寄主的林分受害重。

2. 光肩星天牛 *Anonlophora glabripennis*（Motschulsky）

1）虫态识别

成虫　体色漆黑，有光泽。前胸两侧各有 1 个刺状突起。鞘翅上各有大小不等的白色或乳黄色毛斑约 20 个，其基部光滑无颗粒状突起。

幼虫　体带黄色。前胸发达，其背板黄白色，后半部有"凸"字形黄褐色硬化斑纹（图 5-9）。

2）寄主与危害特点

该虫主要分布于辽宁、河北、山东、河南、湖北、江苏、浙江、福建、安徽、陕西、山西、甘肃、四川、广西等地，危害杨、柳、榆、槭、刺槐、苦楝、桑等。成虫啃食嫩梢和叶脉，幼虫蛀食韧皮部和边材，并在木质部内蛀成不规则坑道，严重破坏植株的生理功能，甚至造成全株死亡，是目前我国杨、柳等植物主要的害虫类群之一，能造成毁灭性灾害。

1. 成虫；2. 卵；3. 幼虫；4. 蛹。

图5-9　光肩星天牛

3）生物学特性

在辽宁、山东、河南、江苏等地1年1～2代。在辽宁以1～3龄幼虫越冬的为1年1代，以卵及卵壳内发育完全的幼虫越冬的多为2年1代。越冬的老熟幼虫翌年直接化蛹，其他越冬幼虫于3月下旬开始活动取食。4月底至5月初开始在坑道上部筑蛹室。6月中下旬为化蛹盛期，蛹期13～24d。成虫羽化后停留6～15d，咬出10mm左右圆形羽化孔飞出。成虫于6月上旬开始出现，盛期为6月中旬至7月上旬。成虫啃食叶柄、叶片及嫩表皮补充营养，2～5d后交尾，3～4d后开始产卵。在枝干上咬一半椭圆形刻槽产卵1粒，并分泌胶状物涂抹产卵孔。产卵部位主要集中在树干枝杈和有萌生枝条的地方。卵经12d左右孵化。初龄幼虫取食刻槽边缘腐烂变质部分，并从产卵孔向外排出虫粪及木屑。2龄开始横向取食树干边材部分。3龄开始蛀入木质部，并向上方蛀食。常由蛀孔排出虫粪、木屑及树液等。坑道不规则，长6.2～11.6cm，末端常有通气孔。2年1代的幼虫于10～11月越冬。在9～10月产的卵一直到第2年才孵化。有的幼虫孵出后，在卵壳内越冬。

光肩星天牛成虫主动迁飞能力不强，且往往只在临近的寄主上危害、繁殖。它的扩散蔓延，除与嗜食树种有关外，主要是因为带虫原木扩散和未能及时清除、控制虫源木。

3. 青杨楔天牛 *Saperda populnea*（Linnaeus）

1）虫态识别

成虫　体黑色，密被金黄色绒毛。前胸两侧各有1条较宽的金黄色纵带。鞘翅满布黑色粗糙刻点，每鞘翅各有金黄色绒毛圆斑4～5个。

幼虫　老熟时深黄色。

2）分布与危害特点

又称青杨天牛。国内主要分布于华北、东北、西北、山东、河南等地；国外分布于朝鲜、俄罗斯及欧洲、北非的一些国家。该虫危害杨柳科植物。

3）生物学习性

1年1代，以老熟幼虫在树枝的虫瘿内越冬。在河南3月上旬，在北京3月下旬，在沈阳4月初开始化蛹，蛹期20~34d。羽化后经2~5d咬羽化孔外出，出孔时间比较集中，历时7d左右。成虫在河南3月下旬、北京4月中旬、沈阳5月上旬开始出现。出孔后2~5d交尾，在1~3年生直径5~9 mm的枝上咬倒马蹄形刻槽，产1粒卵于木质部与韧皮部之间。产卵历期5~14d。每雌可产卵14~49粒。卵经7~11d孵化，初孵幼虫向刻槽两边的韧皮部侵害，10~15d后蛀入木质部。被害部位逐渐膨大形成纺锤状虫瘿，蛀道内充满虫粪和木屑，阻碍养分的正常运输，使枝梢干枯，易遭风折，或者造成树干畸形，呈秃头状，影响成材。若在幼树主干髓部危害，可使整株死亡。10月上旬幼虫老熟，以蛀屑在虫道末端筑蛹室在其中越冬（图5-10）。

1. 成虫；2. 危害状。

图5-10　青杨楔天牛

1. 小组分工

每4~6人为一组，设组长1名，操作员2~4名，记录员1名。

2. 工作准备

仪器：打孔注药机、实体解剖镜、背负式喷雾机等。

用具：扩大镜、镊子、锤子、毛刷、天平、量筒、塑料桶、木板等。

材料：本地区枝干害虫标本及所需农药等。

3．工作方案

以小组为单位领取工作任务，根据查阅相关资料和任务单要求，结合国家和地方杨树天牛防治技术标准拟定调查和防治预案。

调查预案包括调查时间、调查路线、调查方法、调查结果汇总分析等。防治预案包括防治原则和技术措施等。

对天牛的防治，应以林业措施为基础，充分发挥树种的抗性作用和天敌的抑制作用，进行区域的宏观控制，辅以物理、化学的方法，进行局部、微观治理，将灾害控制在经济允许水平之下。具体措施应从以下几个方面考虑。

（1）加强营林栽培管理措施。选用抗虫、耐虫树种，营造混交林，加强管理，增强树势，及时清除虫害木。

（2）保护利用天敌。注意保护利用啄木鸟、寄生蜂、蚂蚁、螳螂等天敌。

（3）人工物理防治。在 5～6 月成虫盛发期，利用成虫羽化后在树冠补充营养、交尾的习性，人工捕杀成虫。在 6～7 月寻找产卵刻槽，可用锤击、刀刮等方法消灭其中的卵及初孵幼虫。用铁丝钩杀幼虫。

（4）药剂防治。成虫期在寄主树干上喷施威雷（8%氯氰菊酯、45%高效氯氰菊酯触破式微胶囊水悬剂）、2.5%溴氰菊酯乳油或 20%菊杀乳油等 500～1000 倍液。对尚在韧皮部下危害未进入木质部的低龄幼虫，可用 20%益果乳油或 50%杀螟松乳油等 100～200 倍液喷涂树干，防效显著。对已进入木质部的大龄幼虫，可用 50%辛硫磷乳油或 40%乐斯本乳油 20～40 倍液，用注射器注入或用药棉沾药塞入蛀道毒杀幼虫。树干基部涂白，可防产卵。涂白剂配方：生石灰 10 份、硫黄 1 份、食盐 1 份、水 20 份，搅拌均匀即成。

任务实施

1．现场识别

1）被害状识别

枝条有一椭圆形或唇形产卵刻槽，从产卵孔排出白色木屑和粪便，隧道形状不规则，呈"S"或"V"形的是光肩星天牛；枝条有马蹄形产卵刻槽，幼虫危害造成纺锤状虫瘿的是青杨天牛。

2）成虫识别

现场若看到体黑色有光泽，前胸两侧各有一个刺状突起，鞘翅上有 20 个左右大小不同的白色绒毛斑的是光肩星天牛。与前者形态非常相似，在鞘翅基部密布黑色小颗粒的是星天牛；体长 28～37mm，全体黑色有光泽，前胸棕红色，密布金黄色绒毛，前胸上面有 3 条纵向黄色带，鞘翅上各有 4 个距离几乎相等的黄色绒毛斑的是青杨天牛。

3）幼虫识别

光肩星天牛初孵化幼虫为乳白色，老熟后体长约 50mm，淡黄褐色。前胸背板黄白色，后半部有凸形硬化的黄褐色斑纹。胸足退化，1～7 腹节背腹面各有步泡突一个。青杨天牛老熟幼虫体长 10～15mm，胸部背面有凸形纹。

4）蛹的识别

天牛的蛹为离蛹，一般为乳白色。

5）卵的识别

天牛的卵一般为乳白色，两端略弯曲。

2. 杨树天牛调查

第一步：在欲调查的林分进行踏查，记载林分状况因子、蛀干害虫分布状况和危害程度，其中受害株率在 10%以下的为轻微，11%～20%的为中等，21%以上的为严重。

第二步：在危害轻、中、重的地段，先设标准地，其要求与食叶害虫标准地设置要求相同，每块标准地应有 50 株以上树木。

第三步：在标准地内，分别调查健康木、衰弱木、濒死木和枯立木的占比。如有必要可从被害木中选 3～5 株样树并伐倒，测量其树高、胸径，从干基至树梢剥 1 条 10cm 宽的树皮，分别记载各种害虫侵害的部位及范围，绘出草图。统计虫口密度时，可在树干南北方向及上、中、下部，害虫栖息部位的中央截取 20cm×50cm 的样方，查明害虫种类、数量、虫态，并统计 1m² 虫口密度和单株虫口密度（表 5-7 和表 5-8）。

表 5-7　蛀干害虫调查表

调查日期	调查地点	样地号	总株数	健康木		卫生状况	虫害木						害虫名称	备注
				株数	占比/%		衰弱木		濒死木		枯立木			
							株数	占比/%	株数	占比/%	株数	占比/%		

表 5-8　蛀干害虫危害程度调查表

样树号	样树因子			害虫名称	虫口密度				其他
	树高	胸径	树龄		成虫	幼虫	蛹	虫道	

3. 杨树天牛除治作业

1）制作空心木段招引啄木鸟

第一步：每组截取直径 20～30cm、长 50cm 的木段 5 个。

第二步：将木段从一端用刀对半劈开，挖 20cm 长、内径 10cm 的空槽。

第三步：将木段合拢，两端用铁丝绑实，不留缝隙，木段上端钉 1 个大于木段直径的方形板。

第四步：每组选择 30hm² 的杨柳树林分，在林地中以 150m 的间距选择悬挂的林木。

用木柱升降器攀到树高 8～10m 处用铁丝将招引木段竖向捆绑于树上。

2）药剂堵虫孔法

第一步：选择有蛀干幼虫危害的林分，找到新鲜虫孔。

第二步：将有效成分含量为 56% 的磷化铝片剂（每片 3.3g）用刀分成 0.1～0.3g 的小颗粒（如果用 0.1 或 0.3g 的可塑性丸剂就不必切割）。

第三步：将 0.1～0.3g 的小颗粒塞入虫孔，用泥土封口。

3）毒签防治

第一步：寻找天牛幼虫危害的新鲜虫孔。

第二步：最好先用铁丝类的工具将天牛幼虫最新鲜的排粪孔掏通 5cm，并探准蛀孔方向。

第三步：将毒签从探准的蛀孔中插入木质部（以药头全部插入蛀孔内为准）。

第四步：取泥土封堵毒签四周及其他所有陈旧的蛀孔。

4）打孔注药防治

第一步：安装好打孔注药机，加好 90 号汽油和药剂。

第二步：将使用的药剂按药：水为 1：（1～3）的比例进行配制后，装入药桶中备用。

第三步：在杨树主干基部距地面 30cm 处钻孔，钻头与树干成 45°角，胸径在 15cm 以下的钻 1～2 个孔洞；30cm 以下的钻 2～3 个孔洞；30cm 以上的钻 4～5 个孔洞；孔深 6～8cm，不宜用力压，时刻注意拔钻头，孔径为 10mm 或 6mm，孔深 30～50mm。如果出现钻头卡在树中时，要马上松开油门控制开关，使机器处于怠速状态，然后停机，向左旋出钻头。

第四步：用注射器将一定量的药液注入孔中，用泥土封口。

4. 药剂防治效果检查

防治作业实施 12h、24h、36h，学生利用业余时间到防治现场检查药剂防治效果。将检查结果填入害虫药效检查记录表（表 5-9）

表 5-9　害虫药效检查记录表

检查日期	检验地点	取样方法	标准树	处理方法（药剂名称、浓度用量）	检查虫数						活虫数	死亡数	死亡率/%
					1d		2d		3d				
					总虫数	死亡数	总虫数	死亡数	总虫数	死亡数			

$$害虫死亡率 = \frac{防治前活虫数 - 防治后活虫数}{防治前活虫数} \times 100\%$$

知识准备

5.2.2　松突圆蚧调查与防治（任务载体二）

1. 虫态识别

成虫　雌蚧体梨形，淡黄色；体外被有介壳，雌蚧介壳圆形或椭圆形，灰白色或浅灰黄色，背面稍隆起，壳点位于中心或略偏，介壳上有 3 圈明显轮纹；雌蚧 2～4 腹节侧边稍突出；触角疣状，上有毛 1 根。雄蚧橘黄色，长约 0.8mm，翅 1 对，膜质，上有翅脉 2 条，体末端交尾器发达，长而稍弯曲（图 5-11）。

若虫　泌蜡，蜡丝封盖全身后增厚变白，形成圆形介壳；触角呈不规则的圆锥形。

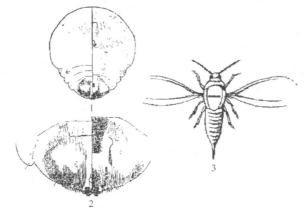

1. 雌蚧；2. 雌蚧臀板；3. 雄蚧。

图5-11　松突圆蚧

2. 分布与危害

松突圆蚧 *Hemiberlesia pitysophila* Takagi，主要分布于我国福建、台湾、广东、香港、澳门。主要危害马尾松、湿地松、加勒比松、黑松等松属植物，其中马尾松受害最重。

3. 生物学特性

该蚧在广东 1 年 5 代，以 4 代为主，3 月中旬至 4 月中旬为第 1 代若虫出现的高峰期，以后各代依次为 6 月初至 6 月中旬，7 月底至 8 月中旬，9 月底至 11 月中旬。3～6 月是全年虫口密度最大、危害最严重时期。该蚧具有世代重叠现象，任何一个时间都可见到各虫态的不同发育阶段。以成虫和若虫越冬，越冬种群中以 2 龄若虫为主。自然传播依靠初孵若虫随风力传播。远距离传播方式以成虫、若虫、卵随着盆景、苗木、球果、新鲜枝丫的调运而传播。松突圆蚧的天敌种类很多，主要有红点唇瓢虫、圆果大赤螨和花角蚜小蜂等。

计划制订

1. 小组分工

每 4～6 人为一组，设组长 1 名，操作员 2～4 名、记录员 1 名。

2. 工作预案

以小组为单位领取工作任务，根据查阅相关资料和任务单要求，结合国家和地方松突圆蚧防治技术标准拟定调查和防治预案。

调查预案包括调查时间、调查路线、调查方法、调查结果汇总分析等。防治预案包括防治原则和技术措施等。

对松突圆蚧的防治，应以加强检疫为基础，严格控制松突圆蚧的传播和扩散，在虫害发生地要综合运用人工防治、化学防治和生物防治等防治措施，特别是要积极引进和释放天敌，将松突圆蚧发生量控制在较低水平。具体措施应从以下几个方面考虑。

（1）加强检疫。强化检疫措施，对引进和调出的苗木、接穗、果品等植物材料严格检疫，防止松突圆蚧的传入或传出。对于带虫的植物材料，应立即进行消毒处理。常用的熏蒸剂有溴甲烷，用药量 20～30g/m³，时间 24h。

（2）林业技术措施。在该蚧危害的松林应适当进行修枝间伐，保持冠高比为 2：5，侧枝保留 6 轮以上，以降低虫口密度，增强树势。修剪下的带蚧枝条要集中销毁。

（3）生物防治。在疫情发生区，采用林间繁殖的花角蚜小蜂 *Coccobius azumai* 种蜂，并在林间人工释放就地繁育的种蜂，并加强对天敌的保护和促进，实现可持续控制该虫的目标。

（4）化学防治。在发生高峰期，采用 50%杀扑磷、25%喹硫磷药剂 500 倍液林间喷雾，防治效果均达 80%以上，对雄蚧的杀伤力也远远优于其他农药。也可在 10～11 月进行飞机喷洒或在 4～5 月地面喷洒松脂柴油乳剂。在幼龄蚧虫发生期，在树干刮去粗皮，在环带上涂内吸剂，也可在树干基部打孔注药。

3. 工作准备

（1）害虫识别材料用具。放大镜、毒瓶、捕虫器、标本采集箱、昆虫针及乙醇等。
（2）调查材料用具。测绳、围尺、测高器、望远镜、调查表、记录本及地形图等。
（3）防治材料用具。喷雾器、注射器及所需的防治药剂。

任务实施

1. 现场识别

（1）被害状识别。松突圆蚧群栖于松针基部叶鞘内，吸食松针汁液，致使受害处变色发黑，缢缩或腐烂，从而使针叶枯黄、脱落，严重影响树木的生长。

（2）成虫识别。该虫死、活虫体特征见表 5-10。

表 5-10　松突圆蚧死、活虫体特征

项目	死虫	活虫
介壳	外表干燥，褐色微带白色	背面隆起，灰白或淡黄色
结构	较疏松	较紧密
虫体	不饱满或干瘪，或霉烂	饱满，体表光滑
运动	针尖触及虫体不动	针尖触及虫体微动
体色	褐色或黑褐色	体色鲜艳，蛋黄或黄色，色泽均一
体液	清稀无黏性	较稠有黏性

（3）各虫态识别。松突圆蚧的各虫态主要特征见表 5-11。

表 5-11　松突圆蚧各虫态主要特征

虫态	形态特征
初孵若虫	无介壳包被，体形小，长 0.2～0.3mm，淡黄色，活体爬动寻找寄生位置
1 龄若虫	介壳圆形，白色，边缘半透明
2 龄若虫	性分化前为圆形，介壳中央可见橘红色的 1 龄蜕皮；性分化后，雌若虫体形增大，雄若虫介壳变长卵形。浅褐色，壳点突出一端，虫体前端出现眼点
雄蛹、成虫	离蛹，附肢明显，介壳与 2 龄雄若虫相似，雄虫有翅，体长 0.8mm
雌成虫	体较大，长 0.7～1.1mm，梨形，附肢全部退化，介壳有 3 圈明显轮纹

2. 松突圆蚧调查

1）标准地的设置

在松突圆蚧分布区内选择 5～10 块，5～10 年生的松林地，每块观察地选择 1～2 个林业作业小班（或山头）作为固定观察点，不定树进行观察，按二类资源档案和虫情资料建立观察点内所有小班资料档案，建立松突圆蚧标准地概况记录表（表 5-12）。

表 5-12　松突圆蚧虫情调查表

乡镇名称：	乡镇代码：
村名称：	村代码：
标准地编号：	地点描述：
林班（小班）号：	林班（小班）面积（亩）：
主要树种：	林木组成：
树龄（年）：	胸径（cm）：
树高（m）：	枝条盘数（条）：
冠幅（m）：	郁闭度（0～1.0）：
坡向（阴、阳、平）：	坡度（0～90°）：
其他病虫：	

续表

土壤质地：	土层厚度（cm）：
植被种类：	调查株数：
调查面积（代表面积）（亩）：	调查虫态：
有虫株数：	有虫株率（%）：
虫口密度（头/针束）：	虫情等级（轻、中、重）：
是否新扩散：	发现时间：
调查人：	调查时间：

填写说明：

① 该表可用于虫情监测的临时标准地和系统观察的固定标准地的虫情调查，每年调查两次，每块标准地调查只填一张表。

② 乡镇代码：01～99，以县为单位统一编码；村代码：01～99，以乡为单位统一编码；标准地代码：编号 001～999。标准地号由 7 位数字组成，前两位为乡镇代码，中间两位为村代码，后三位为标准地代码，即标准地号=乡镇代码+村代码+标准地代码。

③ 用于系统观察的固定标准地号一经确定，不得随意更改。

2）观察内容与方法

采用定期观察的方法，在标准地固定小班内于每月采样观察一次，在标准地内选择 20 株标准树，在每株树冠中部的东、南、西、北四个方向各取一枝条，随机抽取各枝条上的 2 年生的针叶 10 束，带回室内镜检，将各种若虫、雄蚧（含蛹和成虫，下同）、雌成虫及活虫、死虫和被寄生数分别统计，其中死虫数不包含寄生数。总虫口密度是指每针束平均各虫态的活虫总数，雌虫密度是指每针束平均活雌虫的数量。

3）资料汇总

将定期观察的结果按观察地分别汇总，分 3 种虫态（若虫、雄蚧、雌蚧）统计，各种虫态合计是指将上述 3 种虫态合计，分别计算出存活率、寄生率和虫口密度。

4）定期收集寄生蜂

每年 5～6 月中旬在进行虫情调查的同时，采集一定数量的有松突圆蚧的枝梢在室内进行收蜂观察，每日记录收蜂情况，包括每日蜂羽化数，分别记录蜂的种类，至 15d 后进行解剖，统计松突圆蚧被寄生数和雌蚧、雄蛹数并计算寄生率。

3. 松突圆蚧除治作业

1）生物防治法

利用花角蚜小蜂进行松突圆蚧的防治。

第一步：收蜂。在花角蚜小蜂繁育基地收集花角蚜小蜂，用指形管收集。

第二步：进行林间放蜂点的选择。先根据松林分布情况在林业基本图上规划放蜂小班，再实地调查松突圆蚧的虫口密度，选择交通便利、立地条件和生态环境良好、松林郁闭度高、松突圆蚧有虫针束率大、林下有花植物丰富、避风的山林作为花角蚜小蜂林间放蜂点。选择冠幅较大、虫口密度较高、松针茂密、树势较好、高度适中、便于伸手操作的松树作为放蜂树。

第三步：放蜂。林间放蜂宜选择在晴朗的早晨或傍晚，最好避开雨天。放蜂时，先用绳子把放蜂管固定在松针较密集、松突圆蚧虫口密度较大的松枝上，管口向光，可用手捂住管口遮光，使花角蚜小蜂集中于管底，再将棉花塞取出。花角蚜小蜂趋光性强，很快就会从管内弹跳至松针上。每一放蜂点 1 次放蜂数量应不少于 200 只。对放蜂点建立保护规划，防止森林火灾、化学药物污染、盗砍滥伐和人为修枝等破坏，以保护花角蚜小蜂种群的繁衍和正常扩散，有效发挥其对害虫的控制作用。

2）营林措施

第一步：选择修枝或疏伐的松林。应选择密度较大的，松突圆蚧发生中等或严重程度的，较易开展修枝或疏伐的松林。

第二步：进行修枝或疏伐。对松林进行疏伐，增加松林透光度，最佳郁闭度为 0.5；对于密度不大，但树冠较大的松林，采取修枝措施，将郁闭度调整至 0.5，通过疏伐或修枝，以降低虫口密度，增强松林的抗性。修剪下的带蚧枝条要集中销毁。

3）化学防治

第一步：农药的准备。选择 50% 杀扑磷乳油，按 500 倍液配制好喷雾药液。

第二步：选择施药点。选择松突圆蚧发生中等或严重程度的松林，作为开展化学防治的林分。

第三步：开展喷雾法处理。用背负式喷雾器进行喷雾处理，尽量做到均匀喷洒，至全部针叶湿润而药液不下滴为止。

4. 防治效果调查

防治效果调查包括以下 4 个方面。①寄生蜂定居情况调查。放蜂 3 个月后，在放蜂点周围的树上采集 200 束以下、雌蚧 100 只以下的松针，带回室内镜检，如发现有释放的寄生蜂种类的蛹或卵、幼虫的，则表明定居成功。②寄生蜂防治效果调查。放蜂半年后，分别在距放蜂点 10m、50m、100m 处选设固定标准树 5～10 株，每隔半年在标准树上采样一次。每个样本在解剖镜下解剖检查雌蚧 50 只，记录寄生其上的、由释放的寄生蜂种类产生的卵、幼虫、蛹和羽化孔的数量，同时检查记录 100 束松针的松突圆蚧雌蚧的死、活虫数，计算寄生率和雌蚧密度。③营林措施防治效果调查。在样地马尾松林分郁闭度调整前，对每块样地进行虫口密度调查，郁闭度调整后第 2 年的同一时间再进行不同郁闭度下虫口密度调查。虫口密度的调查方法是：每块样地抽取样株 5 株，每样株的树冠中层位置按东、西、南、北方向各采一条侧枝，每条侧枝上，摘下 10 针束老针叶，剥开叶鞘，在双筒解剖镜下镜检，用昆虫针剥开松突圆蚧的外壳检查其存活、雌雄、虫态等，统计活虫的虫口密度。④化学防治效果调查。在化学防治前，对每块样地进行虫口密度调查，在喷雾防治后 21d，对虫口密度变化情况调查。虫口密度的调查方法：每块样地抽取样株 5 株，每株的树冠中层位置按东、西、南、北方向各采一条侧枝，每条侧枝上，摘下 10 针束老针叶，剥开叶鞘，在双筒解剖镜下镜检，用昆虫针剥开松突圆蚧的外壳检查其是否存活、性别、虫态等，统计活虫的虫口密度。

知识迁移

5.2.3　其他枝干害虫及防治

林木枝干害虫除杨树天牛之外，小蠹类、象甲类、木蠹蛾类、蝙蝠蛾类、透翅蛾类、螟蛾类、茎蜂类及介壳虫类中的许多害虫种类也对林木枝干造成严重危害，各地可根据当地实际发生的种类有针对性地进行教学，学生也可利用业余时间通过自学和查阅相关资料，了解和掌握林木主要枝干害虫的防治技术。

1.　红脂大小蠹 *Dendroctonus valens* LeConte

1）虫态识别

成虫　体长 5.3～9.6mm。初羽化时呈棕黄色，后变为红褐色。额面有不规则突起，其中有 3 个高点，排成"品"字型；额面上有黄色绒毛，由额心向四周倾斜。口上突边缘隆起，表面光滑有光泽（图 5-12）。前胸背板上密被黄色绒毛。鞘翅的长宽比值为 1.5，翅长与前胸背板长宽比值为 2.2；鞘翅斜面中度倾斜、隆起。

　　　　头盖缝

　　　　口上突

　　　　口上突侧臂

　　　　口上片

图5-12　红脂大小蠹额面

卵　卵圆形，0.9～1.1mm，乳白色，有光泽。

幼虫　白色。老熟时体长约 11.8mm。腹部末端有胴痣，上下各具 1 列刺钩，呈棕褐色。虫体两侧有 1 列肉瘤，肉瘤中心有 1 根刚毛，呈红褐色。

蛹　体长 6.4～10.5mm。初为乳白色，渐变浅黄色或暗红色，腹末端具 1 对刺突。

2）寄主及危害特点

该虫分布于河北、山西、河南、陕西，主要危害油松，还危害白皮松，偶见侵害华山松、樟子松、华北落叶松。该虫主要危害胸径在 10cm 以上的松树主干和主侧根，以及新鲜油松的伐桩、伐木，侵入部位多在树干基部至 1m 处，以成虫或幼虫取食韧皮部，形成层。当虫口密度较大、受害部位相连形成环剥时，可造成整株树木死亡。该虫在 2004

年、2013年均被列入全国林业检疫性有害生物名单。

3）生物学特性

该虫一般1年1代，较温暖地区1年2代。以成虫、幼虫及少量的蛹在树干基部或根部的皮层内越冬。越冬成虫于4月下旬开始出孔，5月中旬为盛期；成虫于5月中旬开始产卵；幼虫始见于5月下旬，6月上中旬为孵化盛期；7月下旬为化蛹始期，8月中旬为盛期；8月上旬成虫开始羽化，9月上旬为盛期。成虫补充营养后，即进入越冬阶段。

越冬老熟幼虫于5月中旬开始化蛹，7月上旬为盛期；7月上旬开始羽化，7月下旬为盛期；7月中旬为产卵始期，8月上中旬为盛期；7月下旬卵开始孵化，8月中旬为盛期。8～9月越冬代的成虫、幼虫与子代的成虫、幼虫同时存在，世代重叠现象明显。

越冬成虫出孔时间以9:00～16:00最多。出孔后，雌成虫首先寻找寄主，危害胸径10cm以上的健康油松，以及新鲜伐桩，然后引诱雄成虫侵入，雌雄成虫共同蛀食坑道。母坑道为直线型，一般长30～65cm，宽1.5～2.0cm。侵入孔到达树干形成层之后，大部分是先向上蛀食一小段，然后掉头向下蛀食，也有一些直接向下蛀食。坑道内充满红褐色粒状虫粪和木屑混合物，这些混合物随松脂从侵入孔溢出，形成中心有孔的红褐色漏斗状或不规则凝脂块。侵入孔直径为5～6cm，一般位于树干基部至1m左右处，距地面30～50cm范围最多。

雌雄成虫在坑道内交尾和产卵，雌成虫边蛀食边产卵，卵产于母坑道的一侧。产卵量35～157粒，平均为100粒。此时，雄成虫继续开掘坑道或从侵入孔飞出。卵期为10～13d，幼虫孵出后在韧皮部内背向母坑道群集取食，形成扇形坑道，坑道内充满红褐色细粒状虫粪。幼虫沿母坑道两侧向下取食可延伸至主根和主侧根，将韧皮部食尽，仅留表皮。幼虫共4龄，老熟后在沿坑道外侧边缘的蛹室内化蛹。蛹室在韧皮部内，由蛀屑构成。蛹期11～13d。初羽化成虫在蛹室停留6～9d，待体壁硬化后蛀羽化孔飞出。

4）防治措施

红脂大小蠹的防治应以加强检疫为主，合理经营森林，提高林分抗性，做好疫区的疫情监测，及时控制虫灾发生。具体从以下几个方面考虑。

（1）在疫情发生区或毗邻林内，设置红脂大小蠹引诱剂诱捕器，对其种群动态进行监测，也可进行大量诱杀，以降低种群数量。

（2）在疫情发生区，利用新鲜油松伐根诱集成虫，然后再进行塑料布密闭磷化铝片剂（3.2g/片）熏杀。

（3）在疫情发生区，也可采用40%氧化乐果乳油、80%敌敌畏乳油5倍液在主干上用注射器进行虫孔注药（每孔注药5mL），成虫防治效果可达90%以上。

（4）在红脂大小蠹成虫扬飞期间，在寄主树干下部喷洒25倍缓释微胶囊（绿色威雷）药剂，可杀死其成虫。

2.　杨干象 *Cryptorrhynchus lapathi* Linnaeus

1）虫态识别

成虫　体长 8～10mm，长椭圆形，黑褐色；喙、触角及跗节赤褐色。全体密被灰褐色鳞片，其间散生白色鳞片，形成不规则横带，前胸背板两侧和鞘翅后端 1/3 处及腿节上的白色鳞片较密；黑色束在喙基部有 3 个横列，在前胸背板前方有 2 个横列、后方有 3 个横列，鞘翅第 2 及第 4 刻点沟间部 6 个横列。喙弯曲，中央具 1 条纵隆线；前胸背板短宽，前端收窄，中央有 1 条细纵隆线；鞘翅后端 1/3 向后倾斜，逐渐收缩成 1 个三角形斜面（图 5-13）。

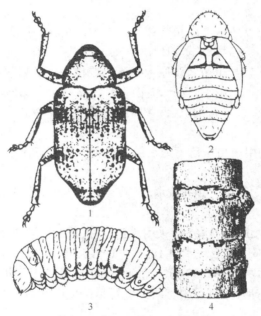

1. 成虫；2. 蛹；3. 幼虫；4. 危害状。

图5-13　杨干象

卵　椭圆形，长 1.3mm，宽 0.8mm。乳白色。

幼虫　老熟幼虫体长约 9mm，乳白色，被稀疏短黄毛。头部黄褐色，前缘中央有 2 对刚毛，侧缘有 3 个粗刚毛，背面有 3 对刺毛。胸足退化，退化痕迹处有数根黄毛。气门黄褐色。

蛹　体长 8～9mm，乳白色。前胸背板有数个刺突，腹部背面散生许多小刺，末端具 1 对向内弯曲的褐色小钩。

2）寄主及危害特点

该虫主要分布于东北及陕西、甘肃、新疆、河北、山西、内蒙古，主要危害杨、柳、桤木和桦树，是杨树的毁灭性害虫。幼虫取食木栓层，然后逐渐深入韧皮部与木质部之间，环绕树干蛀食，形成圆形坑道，蛀孔处的树皮常裂开呈刀砍状，部分掉落而形成伤疤。该虫被列入全国林业检疫性有害生物名单。

3）生物学特性

在辽宁1年1代，以卵和初孵幼虫在枝干韧皮部内越冬。翌年4月中旬幼虫开始活动，越冬卵也相继孵化。初孵幼虫先取食韧皮部，后逐渐深入韧皮部与木质部之间环绕树干蛀食。5月下旬在蛀道末端筑室化蛹。蛹期10～15d，成虫6月中旬开始羽化，出现盛期为7月中旬。新羽化成虫经5～7d补充营养后交尾，继续补充营养约1周后方能产卵。卵产于叶痕或裂缝的木栓层中，多选择3年生以上的幼树或枝条，每个产卵孔有1粒卵，并以分泌物堵孔。该虫一生产卵40余粒。卵期14～21d，幼虫孵化后即越冬或以卵直接越冬。

4）防治原则与措施

杨干象的防治，应以严格检疫和营林技术为主，充分保护利用天敌，因地制宜运用多种相辅相成的预防和除治措施。具体从以下几个方面考虑。

（1）严格检疫。严禁带虫苗木及原木外运，或彻底处理后放行。

（2）选用抗虫品种。选用小叶杨、龙山杨、白城杨、赤峰杨等高抗性品种；加强管理措施，增强树势，减少被侵害的机会；利用杨干象的非寄主植物与寄主植物混合搭配，营造混交林。

（3）物理防治。利用成虫振落下地后的假死性进行人工捕杀，或在初孵幼虫期用刀片将虫挖出后消灭。

（4）生物防治。采取人工招引啄木鸟等，以保护和促进其天敌资源，抑制虫害的发生。

（5）化学防治。在幼虫2～3龄时，采用2.5%溴氰菊酯乳油或20%氰戊菊酯乳油30～50倍液点涂枝干受害部位防治，或用100～200倍液喷干防治。对老龄幼虫采用磷化铝颗粒剂塞入排粪孔防治，剂量0.05g/孔。在成虫期可用25%灭幼脲油剂或15%～25%灭幼脲油胶悬剂，或1%抑食剂进行喷雾防治，可以降低产卵量。

3. 白杨透翅蛾 *Paranthrene regale* Butler

1）虫态识别

成虫 体长11～20mm，翅展22～38mm。头半球形，下唇须基部黑色密布黄色绒毛，头和胸部之间有橙色鳞片围绕，头顶有一束黄色毛簇，其余密布黄白色鳞片。胸部背面有黑色而有光泽的鳞片覆盖。中后胸肩板各有2簇橙黄色鳞片。前翅窄长，褐黑色，中室与后缘略透明。后翅全部透明。腹部青黑色，有5条橙黄色环带。雌蛾腹末有黄褐色鳞毛1束，两边各镶有1簇橙黄色鳞毛；雄蛾腹末全为青黑包粗糙毛覆盖（图5-14）。

卵 椭圆形，长径0.62～0.95mm，短径0.53～0.63mm；黑色，有灰白色且不规则的多角形刻纹。

幼虫 初龄幼虫淡红色。老熟幼虫黄白色，体长30～33mm。臀节略骨化，背面有2个深褐色的刺，略向背上前方钩起。

蛹 体长12～23mm，近纺锤形，褐色。腹部第2～7节背面各有横列的2排刺，

第9、10节各具1排刺，腹末具臀棘。

1. 成虫；2. 危害状；3. 茧；4. 蛹；5. 幼虫。

图5-14　白杨透翅蛾

2）寄主及危害特点

该虫主要分布于东北、华北、西北、华东等地，危害杨、柳科植物，以银白杨、毛白杨受害最重。幼虫危害枝干和嫩芽，由嫩芽侵入时能穿透整个组织，使嫩芽由被害处枯萎下垂或徒生侧枝，形成秃梢；如侵入侧枝和主干，则在木质部与韧皮部之间围绕枝干蛀隧道危害，形成虫瘿，极易被风折断。

3）生物学特性

1年1代，以幼虫在被害枝干内越冬，翌年4月中旬越冬幼虫恢复取食，5月上旬幼虫开始化蛹，6月初成虫开始羽化，6月底至7月初为羽化盛期。成虫羽化时蛹体穿破堵塞的木屑将身体的2/3伸出羽化孔，遗留下的蛹壳经久不掉，极易识别。成虫飞翔能力很强，且极为迅速，白天活动，交尾产卵，夜晚静止于枝叶上不动。卵多产于1～2年生幼树叶柄基部、有绒毛的枝干、旧虫孔内、伤口及树干裂缝处。幼虫孵化后爬行迅速，寻找适宜的部位侵入。近9月下旬，幼虫停止取食，在虫道末端吐丝作薄茧越冬，次年继续钻蛀危害。化蛹前老熟幼虫吐丝缀木屑将蛹室下部封堵。

4）防治措施

白杨透翅蛾的防治应以注意森林经营、严格检疫为主，加强对林木检查，发现虫瘿及时采取物理、化学方法处理。具体措施应以下从几个方面考虑。

（1）林业技术措施。培育抗性品种，如沙兰杨、小叶杨等有较强抗性，加强苗木管理。苗木的机械损伤常引起成虫产卵和幼虫侵入，因此在成虫产卵和幼虫孵化期不宜修枝。在重灾区，可栽植银白杨或毛白杨诱集成虫产卵，待幼虫孵化后彻底销毁。

（2）物理防治。人工剪除虫瘿，苗木和枝条引进或输出前要严格把关，及时剪除虫瘿，防止传播和扩散；冬季剪掉虫枝，消灭越冬幼虫。幼虫初蛀入时，发现树干或枝条上有蛀屑或小的瘤状突起，及时用小刀削掉，消灭幼虫。钩杀幼虫。对四旁绿化树发现枝干上有虫瘿时，在虫瘿上方 2cm 左右处钩出或刺杀幼虫。

（3）生物防治。用蘸白僵菌、绿僵菌的棉球堵塞虫孔；在成虫羽化期，用性信息素诱杀成虫，防治效果明显。

（4）化学防治。一是成虫羽化盛期，喷洒 2.5%溴氰菊酯乳油 4000 倍液，毒杀成虫。二是幼虫孵化盛期在树干下部间隔 7 天喷洒 2～3 次 40%氧化乐果 1000～1500 倍液。三是幼虫侵害期如发现枝干部上有新虫粪，立即用 50%杀螟硫磷乳油与柴油的（1：5）混合液滴入虫孔，或用 50%杀螟硫磷乳油 20～16 倍液在被害处 1～2cm 范围内涂刷药环。

4. 松梢螟 *Dioryctria rubella* Hampson

1）虫态识别

成虫 雌虫体长 10～16mm，翅展 20～30mm，雄虫略小。体色灰褐色。触角丝状，雄虫触角有细毛，基部有鳞片状突起。前翅暗褐色，中室端部有 1 个灰白色肾形斑，翅基部及白斑两侧有 3 条灰白色波状横带，后缘近内横线内侧有 1 个黄斑，外缘黑色。后翅灰白色，无斑纹（图 5-15）。

1. 成虫；2. 幼虫；3. 蛹；4. 危害状。

图5-15 松梢螟

卵 椭圆形，有光泽，长约 0.8mm，黄白色，将孵化时变为樱红色。

幼虫 体淡褐色，少数为淡绿色。头及前胸背板褐色，中、后胸及腹部各节有 4 对褐色毛片，背面的两对较小，呈梯形排列，侧面的两对较大。

蛹 黄褐色，体长 11～15mm。腹端有 1 块黑褐色骨化的狭长皱褶，其上生有端部卷曲的 6 根细长臀棘，中央 2 根较长。

2）寄主及危害特点

该虫主要分布于东北、华北、西北、西南等地区，主要危害马尾松、油松、黑松、赤松、黄山松、华山松、火炬松、湿地松、雪松等松类。幼虫钻蛀主梢，引起侧梢丛生，树冠呈扫帚状，严重影响树木生长。幼虫蛀食球果影响种子产量，也可蛀食幼树枝干，造成幼树死亡。

3）生物学特性

吉林 1 年 1 代，辽宁、北京、河南、陕西 1 年 2 代，南京 1 年 2～3 代，广西 1 年 3 代，均以幼虫在被害枯梢和球果中越冬，部分幼虫在枝干伤口皮下越冬。越冬幼虫于 4

月初至中旬开始活动，继续蛀食危害，向下蛀到 2 年生枝条内，一部分转移到新梢危害。各代出现期分别为越冬代 5 月中旬至 7 月下旬，第 1 代 8 月上旬至 9 月下旬，第 2 代 9 月上旬至 10 月中旬，11 月幼虫开始越冬。各代成虫期较长，其生活史不整齐，有世代重叠现象。

成虫羽化时，蛹壳仍留在蛹室内，不外露。羽化多在 11 时左右，成虫白天静伏于树梢顶端的针叶茎部，19:00～21:00 飞翔活动，并取食补充营养，具趋光性。雌蛾产卵量最多 78 粒，最少 14 粒，平均 44 粒，卵散产，产在被害梢针叶和凹槽处，每梢 1～2 粒，还有产在被害球果鳞脐或树皮伤疤处。卵期 6～8d，成虫寿命 3～5d。幼虫 5 龄，初孵化幼虫迅速爬到旧虫道内隐蔽，取食旧虫道内的木屑等。4～5d 蜕皮 1 次，从旧虫道内爬出，吐丝下垂，有时随风飘荡，有时在植株上爬行。爬到主梢或侧梢进行危害，也有幼虫危害球果。危害时先啃食嫩皮，形成约手指大小的伤痕，被害处有松脂凝聚，以后蛀入髓心，大多蛀害直径 0.8～1cm 的嫩梢，从梢的近中部蛀入。蛀孔圆形，蛀孔外有蛀屑和粪便堆积。3 龄幼虫有迁移习性，从原被害梢转移到新梢危害。老熟幼虫化蛹于被害梢虫道上端。蛹期平均 16d。

该虫多发生于郁闭度小、生长不良的 4～9 年生幼林中。在一般情况下，国外松受害比国内松严重，以火炬松被害最重。

4）防治措施

防治时应贯彻适地适树、合理混交、良好的抚育管理等营林措施为主的原则，必要时可辅以物理、生物、化学等防治措施。

（1）加强林区管理。加强幼林抚育，促使幼林提早郁闭，可减轻危害；修枝时留茬要短，切口要平，减少枝干伤口，防止成虫在伤口产卵；利用冬闲时间，组织人员摘除被害干梢、虫果，集中处理，可有效降低虫口密度。

（2）物理防治。利用成虫趋光性，用黑光灯或高压汞灯诱杀成虫。

（3）生物防治。保护与利用天敌。幼虫期的主要天敌有长足茧蜂，寄生率为 15%～20%。蛹期有寄生于蛹的广大腿蜂。

（4）药剂防治。在母树林、种子园可用 50%杀螟松乳油 1000 倍液喷雾防治幼虫。

5. 日本松干蚧 *Matsucoccus matsumurae*（Kuwana）

1）虫态识别

成虫　雌成虫卵圆形，体长 2.5～3.3mm，橙褐色，体壁柔弱，体节不明显，头端较窄，腹端肥大，胸足 3 对，胸气门 2 对，腹气门 7 对，在第 2～7 腹节背面有圆形的背疤排成横列，全身的背、腹面皆有双孔腺分布。雄虫体长约 2mm，头、胸部黑褐色，腹部淡褐色。前翅发达，半透明，具有明显的羽状纹，后翅退化成平衡棒，腹部第 8 节背面有一马蹄形的硬片，其上生有柱状管腺 10～18 根，分泌白色长蜡丝（图 5-16）。

若虫　初孵若虫长椭圆形，橙黄色，胸足发达，腹末有长短尾毛各 1 对。1 龄寄生若虫梨形或心脏形，橙黄色。2 龄无肢若虫触角和足消失，口器特别发达，虫体周围有长的白色蜡丝。3 龄雄若虫长椭圆形，口器退化，触角和胸足发达，外形与雌成虫相似。

1. 雌成虫；2. 雄成虫。

图5-16 日本松干蚧

2）寄主及危害特点

该虫主要危害赤松、油松、马尾松，也危害黄山松、千山赤松及黑松等，5～15年生松树受害最重。松树被害后生长不良，树势衰弱，针叶枯黄，芽梢枯萎，皮层组织破坏形成污烂斑点，树皮增厚硬化，卷曲翘裂。

3）生物学特性

该虫1年2代，以1龄寄生若虫越冬或越夏，各代的发生期因我国南北方气候不同而有差异。成虫一般在晴朗、气温高的天气羽化数量较多，雄成虫羽化后，多沿树干爬行或作短距离飞行，寻觅雌成虫交尾。雌虫交尾后，第2d开始产卵于轮生枝节、树皮裂缝、球果鳞片、新梢基部等处，雌虫分泌丝质包裹卵形成卵囊。初孵若虫沿树干向上爬，活动1～2d后，即潜于树皮裂缝和叶腋等处固定寄生，成为寄生若虫。此时虫体小，隐蔽，难发现与识别。寄生若虫蜕皮后，触角和足等附肢全部消失，雌雄分化，虫体迅速增大而显露于皮缝外，是危害最严重的时期。日本松干蚧天敌种类很多，如异色瓢虫、蒙古光瓢虫、盲螳蛉、松干蚧花蝽等。

4）防治原则及措施

（1）加强植物检疫。严禁疫区苗木、原木向非疫区调运。

（2）营林措施。封山育林，迅速恢复林分植被，改善生态环境；营造混交林，补植阔叶树或对此虫有较强抗性的树种，如火炬松、湿地松等；及时修枝间伐，以清除有虫枝干，造成松蚧不适于繁殖的条件。

（3）生物防治。蒙古光瓢虫、异色瓢虫对松干蚧均有较强的抑制作用，应加以保护和利用。

（4）化学防治。在松干蚧2个集中出现期的显露期喷25%蛾蚜灵可湿性粉剂1500～2000倍液。也可采用内吸剂打孔注药、刮皮涂药、灌根施药。

任务评价

具体考核内容可参考表5-13。

表 5-13　林木枝干害虫调查与防治任务评价表

任务名称：林木枝干害虫调查与防治			完成时间：	
序号	评价内容	评价标准	考核方式	赋分
1	知识考核	掌握枝干害虫种类及发生特点	单人考核 （笔试）	5分
		熟知枝干害虫的生活习性		5分
		熟知枝干害虫调查知识		10分
		掌握枝干害虫防治知识		10分
2	技能考核	能识别枝干害虫种类及病原	单人考核	10分
		调查路线清晰、方法正确、数据翔实	小组考核	10分
		防治措施得当、效果理想	小组考核	10分
		操作规范、安全、无事故	小组考核	10分
3	素质考核	工作中勇挑重担，有吃苦精神	单人考核	2分
		与他人合作愉快，有团队精神		2分
		遵守劳动记录，认真按时完成任务		2分
		善于发现和解决问题，有创新意识		2分
		信息收集准确，准备充分		2分
4	成果考核	能在规定时间内完成调查报告，内容翔实、书写规范、结果正确。	小组考核	10分
		防治技术方案内容完整，条理清晰、措施得当，有一定的可行性。	小组考核	10分
总得分			100分	

◇◇ 自 测 练 习 ◇◇

1. 填空题

（1）林木蛀干害虫主要有_____、_____、_____、_____、_____、_____6大类。

（2）星天牛与光肩星天牛的形态区别：后者成虫鞘翅基部没有_____；幼虫前胸背板后半部的"凸"形纹的前方没有_____形纹。

（3）白杨透翅蛾成虫前翅窄长，褐黑色，中室与后缘略透明；后翅_____。

（4）松突圆蚧一般在老叶的_____虫口最多，可造成大量针叶_____脱落。

（5）日本松干蚧主要危害_____、_____、_____，也危害黄山松、千山赤松及黑松等，_____年生松树受害最重。

2. 单项选择题

（1）天牛幼虫类型为（　　　）。

A. 多足型　　　B. 寡足型　　　C. 无足型　　　D. 原足型

（2）下列害虫中属于国内检疫性有害生物的是（　　　）。

　　A．光肩星天牛 B．星天牛　　 C．栗山天牛　 D．青杨天牛

（3）肿腿蜂寄生天牛的虫态是（　　　）。

　　A．卵　　　　 B．成虫　　　 C．幼虫　　　 D．蛹

（4）成虫羽化后取食叶片和幼枝嫩皮补充营养，产卵时一般在枝干表皮上先咬出 1 个刻槽，再将产卵管插入刻槽中产卵。具有这一产卵习性的害虫是（　　　）。

　　A．天牛类　　 B．小蠹虫类　 C．象甲类　　 D．透翅蛾类

（5）成虫和幼虫在林木韧皮部与边材之间蛀食，构成各种图案的密集坑道。具有该危害状的害虫是（　　　）。

　　A．天牛类　　 B．小蠹虫类　 C．象甲类　　 D．木蠹蛾类

（6）某害虫的幼虫危害松树树干，成虫可携带、传播松材线虫，这种害虫是（　　　）。

　　A．萧氏松茎象　　　　　　 B．红脂大小蠹

　　C．松墨天牛　　　　　　　 D．松梢螟

（7）对于林业检疫性蛀干害虫的综合防治，首要控制措施应该是（　　　）。

　　A．严格检疫　　　　　　　 B．人工捕杀

　　C．虫孔注射药剂　　　　　 D．营造抗虫树种

（8）松突圆蚧以成虫和若虫越冬，越冬种群中以（　　　）为主。

　　A．1 龄若虫　 B．2 龄若虫　 C．3 龄若虫　 D．成虫

3．简答题

（1）比较本地区危害林木的天牛类害虫成虫、幼虫的形态特征及其习性。

（2）简述杨干象的被害状及防治措施。

4．论述题

结合你所在地区严重发生的蛀干害虫，谈谈应如何进行综合治理。

项目6　林木叶部病虫害防治

项目描述

林木叶部有害生物种类繁多、分布广，所有树种均有不同程度发生，导致叶片早落，光合作用产物的积累减少。同时，叶部病虫害的危害会削弱树木长势，从而导致次期性病虫害的发生，会使树木更加衰弱，甚至死亡。因此，加强林木叶部病虫害的研究和防治，对保护树木健康生长具有重要意义。

林木叶部主要病害类型有白粉病、锈病、炭疽病、叶斑病、叶畸形、病毒病等。它们的发生特点是：①初侵染源主要来自病落叶，潜育期短，有多次再侵染发生；②病害主要通过风、雨、昆虫和人类活动传播；③常引起叶片斑点，支离破碎，甚至提前落叶、落花，严重削弱林木的生长势。

林木食叶害虫种类主要有鳞翅目的卷叶蛾类、舟蛾类、刺蛾类、袋蛾类、毒蛾类、灯蛾类、尺蛾类、天蛾类、枯叶蛾类、潜叶蛾类、斑蛾类、鞘蛾类及蝶类；鞘翅目的叶甲类、膜翅目的叶蜂类和直翅目的蝗虫等。它们的危害特点是：①危害健康的植株，猖獗时能将叶片吃光，削弱树势，为天牛、小蠹等蛀干害虫侵入提供适宜条件；②大多数食叶害虫因裸露生活，受环境因子影响大，其虫口密度变动大；③多数种类繁殖能力强，产卵集中，易爆发成灾，并能主动迁移扩散，扩大了危害的范围。食叶害虫危害后的症状常较易发现和识别。叶片被食后常留下残叶、叶柄或叶脉，严重时整株立木光秃无叶；潜叶性种类则使被害叶显现各种潜痕、污斑；卷叶、缀叶或褶叶危害的种类常使叶片卷曲或缀合。袋蛾、鞘蛾缀叶后形成各种形式的袋囊；天幕毛虫、美国白蛾等则结成大丝幕。树木一旦受害林地往往布满虫粪、残叶断梗，树间挂有虫茧、丝迹等。

本项目选择南北方具有代表性的种类，如杉木炭疽病、叶锈病、松毛虫、美国白蛾防治工作为任务载体实施教学，各院校也可结合当地实际情况进行选择性教学，通过典型工作任务训练及知识迁移学习，使学生全面掌握林木叶部病虫害防治技术。

项目分析

任务名称	任务载体	学习目标		
		知识目标	能力目标	素质目标
任务 6.1 林木叶部病害调查与防治	① 杉木炭疽病调查与防治 ② 青杨叶锈病调查与防治	① 熟知叶部病害的种类及发生规律 ② 熟知叶部病害的调查方法 ③ 掌握叶部病害防治原理与措施	① 会诊断林木叶部病害 ② 能对叶部病害进行调查 ③ 会拟定叶部病害防治技术方案 ④ 会实施叶部病害防治作业	① 培养学生对林木叶部病虫害的正确认知和科学防控理念 ② 培养学生团队合作精神和认真求实的工作态度 ③ 提高学生分析问题和解决问题的能力
任务 6.2 林木叶部害虫调查与防治	① 松毛虫调查与防治 ② 美国白蛾调查与防治	① 掌握叶部害虫识别特点与危害习性 ② 熟知叶部害虫的调查方法 ③ 掌握叶部害虫防治原理与措施	① 会识别叶部害虫种类及被害状 ② 能对叶部害虫虫情进行调查 ③ 会拟定叶部害虫防治技术方案 ④ 会实施叶部害虫除治作业	

任务 6.1　林木叶部病害调查与防治

实施时间：调查时间为 3～6 月，防治时间一般在孢子散发之前。

实施地点：有叶部病害发生的林地或苗圃地

教学形式：现场教学、教学做一体化。

教师条件：由校内教师和林场或苗圃技术员共同指导。指导教师需要熟知叶部病害的发生规律，具备叶部病害鉴别、调查与防治能力；具备组织课堂教学和指导学生实际操作能力。

学生基础：具备林木病害识别基本技能，具有一定的自学能力和资料收集与整理能力。

知 识 准 备

6.1.1　杉木炭疽病调查与防治（任务载体一）

杉木炭疽病是杉木重要的病害，在杉木栽培区都有发生，以低山丘陵地区人工幼林发生较严重。病原菌为胶孢炭疽菌，病菌可侵染寄主出土部分的任何器官。病斑能无限扩展，常引起叶枯、梢枯、芽枯、花腐、果腐和枝干溃疡等病征，可对苗木造成毁灭性损失。炭疽病的病状主要表现在病部有各种形状、大小、颜色的坏死斑，有的在叶、果斑上有轮斑，在枝梢上形成菱形或不规则形溃疡斑，扩展后造成枝枯。病征表现为发病后期有黑色小点，即病菌的分生孢子盘，在潮湿条件下多数能产生胶黏状的带粉红色的分生孢子堆，这是诊断炭疽病的标志。

1. 分布与危害

杉木炭疽病主要分布于江西、湖北、湖南、福建、广东、广西、浙江、江苏、四川、贵州及安徽等地，尤以低山丘陵地区为常见，严重的地方常成片枯黄，受害严重。另外，该病菌也危害油茶、八角、泡桐、柳、山楂、苹果、海棠及梨等植物。

2. 病原

病原为半知菌门的胶孢炭疽菌 *Colletrichum gloeosporioides* Penz。病叶上有分生孢子盘，以尤以叶背白色气孔线为多，分生孢子盘上有黑褐色有分隔的刚毛，分生孢子梗无色，分生孢子单胞无色，长圆形（图 6-1）。

图6-1　杉木炭疽病病原菌

3. 发病规律

病菌以菌丝体在病组织内越冬。翌年 3 月中旬分生孢子成熟进行初侵染，4 月中旬至 5 月下旬为发病盛期。6 月高温阶段病害停止流行，9~10 月病害再度发生，危害当年新梢，不及春季严重。该病在低丘台地或低洼地等立地条件较差、管理粗放的人工幼林内发生普遍且严重。在水肥条件较好、气候适宜区的杉木产区发病不严重。

计 划 制 订

1. 小组分工

每 4~6 人为一组，设组长 1 名，操作员 2~4 名，记录员 1 名。

2．工作准备

仪器：生物显微镜、手动喷雾器或背负式喷粉喷雾机。

用具：放大镜、镊子、采集袋、标本盒、剪枝剪、天平、量筒、玻片、盖片等。

材料：杉木炭疽病新鲜标本及生石灰、硫酸铜、80%代森锰锌可湿性粉剂、25%嘧菌酯悬浮剂、50%甲基托布津可湿性粉剂、70%百菌清可湿性粉剂等。

3．工作预案

以小组为单位领取工作任务，根据任务资讯，查阅相关资料，结合国家和地方林木叶部病害防治技术标准拟定调查与防治预案。

调查预案包括调查内容、调查路线、样地设置、取样方法和调查方法等；防治预案包括防治原则和技术措施等。

杉木炭疽病的防治总体策略：病害预防与控制以营林技术为主。一是适地适树，选择适合本地的杉木良种和符合杉木生长条件的立地造林。二是加强抚育管理，采取深翻整理、深挖抚育、开沟培土、农林间作、绿肥压青、松土除草等措施，促进杉木健壮生长，提高抗病力。三是做好炭疽病的发生与预防工作。四是化学防治，在发病中心区，杉木抽春梢或秋梢时，喷施保护型和治疗型杀菌剂混配喷雾进行防治。

具体措施应从以下几个方面考虑。

（1）选择深厚、疏松、湿润和肥沃的土壤造林，透水性和透气性良好的基质育苗。

（2）对丘陵红壤地区的杉木幼林采取开沟培土、除萌打蘖、清除病枝、深翻抚育、间种绿肥等措施。

（3）对黄化的杉木幼林，施氯化钾 0.1kg/株或树冠喷 0.3%～0.4%硫酸钾液 4～5 次，每 10d 喷施 1 次，促进林木恢复健康生长。

（4）在春梢、秋梢生长期，喷洒 1：2：200 倍波尔多液、80%代森锰锌可湿性粉剂 500 倍液与 25%嘧菌酯悬浮剂 2000 倍液等保护型和治疗型杀菌剂混配喷雾，防止炭疽病菌侵染。

（5）在发病中心区，喷施 50%甲基托布津可湿性粉剂 1200 倍与 70%百菌清可湿性粉剂 600 倍混配药液，每隔 10～15d 喷洒 1 次，连续喷洒 2～3 次。

任务实施

1．杉木炭疽病识别

1）现场典型症状识别

第一步：观察杉木炭疽病病梢症状。最典型的是颈枯，即是在枝梢顶芽以下 10cm 左右的茎叶发病。其次是整个梢头枯，即是幼茎和针叶可能同时受侵的发病症状。

第二步：观察杉木炭疽病病针叶的病状。针叶叶尖变褐枯死或叶上出现不规则形斑点，甚至整个针叶变褐枯死。

第三步：观察杉木炭疽病病茎的病状。幼茎的颜色变为褐色。

第四步：观察杉木炭疽病病茎与病针叶的病征。枯死不久的幼茎与针叶上，尤以针叶背面中脉两侧可见到稀疏的小黑点；以及杉木炭疽病经保温培养后，病针叶小黑点上涌出的粉红色分生孢子堆。

2）室内病原菌鉴别

第一步：在杉木炭疽病的病叶小黑点明显处切取病组织小块（5mm×3mm），然后将病组织材料置于小木板或载玻片上，左手手指按住病组织材料，右手持单面刀片把材料横切成薄片（薄片厚度为<0.8mm），取现有小黑点的薄片3～5片材料制片镜检。

第二步：在杉木炭疽病叶小黑点上涌出的粉红色分生孢子堆处，用尖头镊子刮取病菌置于洁净的载玻片上制片镜检。

第三步：显微镜下分别镜检观察，并查阅相关资料。

2. 杉木炭疽病调查

第一步：林地踏查。详细记录林地环境因子、危害程度、受害面积等，填写杉木炭疽病踏查记录表（表6-1）。

第二步：设置样地。在发病林地按发病轻、中、重的等级选择有代表性地段设标准地。按林地发病面积的0.1%～0.5%计算应设样地面积，每个样地林木不少于100株计算出应设样地数。按抽行式或大五点式设置样地。

第三步：样株分级调查。样株分级划分标准参考表6-2。在标准地内采用随机或隔行隔株、对角线等法抽取30株样株进行调查，统计健康株及各病级感病株数量。

第四步：计算各样地发病率、病情指数，填写杉木炭疽病样地调查表（表6-3）。

第五步：结果分析。将调查、预测的结果进行统计整理分析，确定防治指标及防治技术。

第六步：将调查原始资料装订、归档；标本整理、制作和保存。

表 6-1　杉木炭疽病踏查记录表

县_____　乡（场）_____　村地名_____　林班号_____　小班号_____
调查地编号_____　林分总面积_____　（亩）被害面积_____　（亩）
林木组成_____　优势树种_____　平均林龄（年）_____　平均树高_____（m）平均胸径_____（cm）
郁闭度_____　生长势_____　植被覆盖率_____　植被种类_____　林地卫生状况_____　其他_____
土壤种类_____　土壤质地_____　土层厚度_____（cm）坡向_____　坡度_____　海拔_____（m）

树种	受害面积/亩	病害种类	危害部位	危害程度		
				轻（+）	中（++）	重（+++）

调查人：_____　　　　　调查时间：_____

表 6-2　杉木炭疽病分级调查表

病害级别	分级标准	代表数值	株数
Ⅰ	植株健康无感病枝叶	0	
Ⅱ	植株发病枝叶在 25%以下	1	
Ⅲ	植株发病枝叶在 26%~50%	2	
Ⅲ	植株发病枝叶在 51%~75%	3	
Ⅴ	植株发病枝叶在 76%以上	4	

调查株数（株）：_____　　发病株数（株）：_____　　发病率（%）：_____　　病情指数：_____

调查人：_____　　　　　　　　　　　　调查时间：_____

表 6-3　杉木炭疽病危害程度调查表

调查日期	调查地点	样方号	感病率/%	样株号	总叶数	病叶数	叶发病率/%	病害叶分级					病情指数	备注
								Ⅰ	Ⅱ	Ⅲ	Ⅳ	Ⅴ		

3．杉木炭疽病防治作业

（1）造林苗木的检查及消毒。所用的药剂为 65%代森锌可湿性粉剂药剂，稀释为 500~800 倍液。

第一步：根据已知的用苗量和稀释倍数计算原药和稀释剂的重量。

第二步：先用 20%的水将药剂溶解，然后倒入 80%的水中搅拌均匀。

第三步：用喷雾器将稀释的药剂均匀喷洒在造林用的苗木上。

（2）化学防治。

① 喷洒波尔多液保护剂。

第一步：根据防治面积和波尔多液的配比量计算所需原材料量。

第二步：按要求配制成 1∶2∶200 的波尔多液。

第三步：植物感病前，将配好的波尔多液均匀喷洒在植株上。

② 配制 80%代森锰锌 500 倍液与 25%嘧菌酯悬浮剂 2000 倍混合液。

第一步：配制 80%代森锰锌 500 倍液。根据已知的用药面积和稀释倍数计算原药和稀释剂的重量。先用 20%的水量将药剂溶解，然后倒入 80%的水中搅拌均匀。

第二步：配制 25%嘧菌酯悬浮剂 2000 倍液。方法同上一步。

第三步：植物感病前，将配好的 80%代森锰锌 500 倍液与 25%嘧菌酯悬浮剂 2000 倍液混合均匀喷洒在植株上。

③ 50%甲基托布津可湿性粉剂 1200 倍液与 70%百菌清可湿性粉剂 600 倍混合液。

第一步：配制 50%甲基托布津可湿性粉剂 1200 倍液。根据已知的用药面积和稀释倍数计算原药和稀释剂的重量。先用 20%的水将药剂溶解，然后倒入 80%的水中搅拌均匀。

第二步：配制 70%百菌清可湿性粉剂 600 倍液。方法同第一步。

第三步：将 50%甲基托布津可湿性粉剂 1200 倍液与 70%百菌清可湿性粉剂 600 倍液混合。

第四步：用背负式喷粉喷雾机均匀地将药液喷洒在植株上，每半月喷洒一次，可收到一定的防治效果。

（3）林业技术防治措施。

第一步：对丘陵红壤地区的杉木幼林采取开沟培土、除萌打蘖、清除病枝、深翻抚育、间种绿肥等措施。

第二步：对黄化的杉木幼林，施氯化钾 0.1kg/株或树冠喷 0.3%～0.4% 硫酸钾液 4～5 次，每 10d 喷施一次，促进林木恢复健康生长。

4. 施药后防治效果调查

最后一次施药后，学生利用业余时间分别在 3d、5d、7d、10d 到防治现场检查防治效果，具体做法如下。

第一步：首先在防治区和对照区分别设置样地，各取样株 30 株分级调查。

第二步：统计样地植株发病率、病情指数，计算相对防治效果填入表 6-4。

$$相对防治效果＝\frac{对照区病情指数或发病率－防治区病情指数或发病率}{对照区病情指数或发病率}\times100\%$$

第三步：结果整理分析，撰写防治效果调查报告。

表 6-4　杉木炭疽病施药后防治效果调查表

对照区			防治区		
病害级别	防治前	防治后	病害级别	防治前	防治后
	株数	株数		株数	株数
I			I		
II			II		
III			III		
IV			IV		
V			V		
合计			合计		

对照区：防治前发病率（%）____，病情指数____；防治后发病率（%）____，病情指数____

防治区：防治前发病率（%）____，病情指数____；防治后发病率（%）____，病情指数____

防治效果（%）：_____，相对防治效果（%）：_____

调查人：_____调查时间：_____

知识准备

6.1.2　青杨叶锈病调查与防治（任务载体二）

由锈菌引起的针阔叶树叶部病害统称叶锈病类，是林木中常见的病害类型之一。锈病都是专性寄生菌，依赖寄主植物活体获取营养而生存，有单主寄生和转主寄生。单主寄生即锈菌在同一寄主上完成整个发育过程，如玫瑰锈病。转主寄生是锈菌必须在分类上并不相近的两种寄主植物上才能完成其生活。典型锈菌生活史一般会产生 5 种不同类型的孢子，因此在不同时期表现的症状也不相同。性孢子器多为蜜黄色至暗褐色点状物，锈孢子器（或锈孢子堆）常表现为黄白色各型的孢子器，少数只有黄色粉堆，夏孢子表现为黄色粉堆，冬孢子堆表现为锈褐色。多数锈菌有转主寄生性，如青杨叶锈病就是其中的一种。

1.　分布与危害

青杨叶锈病又称落叶松-杨锈病，主要分布于东北三省、内蒙古东北部、河北和云南等地，危害兴安落叶松、长白落叶松及中东杨、小青杨、大青杨、加拿大杨、响叶杨、北京杨等多种杨树。从小苗到大树都能发病，但以小苗和幼树受害较为严重。该病是苗圃和幼林中的常见病害之一。

2.　病原

青杨叶锈病的病原为担子菌门、锈菌目的松杨栅锈菌 *Melampsora larici populina* Kleb.（图 6-2）。落叶松针叶面有性孢子器，性孢子单胞无色球形；针叶背面有锈孢子器，锈孢子鲜黄色，表面有细疣，球形。杨树叶背上有夏孢子堆，夏孢子椭圆形，表面有疣刺；叶面有略突起的角状褐色冬孢子堆，冬孢子在叶表皮下栅栏状排列，长筒形，棕褐色；担孢子球形。

1. 叶上夏孢子和冬孢子堆；2. 夏孢子堆和冬孢子堆切面；3. 冬孢子；4. 夏孢子；5. 侧丝。

图6-2　青杨叶锈病

3．发病规律

在早春，杨树病落叶上的冬孢子遇水或潮气萌发，产生担孢子，并由气流传播到落叶松上，由气孔侵入。经 7～8d 潜育后，在叶背面产生锈黄色的锈孢子堆。锈孢子不侵染落叶松，由气流传播到转主寄主杨树叶上萌发，由气孔侵入叶内，经 7～14d 潜育后在叶正面产生黄绿色斑点，然后在叶背形成黄色夏孢子堆。夏孢子可以反复多次侵染杨树，故 7、8 月锈病往往非常猖獗。到 8 月末以后，杨树病叶上便形成冬孢子堆，病叶落地越冬。

在落叶松不能生长的温暖地方，该病菌能以夏孢子越冬，即晚秋产生的夏孢子至次年春仍有致病力，因此没有中间寄主也能继续危害。该病菌的夏孢子能保持生活力及致病性达 10 个月，越冬无须转主寄主。夏孢子可以安全越冬，第二年春季在温室接种仍具有较高的侵染力。研究发现远离落叶松的杨树，夏孢子越冬后于 5 月中下旬遇湿萌发，侵染杨树叶片。

树种抗病性有明显差异。兴安落叶松和长白松都可发病，但不严重。中东杨、小青杨、大青杨感病重，加拿大杨、北京杨等中等感病；山杨、新疆杨、格尔黑杨等最抗病。幼树比大树易感病。幼嫩叶片易发病。

1．小组分工

每 4～6 人为一组，设组长 1 名，操作员 2～4 名，记录员 1 名。

2．工作准备

仪器：实体显微镜、手动喷雾器或背负式喷粉喷雾机。
用具：放大镜、镊子、采集袋、标本盒、剪枝剪、天平、量筒、玻片、盖片等。
材料：各种叶部病害标本及防治所需药剂等。

3．工作预案

以小组为单位领取工作任务，根据任务资讯，查阅相关资料，结合国家和地方林木叶部病害防治技术标准拟定调查与防治预案。

调查预案包括调查内容、调查路线、样地设置、取样方法和调查方法等；防治预案包括防治原则和技术措施等。

青杨叶锈病的防治总体策略：加强管理，改善环境条件，提高植物对叶锈病的抗病能力。清除侵染来源，采取人工烧掉或在地面喷洒铲除剂等方式清除病落叶和落果，去除叶锈病的转主寄主。在植物生长季节喷药保护叶片不受侵染。具体措施应从以下几个方面考虑。

（1）选育抗病杨树品种。

（2）不要营造落叶松与杨树混交林，至少不要营造同龄的混交林。

（3）防止苗木生长过密或徒长，提高抗病力。

（4）落叶松发病期用 0.5°Bé 硫合剂、15%粉锈宁、25%敌锈钠等喷洒树冠。

（5）杨树发病期用 15%粉锈宁 600 倍液或 25%粉锈宁 800 倍液喷雾。

 任 务 实 施

1. 青杨叶锈病识别

1）现场典型症状识别

第一步：观察落叶松的症状，针叶上出现黄绿色病斑，并有肿起的小疱。

第二步：观察杨树叶片症状，叶片背面出现橘黄色小疱，疱破后散出黄粉。秋初于叶正面出现多角形的锈红色斑，有时锈斑连成片。

2）室内病原菌鉴别

第一步：在青杨叶锈病的病斑症状明显处切取病组织小块（5mm×3mm），然后将病组织材料置于小木板或载玻片上，用左手手指按住病组织材料，右手持刀片，把材料横切成薄片（薄片厚度＜0.8mm），再将切好的材料制成玻片标本镜检。

第二步：在青杨叶锈病叶背症状明显处用解剖针挑取病菌，置于洁净的载片上制片镜检。

第三步：在显微镜下观察，并查阅相关资料。

2. 青杨叶锈病调查

第一步：首先沿苗圃或林地踏查。详细记录林地环境因子、危害程度、受害面积等。

第二步：设样地。在发病林地按发病轻、中、重选择有代表性地段设标准地。按苗圃或林地发病面积的 0.1%～0.5%计算出应设样地面积，每个样地林木不少于 100 株计算出应设样地数。苗圃、人工林按抽行式取样，大面积林地按大五点式取样。

第三步：确定青杨叶锈病病级划分（表 6-5）。在标准地内逐株调查健康株数、感病株数。

第四步：样地取 10 株样株进行病叶调查。每株调查 100～200 个叶片，应从树冠的不同方位采集。统计健康叶片与各病级感病叶片数量。

第五步：计算各样地发病率、样株病叶发病率及病情指数，填写青杨叶锈病样地调查表。

第六步：结果分析。将调查、预测的资料进行统计整理分析，确定防治指标与防治技术。

第七步：将调查原始资料装订、归档；标本整理、制作和保存。

表 6-5　青杨叶锈病病级划分

病害级别	分级标准	代表数值
I	植株健康，无感病叶片	0
II	植株发病叶片在 20%以下	1
III	植株发病叶片在 21%～30%	2
IV	植株发病叶片在 31%～40%	3
V	植株发病叶片在 41%以上或有越冬病芽的病株	4
VI	叶枯死或苗枯死	5

3. 防治指标

（1）插条苗青杨叶锈病防治指标。经济阈值的病情指数为 14。防治指标的病情指数应大于 14，考虑到收益情况，病情指数 15～18 为重点防治，大于 18 时应全面防治。

（2）平茬苗青杨叶锈病防治指标。经济阈值的病情指数为 21，防治指标应大于 21。考虑到收益情况，病情指数 22～23 为重点防治，大于 23 时应全面防治。

（3）1～3 年生苗青杨叶锈病防治指标。经济阈值的病情指数为 24，防治指标的病情指数应大于 24，考虑到收益情况，病情指数 25～26 为重点防治，大于 26 时应全面防治。

4. 青杨叶锈病防治作业

1）造林苗木的检查及消毒

所用的药剂为 65%代森锌可湿性粉剂药剂，稀释倍数 500～800 倍液。

第一步：根据已知的用苗量和稀释倍数计算原药和稀释剂的重量。

第二步：先用 20%的水量将药剂溶解，然后倒入 80%的水中搅拌均匀。

第三步：用喷雾器将稀释的药剂均匀喷洒在造林用的苗木上。

2）喷洒波尔多液保护剂

第一步：根据防治面积和波尔多液的配比量计算所需原材料量。

第二步：按要求配制成 1∶1∶160 的波尔多液。

第三步：感病前，将配好的波尔多液均匀喷洒在植株上。

3）药剂防治

第一步：选择药剂。常用的喷洒药剂还有 25%粉锈宁 1000 倍液、70%甲基托布津 1000 倍液、65%可湿性代森锌液（500 倍液）和敌锈钠 200 倍液等。

第二步：药剂配制。

第三步：用背负式喷粉喷雾机均匀地将药液喷洒在植株上，每半个月喷洒一次，可收到一定防治效果。

4）林业技术防治措施

第一步：适当控制苗木栽植密度。定株行距 8cm（或 15cm）。

第二步：幼树打掉全株 1/3 或 1/4 以下下部叶片，可降低湿度，控制病害发生。

5）施药后防治效果调查

最后一次施药后，学生利用业余时间分别在 3d、5d、7d、10d 到防治现场检查防治效果，具体做法如下。

第一步：首先在防治区和对照区取样调查。

第二步：统计样地发病率、病情指数，计算相对防治效果。

$$相对防治效果 = \frac{对照区病情指数或发病率 - 防治区病情指数或发病率}{对照区病情指数或发病率} \times 100\%$$

第三步：结果整理分析，撰写防治效果调查报告。

知识迁移

6.1.3 其他叶部病害防治

叶部病害种类很多，为了全面掌握林木叶部病害的防治技术，学生可利用业余时间通过自学、收集资料，完成其他叶部病害及防治的学习。

1. 梨-桧柏锈病

1）分布及危害

梨-桧柏锈病又称赤星病，是苹果树和梨树栽培区常见的一种病害，特别是果园附近栽有桧柏的地区尤为严重。除苹果、梨外，山楂、海棠等也能发生锈病。该病常引起早期落叶或幼苗枯死，受害的果实变畸形，不能食用。在桧柏上主要危害嫩梢和针叶，使桧柏上都开出了杏黄色胶质的"花朵"，严重时使针叶大量枯死，甚至小枝死亡。

2）识别症状

该病发生在叶、果、嫩枝上。叶表面有黄绿色小斑点，渐扩大成橙黄色圆形大斑，后产生鲜黄色渐变为黑色的小粒点（性孢子器），病斑背面形成黄白色隆起，其上生有很多黄色的毛状物（锈孢子器）。幼果受害后也产生黄色毛状的锈孢子器。病果生长受阻变畸形。果柄受害则引起早期落果。嫩枝受害时病部凹陷，龟裂易断。桧柏受害后于针叶叶腋间产生黄褐色冠状的冬孢子角。

3）病原

该病的病原菌为担子菌门的梨胶锈菌 *Gymnosporangium haraeanum* 或山田胶锈菌 *Gymnosporangium yamadai*（图 6-3）。

在梨（苹果）树叶、果上产生的性孢子器近圆形埋生，性孢子无色，单胞纺锤形。叶背产生锈孢子器，锈孢子黄褐色，单胞球形或多角形，膜厚，微带瘤状突起，有数个发芽孔。

在桧柏的小枝上出现黄色胶质状冬孢子堆，冬孢子双胞，无色，卵圆形或椭圆形，具长柄，分隔处稍缢缩。萌发时每个细胞生一个分隔的担子，担孢子圆形，单胞，淡黄褐色。

1. 桧柏枝上的冬孢子角；2. 冬孢子萌发；3. 梨叶上的症状；4. 性孢子器；5. 锈孢子器。

图6-3　梨-桧锈病

4）发病规律

该病菌以菌丝在桧柏罹病组织内越冬，翌年春形成冬孢子并萌发产生担孢子，借风传播侵染梨树，先在正面生性孢子器，后在叶背生锈孢子器，锈孢子成熟侵染桧柏针叶及嫩梢，形成菌瘿，约经一年半形成冬孢子。完成 1 次侵染循环约需要 2 年。孢子传播距离一般为 5～10km。气温、降水和风力是决定病害流行的三要素。中国梨比西洋梨易感病，西洋梨中的巴梨对该病菌是免疫的。

5）防治技术要点

（1）在梨园周围 5km 范围内，不要种植桧柏。铲除转主寄主。

（2）冬末或初春在桧柏上喷洒 1～2°Bé 石硫合剂。春天梨放叶时及幼果期喷洒 0.5～1°Bé 石硫合剂。

（3）选育和栽植抗病品种。

2. 松针锈病

1）分布及危害

北方各地均有分布，危害华山松、油松、红松等，常引起苗木或幼树的针叶枯死。

2）识别症状

松针受害初期产生淡绿色斑点，后变暗褐色点粒状疱疱，为性孢子器，几乎等距排成一列；在疱疱的反面，产生黄色疱囊状锈孢子器。囊破后散出黄粉，即锈孢子。最后在松针上残留白色膜状物，为锈孢子器的包被。病针萎黄早落，春旱时新梢生长极慢，如连续发病 2～3 年，病树即枯死。

3）病原

危害油松的病原菌为担子菌门锈菌目的黄檗鞘锈菌 *Coleosporium phellodendri* Komarov，是一种长循环型转主寄生菌。0、Ⅰ阶段产生在油松针叶上，Ⅱ、Ⅲ阶段产生在黄檗叶部。红松的针叶锈病由凤毛菊鞘锈菌 *Coleosporium saussoreae* Thüm.所致，锈孢子阶段寄生于针叶上，夏孢子和冬孢子阶段寄生于风毛菊属 *Saussurea* 植物叶片上（图 6-4）。

1. 性孢子器及锈孢子器；2. 锈孢子堆（散生）及冬孢子堆（集生）；3. 松针横切面上的性孢子器；
4. 锈孢子堆；5. 夏孢型锈孢子堆；6. 冬孢子堆；7. 担孢子。

图6-4 松针锈病

4）发病规律

黄檗鞘锈菌的冬孢子当年 8 月末至 9 月上中旬萌发产生担孢子，担孢子借风雨传播，落到油松针叶上，遇湿生芽管，由气孔侵入，以菌丝体在针叶中越冬。翌年 4 月末开始产生性孢子器，5 月初产生锈孢子器，6 月初孢子成熟，由风传播到黄檗叶片上，萌发侵入后先生夏孢子堆，8 月下旬至 9 月上中旬产生冬孢子堆。

4～10 年的油松发病严重；病害在坡顶较坡脚为重；迎风面较背风面严重；树冠下部较上部病重。油松和黄檗混交时病害严重；7～8 月细雨连绵的年份病害最容易流行。

5）防治技术要点

（1）避免营造油松和黄檗混交林。造林时两个树种距离应在 2km 以上。夏季清除其他的转主寄主。

（2）用 1∶1∶170 波尔多液、0.3～0.5°Bé 石硫合剂、97% 敌锈钠 1∶200 倍液及 50% 三福美 500 倍液，每隔半个月喷药 1～3 次。8 月中、下旬向油松上喷，6 月下旬开始向黄檗叶上喷，防止侵染。

（3）重视苗木来源，严格检疫，防止该病传入新发展的松林基地。

3. 板栗白粉病

1）危害特点

板栗白粉病广泛分布于板栗产区，危害板栗叶、嫩梢，常造成苗木早期落叶，嫩梢枯死，影响生长。

2）症状与病原识别

病叶初期有不明显褪绿斑块，后在叶背面出现灰白色菌丝层及粉状分生孢子堆。秋天时，在病叶上可同时看到许多黄色、黑色小颗粒，即病菌的有性阶段子实体，称为闭囊壳。受害严重的嫩芽，常皱缩变形而枯死。

病原为半知菌门的榛球针壳菌 *Phyllactinia corylea*（Pers.）Karst.。

挑取板栗白粉病病叶上白色的粉状物制片，在显微镜下观察，可看到有无色分隔的菌丝、直立不分枝的分生孢子梗和单胞椭圆形单生或串生的分生孢子，或挑取板栗白粉病病叶上黑色小颗粒制片，在显微镜下观察，可看到球形闭囊壳及球针状附属丝。

3）发病规律

病菌以闭囊壳在病枝、叶越冬，翌年春天闭囊壳破裂，放出子囊孢子，由气孔侵入进行初侵染。病菌还可以菌丝体在芽内越冬，翌年在病芽生出的叶、花上生分生孢子，以分生孢子进行再侵染，1 年中再侵染的次数可以很多。白粉菌可分 3 种类型：第一种是耐旱类，主要发生在荒漠植物上，主要分布在内蒙古、青海、新疆、宁夏；第二种是喜潮湿类，主要发生在沂蒙山区等地的植物上；第三种是中间型。板栗白粉病在低洼潮湿、通气不良的环境或苗木过密、纤细幼嫩、光照不足的条件下发病严重。

4）防治措施

（1）利用白粉菌菌丝多束生的特点，喷洒对白粉菌敏感的药剂，能起到铲除和治疗的效果。一般以硫素剂效果较好，在萌芽发叶前喷 3～5°Bé 的石硫合剂，在生长期喷 0.2～0.3°Bé 石硫合剂，或 70%甲基托布津可湿性粉剂 1000 倍液，每半个月喷 1 次，连喷 2～3 次。

（2）冬季烧毁落叶，减去病枝，减少侵染来源。

（3）对经济林和苗圃加强管理，如施肥应注意低氮高钾可以减轻白粉病的发生。

4. 杨树黑斑病

1）危害特点

杨树黑斑病在杨树栽培地区发生普遍，主要危害多种杨树幼苗、幼树的叶片，引起早期落叶，影响树木生长，也可导致实生苗枯死。

2）症状与病原识别

发病初期在叶面上出现针刺状的小点，长 0.2mm 左右，初为红色，后变成黑褐色。中间有乳白色、黏状的分生孢子堆，老叶上的病斑为黑色，多个病斑连在一起时，造成叶片枯死。发生在嫩梢上，则形成梭形的病斑，长 2～5cm，黑褐色，稍隆起，中间产生微带红色的分生孢子堆。

该病的病原菌为半知菌门的杨盘二孢菌 *Marrsonina populi*（Lib.）Magn 和杨褐盘二孢菌 *M. brunnea*（Ell. et Ev）Magn（图 6-5）。

1. 杨褐盘二孢菌的分生孢子；2. 杨盘二孢菌的分生孢子；3. 白杨盘二孢的分生孢子；4. 分生孢子盘。

图6-5　杨树黑斑病病原菌（仿袁嗣令）

取杨树黑斑病菌玻片标本，在显微镜下观察病菌的分生孢子盘和分生孢子。杨盘二孢菌的分生孢子分隔处有缢缩，而杨褐盘二孢菌分生孢子分隔处不缢缩。

3）发病规律

两种病菌都以菌丝在落叶或枝梢的病斑中越冬，次年春季新产生的分生孢子为初侵染来源。分生孢子通过雨水稀释后，随水滴飞溅飘扬传播。分生孢子的萌发适宜温度为 20～28℃，在水滴中很容易萌发。在湿度适宜、雨水较多的季节，病害发生发展快。雨多、苗圃地潮湿、苗木密度过大、连作及苗木生长不良等情况下发病较重。在东北地区，7～8 月发病最重。

4）防治原则及措施

（1）苗圃地避免连作，彻底清除落叶，减少侵染来源。

（2）及时对幼苗进行抚育管理，适当增施速效肥，促进苗木生长。

（3）用 65%代森锌可湿性粉剂 400～500 倍液，1∶1∶（200～300）波尔多液或 0.6%硫酸锌液，在苗木出土 1～2 个真叶时开始喷药，每隔 10d 喷 1 次，共喷 5～7 次，到病害流行期基本结束。

5. 桉树焦枯病

1）危害特点

该病主要分布于广西、广东、海南、四川、福建、云南、辽宁等地，主要危害尾叶桉、巨尾桉、柠檬桉等 20 多种桉树，还能侵害相思树、丁香、橡胶树、番石榴、柑橘、南美番荔枝、杜鹃、腰果、木薯等多种树木。主要危害桉树叶片、嫩茎和枝梢，以苗圃和幼林发生尤为严重，造成苗圃桉树死亡或者林地桉树大量落叶，威胁桉树的正常生长，染病桉树生长量严重下降。

2）症状与病原识别

感病叶片初期出现针头状、水渍状小斑，当条件适宜时，病斑逐渐扩大，形成 2 种典型的病斑。第 1 种是灰绿色，中间淡黄褐色，病斑的边缘有一褪绿水渍状晕圈，后期病斑中部变成浅色轮纹状或不明显，多数叶缘病斑连接，然后向中间发展，病叶焦枯变脆易裂。第 2 种是黄褐色，病斑边缘有一褪绿赤色晕圈，多数小斑连成大斑，使病叶呈花斑状。病中常卷曲皱缩，呈焦枯变脆易裂状。严重感病苗木可导致叶片全部脱落，顶枯。茎部病斑表皮出现长条形或近圆形的浅色小褐斑，常凹陷，后期病斑变为深褐色，向四周扩展，环绕茎部，有些病斑表皮开裂。

在苗圃和幼林中引起叶枯，叶上出现灰褐色烫伤状病斑，外围病健交界处呈水渍状，病斑边缘可见白色透明的菌丝体，病斑上可见白色透明竖立的霉状物，叶背多于叶面。

此病的病原菌为半知菌门帚梗柱孢属，常有以下特征。分生孢子梗直立无色，有分隔，帚状分枝，多为 3 级分枝，典型的有细而伸长的不孕分枝，端生棒状、梨形、椭圆形、倒卵球形和近球形的泡囊，瓶梗桶形或肾形。

3）发病规律

病原菌在罹病组织和土壤中越冬，在病组织上形成分生孢子，孢子可通过气流、雨水传播扩散，可从叶片、嫩枝的伤口或直接穿透表皮细胞进入组织。远距离传播靠调运带病苗木扩散蔓延。病菌的潜育期很短，一般为 1～3d。短期内又可产生大量分生孢子进行再次侵染。5～6 月达到发病盛期，7～9 月病情危害稍缓，10～11 月又有上升趋势，但不会再流行扩展。病菌一旦进入叶片，2～3d 内叶片大部分脱落，感病枝条 6～8d 干枯。夏、秋雨水多，湿度大的气候环境，发病重。地势低洼、造林密度较大的林地多发病。

4）防治措施

（1）发病初期用 600～800 倍克菌丹、代森锌、多菌灵，100～150 倍的硫酸铜溶液，或者 70%的敌克松进行喷洒防治。

（2）用福尔马林溶液、20%石灰水、石灰粉、漂白粉、灭菌灵、溴甲烷、高锰酸钾或碳酸氢铵等进行土壤消毒。

任务评价

具体考核内容及标准见表 6-6。

表 6-6　林木叶部病害调查与防治任务评价表

任务名称：林木叶部病害调查与防治			完成时间：	
序号	评价内容	评价标准	考核方式	赋分
1	知识考核	掌握叶部病害种类及发生特点	单人考核 （笔试）	5 分
		熟知叶部病害的病原及发生规律		5 分
		掌握叶部病害发生程度调查知识		10 分
		掌握叶部病害防治知识		10 分

续表

序号	评价内容	评价标准	考核方式	赋分
2	技能考核	能识别叶部病害种类及病原	单人考核	10分
		调查路线清晰、方法正确、数据翔实	小组考核	10分
		防治措施得当、效果理想	小组考核	10分
		操作规范、安全，无事故出现	小组考核	10分
3	素质考核	工作中勇挑重担，有吃苦精神	单人考核	2分
		与他人合作愉快，有团队精神		2分
		遵守劳动纪律，认真按时完成任务		2分
		善于发现问题和解决问题		2分
		信息收集准确，有一定创新精神		2分
4	成果考核	能在规定时间内完成调查报告，内容翔实、书写规范、结果正确	小组考核	10分
		防治技术方案内容完整、条理清晰、措施得当，有一定的可行性	小组考核	10分
	总得分		100分	

◇◇ 自 测 练 习 ◇◇

1. 填空题

（1）白粉病的典型症状是受害嫩叶、新枝梢、花蕾等部位表面出现白色粉状物，是病原菌的_____，后期白粉层中出现的黄褐色至黑褐色小颗粒是病原菌的_____。

（2）梨-桧锈病病叶表面产生的黑色的小粒点是_____，其背面产生的黄色的毛状物是_____。

（3）油松针叶锈病松针上疮疱为病原菌的_____时期。

（4）落叶松-杨锈病在落叶松叶背面产生锈黄色_____。

（5）杉木炭疽病主要在_____季发生，以_____梢受害最重。通常是枝梢顶芽以下10cm左右一段的茎叶发病，这种现象称为_____，是杉木炭疽病的典型症状。

（6）松赤枯病根据病斑上、下部叶组织是否枯死，分为_____型、_____型、_____型、_____型4种症状。病部散生圆形或广圆形由白膜包裹的黑色小点，即病菌的分生孢子盘，新病叶在室温下保湿1～3d后，出现黑褐色丝状或卷发状_____。

2. 单项选择题

（1）炭疽病类的病原菌多属于（ ）。

　　A．镰刀菌属　　B．刺盘孢属　　C．煤炱属　　D．黑腐皮壳属

（2）松叶枯病病原菌为（ ）。

　　A．赤松尾孢菌　　　　　　B．枯斑盘多毛孢菌

C．日本落叶松球腔菌　　　D．松针座盘孢菌
（3）松赤枯病病原为（　　）。
　　　　A．赤松尾孢菌　　　　　　　B．枯斑盘多毛孢菌
　　　　C．日本落叶松球腔菌　　　D．松针座盘孢菌
（4）有关杨树花叶病毒病的描述，正确的是（　　）。
　　　　A．由病毒引起，没有病征
　　　　B．由真菌引起，病征为小黑点
　　　　C．由细菌引起，病征为菌脓。
（5）桉树焦枯病危害（　　）。
　　　　A．根　　　　　　　　　　　B．花
　　　　C．叶片、嫩茎和枝梢　　　D．果
（6）真菌叶部病害自然传播主要靠（　　）。
　　　　A．风　　　　B．昆虫　　　C．菟丝子　　　D．雨

3．简答题

（1）简述杉木炭疽病的防治措施。
（2）简述常见叶部病害有哪些类型。
（3）简述白粉病的症状与侵染循环。
（4）哪些植物在一起栽植时易发生锈病？
（5）简述青杨叶锈病的症状及防治措施。

任务 6.2　林木叶部害虫调查与防治

　　实施时间：植物生长季节均可。
　　实施地点：有食叶害虫发生的林地或苗圃。
　　教学形式：现场教学，教学做一体化。
　　教师条件：由校内教师与企业技术员共同指导，指导教师需要熟知林木叶部害虫的发生特点及规律，具备叶部害虫的鉴别、调查与防治能力；具备组织课堂教学和指导学生实际操作能力。
　　学生基础：具有识别森林昆虫的基本技能，具有一定的自学和资料收集与整理能力。

6.2.1　松毛虫调查与防治（任务载体一）

　　松毛虫是历史性的森林大害虫，主要取食松树类针叶，属鳞翅目 Lepidoptera 枯叶

蛾科 Lasiocampidae。世界已知 1300 种以上。我国已记录 29 种，其中造成严重危害的有 6 种，南方有马尾松毛虫、云南松毛虫、思茅松毛虫；北方主要是油松毛虫、赤松毛虫、落叶松毛虫，这些成灾的种类繁殖潜能大，可在短时间内迅速增殖，爆发成灾，突发性强，成灾迅速。由于种群数量极大，可在短时间内将成片的松林食成一片枯黄，常因此造成巨大的经济损失。松毛虫是我国分布最广、危害最重的针叶类植物食叶害虫。

1. 马尾松毛虫 *Dendrolimus punctatus* Walker

1）分布与危害

该虫分布于我国河南、陕西及南方各省（区市），主要危害马尾松，也危害黑松、湿地松、火炬松。

2）虫态识别

成虫　体色变化较大，有深褐、黄褐、深灰和灰白等色。体长 20～30mm，头小，下唇须突出，复眼黄绿色，雌蛾触角短栉齿状，雄蛾触角羽毛状，雌蛾展翅 60～70mm，雄蛾展翅 49～53mm。前翅较宽，外缘呈弧形弓出，亚外缘斑列最后两斑斜位排列，如在两斑中点引一直线可与翅外缘相交；中横线、外横线、亚外缘斑列内侧有白色斑。后翅呈三角形，无斑纹，暗褐色（图 6-6）。

卵

成虫

幼虫

茧

图6-6　马尾松毛虫

卵　近圆形，长 1.5mm，粉红色，在针叶上呈串状排列。

幼虫　体长 60～80mm，深灰色，各节背面有橙红色或灰白色的不规则斑纹。背面有暗绿色宽纵带，两侧灰白色，第 2、3 节背面簇生蓝黑色刚毛，腹面淡黄色。

蛹　长 20～35mm，暗褐色，节间有黄绒毛。茧灰白色，后期污褐色，有棕色短毒毛。

3）危害特点

以幼虫取食松针，初龄幼虫群聚危害，松树针叶呈团状卷曲枯黄；4 龄以上食量大增，将叶食尽，形似火烧，严重影响松树生长，甚至枯死。马尾松毛虫危害后容易招引松墨天牛、松纵坑切梢小蠹、松白星象等蛀干害虫的入侵，造成松树大面积死亡。

马尾松毛虫适应性强，繁殖快，灾害频繁，是我国南方重要的森林害虫。马尾松毛虫易大发生于海拔 100～300m 的丘陵地区、阳坡、10 年生左右密度小的马尾松纯林，凡是针阔叶树混交林，松毛虫危害较轻。在 5 月或 8 月，如果雨天多、湿度大，有利于松毛虫卵的孵化及初孵幼虫的生长发育，马尾松毛虫容易大发生。

2.　油松毛虫 _D. tabulaeformis_ Tsai et Liu

1）分布与危害

该虫主要分布于北京、河北、辽宁、山西、陕西、甘肃、山东、四川等地主要危害油松，也危害樟子松、华山松及白皮松。

2）形态特征

成虫　体色有赤褐、棕褐、淡褐 3 种色型。雌蛾体长 23～30mm，翅展 57～75mm；雄蛾体长 20～28mm，翅展 45～61mm。雌蛾触角栉齿状，前翅中室有 1 不明显的白点，横线褐色，内横线不明显，中线弧度小，外横线弧度大，略呈波状纹，中横线内侧和外横线外侧有 1 条颜色稍淡的线纹，亚外缘斑列黑色，各斑近似新月形，内侧衬有淡棕色斑，前 6 斑列成弧状，7、8、9 斑斜列，最后 1 斑由 2 个小斑组成；后翅淡棕色至深棕色。雄蛾触角羽毛状色深，前翅中室白点较明显，横线花纹明显，亚外缘黑斑列内侧呈棕色（图 6-7）。

成虫

幼虫

图6-7　油松毛虫

卵　椭圆形，长 1.75mm，宽 1.36mm。精孔一端为淡绿色，另一端为粉红色，孵化前呈紫色。

幼虫　老熟幼虫体长 55～72mm。初孵幼虫头部棕黄色，体背黄绿色。老龄时体灰黑色，额区中央有 1 块深褐色斑，体侧具长毛。胸部背面毒毛带明显，身体两侧各有 1 条纵带，中间有间断，各节纵带上的白斑不明显，每节前方由纵带向下有一斜斑伸向腹面；腹部背面无倒伏鳞片。

蛹　雌蛹长 24～33mm，雄蛹长 20～26mm。暗红色，臀棘短，末端稍弯曲。茧长椭圆形。

3）生活习性

山东、辽宁 1 年 1 代,北京地区每年发生 1～2 代,以 2 代居多,四川 1 年 2～3 代,多以 4～5 龄幼虫在树干基部的树皮裂缝、树干周围的枯枝落叶层、杂草或石块下越冬。1 年 1 代地区,翌年 3 月末 4 月初越冬幼虫出蛰,先啃食芽苞,后取食针叶,危害至 6 月幼虫老熟在树冠下部枝杈或枯枝落叶中结茧化蛹,7 月上旬羽化成虫。当晚或次日晚交尾,卵成堆产于树冠上部当年生的松针上,每块 10～500 粒不等。成虫有趋光性,个别还具有从受害严重的林分向周围未受害林分迁飞产卵的习性,卵期 7～12d。幼虫孵化后有取食卵壳的习性。1～2 龄幼虫有群聚性,并能吐丝下垂,3 龄后分散取食,9 月以后开始越冬。1 年 2～3 代者,幼虫一直危害至 11 月。

3. 赤松毛虫 *Dendrolimus punctatus spectabilis*(Butler)

1）分布与危害

该虫主要分布于我国辽宁、河北、山东、江苏北部的沿海地区;国外分布于朝鲜和日本。主要危害赤松,其次危害黑松、油松、樟子松等。

2）形态特征

成虫　体色有灰白色、灰褐色,体长 22～35mm,翅展 46～87mm。前翅中横线与外横线白色,亚外缘斑列黑色,呈三角形;雌蛾亚外缘线列内侧和雄蛾亚外缘斑列外侧有白斑,雌蛾前翅狭长,外缘较倾斜,横线条纹排列较稀,小抱针消失,或仅留针状遗迹,中前阴片接近圆形。

卵　长 1.8mm,椭圆形,初为翠绿色、渐变为粉红色,近孵化时紫红色。

幼虫　老熟幼虫体长 80～90mm,深黑褐色,额区中央有狭长深褐色斑。体背第 2、3 节丛生黑色毒毛,毛束片明显,体侧有长毛,中后胸毒毛带明显,体侧贯穿一条纵带,每节前方由纵带向下有斜纹伸向腹面。初孵幼虫体长 4mm 左右,体背黄色,头黑色,2 龄幼虫体背出现花纹,3 龄体背呈黄褐、黑褐、黑色花纹,体侧有长毛,无显著花纹。

蛹　体长 30～45mm,纺锤形,暗红褐色,茧灰白色,其上有毒毛(图 6-8)。

3）生活习性

该虫 1 年 1 代,以幼虫越冬。在山东半岛 3 月上旬开始爬上树危害,7 月中旬结茧化蛹,7 月下旬羽化和产卵,盛期为 8 月上中旬;8 月中旬卵开始孵化,盛期为 8 月底至 9 月初,10 月下旬幼虫开始越冬。

成虫多集中在 17:00～23:00 羽化,羽化当晚或翌日晚开始交尾,成虫寿命 7～8d,以 18:00～23:00 产卵最多,多产卵 1 次,少数 2～3 次,未交尾的产卵少而分散,卵不能孵化,每雌产卵 241～916 粒,平均 622 粒。卵期约 10d,初孵幼虫先取食卵壳,然后群集附近松针上啃食,1、2 龄幼虫有受惊吐丝下垂习性;2 龄末开始分散,至 3 龄始啃食整个针叶,老龄幼虫不取食时多静伏在松枝上;幼虫 8～9 龄,雌性常比雄性幼虫多 1 龄。幼虫取食至 10 月底 11 月初,即沿树干下爬蛰伏于树皮翘缝或地面石块下及杂草堆内越冬,多蛰伏于向阳温暖处。15 年生幼龄松林因树皮裂缝少,所以全部下树越冬。老熟幼虫结茧于松针丛中,预蛹期约 2d,蛹期 13～21d。

图6-8　赤松毛虫

此虫在山东多发生在海拔 500m 以下的低山丘陵林内，在河北海拔 300m 以下的山区松林被害最重，海拔 500~600m 受害显著轻，海拔 800m 以上不受害，纯林受害重于混交林。

4. 落叶松毛虫 *Dendrolimus superans*（Butler）

1）分布与危害

该虫主要分布于我国北自大兴安岭，南至北京市延庆区，包括东北三省、内蒙古、河北北部、新疆北部阿尔泰等地的针叶、针叶落叶及针阔叶混交林区。落叶松和红松为该虫的嗜食树种。

2）形态特征

成虫　体色由灰白到灰褐色，雄蛾体长 25~35mm，翅展 57~72mm，雌蛾体长 28~38mm，翅展 69~85mm。前翅外缘较直，亚外缘斑列最后两斑相互垂直排列，中横线与外横线间距离和外横线与亚外缘线间距离几乎相等。

卵　长 2.27mm；宽 1.75mm，粉绿色或淡黄色。

幼虫　老熟幼虫体长 63~80mm，体色有烟黑色、灰黑色和灰褐色 3 种，头部褐黄色，额区中央有三角形深褐斑，中后胸节背面毒毛带明显，腹部各节前亚背毛簇中窄而扁平的片状毛小而少，先端无齿状突起，只有第 8 节上较发达，体侧由头至尾有一条纵带，各节带上的白斑不明显，每节前方由纵带向下有一斜斑伸向腹面。

蛹　长 27~36mm，臀棘细而短。

3）生活习性

该虫在东北 2 年 1 代或 1 年 1 代；在新疆以 2 年 1 代为主，1 年 1 代占比 15%，幼虫 7~9 龄。1 年 1 代的以 3~4 龄幼虫，2 年 1 代的以 2~3 龄、6~7 龄幼虫在浅土层或落叶层下越冬，翌年 5 月可同时见到体形相差悬殊的幼虫，其中大幼虫老熟后于 7~8 月在针叶间结茧化蛹、羽化、产卵、孵化，后以小幼虫越冬（1 年 1 代）；而小幼虫当年以大幼虫越冬，第 2 年 7~8 月化蛹、羽化；如此往复，年代数多由 1 年 1 代转为 2 年 1 代，2 年 1 代的则有部分转为 1 年 1 代。1~3 龄幼虫日取食针叶 0.5~8 根，4~5 龄 12~

40 根，6～7 龄 168～356 根。成虫羽化后昼伏夜出，可随风迁飞至 10km 以外，卵堆产于小枝及针叶上，每雌产卵 128～515 粒，平均 361 粒（图 6-9）。

1. 成虫；2. 蛹。

图6-9　落叶松毛虫

该虫危害有周期性，多发生于背风、向阳、干燥、稀疏的落叶松纯林。在新疆约 13 年发生 1 次，常在连续 2～3 年干旱后猖獗危害，猖獗后由于天敌大增、食料缺乏，虫口密度陡降。多雨的冷湿天气及出蛰后的暴雨和低温对该虫的发生有显著的抑制作用。

5. 松毛虫防治原则及措施

1）划分发生类型

在虫情调查的基础上，综合考虑林分状况、林内植物多样性和个体数量、天敌及其控制害虫能力，以及人为破坏轻重、松毛虫发生特点等因素，按相对集中的原则，将松毛虫发生区划分为常发区、偶发区和安全区 3 种不同类型，见表 6-7。

表 6-7　松毛虫发生类型区划标准

划类依据	常发区	偶发区	安全区
发生特点	在一个大发生周期内频繁发生	偶然发生，发生年间隔在 2～3 年及以上	虫口密度在自然调控下对松林不造成损害的水平
林分状况	中幼林、人工纯林集中连片在 5000 亩以上	纯林集中连片在 5000 亩以下	针阔混交林
植被覆盖率	60% 以下	61%～90%	90% 以上
天敌	种类和数量低于本地区松林内的平均值，控制能力低	种类和数量高于本地区松林内的平均值，有一定控制能力	种类和数量丰富
人为破坏	管理粗放，人为破坏严重	人为破坏较轻	人为破坏很少
多样性指数	低于本地区松林内的平均值	高于本地区松林内的平均值	高
海拔	400m 以下	400～600m	600m 以上

2）分类施策

不同的发生类型区因其松林状况、地理气候环境、人为活动及监测防治技术水平等因素有较大差异，制定防治措施要区别对待。原则上把常发区划为重点治理区，偶发区划为一般治理区，安全区划为生态保护区。各区采取的防治策略如下。

对于常发区，以林分改造和封山育林为基本的策略，加强监测预报，采取措施控制虫口密度，使其生态环境不断得到改善，逐步向偶发区过渡。具体措施有以下几方面。①全面封山育林。②改造虫源地。③对松毛虫重度、中度危害林区，采取喷施苏云金芽孢杆菌、白僵菌、松毛虫病毒制剂、阿维菌素、仿生药剂降低虫口密度。有限度地在小范围内使用触杀性的低毒化学药剂。④对轻度危害、有一定自控能力的林分采用封山育林、施放白僵菌等生物药剂、招引益鸟等措施或相结合的措施。

对于偶发区，注重虫情监测，严密监视虫源，定期调查和采用林农查虫报虫制度。采取预防为主，重点除治的策略。实施封山育林，加大管护力度，培育混交林，保护利用天敌，稳定虫口密度，提高林分自控能力，逐步实现由偶发区向安全区转化。对偶发区大面积的治理主要采用施放白僵菌、招引益鸟、释放（招引）寄生蜂等预防性措施；发现虫源中心，及时用仿生制剂、松毛虫病毒、苏云芽孢金杆菌、阿维菌素等控制。

对于安全区，加强林木保护管理和合理经营利用，保持和完善森林生态环境，防止现有的生态环境受到破坏。加强监控，不轻易施以药剂防治。

3）科学确定防治指标

防治指标以发生虫口密度（虫情级）为主，结合林间天敌状况和林分被害情况而定。一般虫情级为 3 级以上，当代可能造成松针损失 30%以上，而目前松林未出现严重危害的发生区作为当代防治重点；越冬代防治的虫情级可适当低 1～2 级；一般蛹、卵期天敌寄生率达 80%以上，或松针被害已超过 80%的林分可暂不考虑除治。根据防治区情况，选择最可行的防治措施，一般要求以经济有效、不杀伤天敌、能确保控制当代或下代不成灾为原则。

4）防治效果要求

防治后要做好效果检查及评估，一般要求生物防治的有效防治面积和杀虫效果均达到 80%以上，仿生制剂及化学防治效果达到 95%以上。

5）防治措施

（1）营林技术措施。

① 营造混交林。在常灾区的宜林荒山，遵照适地适树的原则营造混交林；对常灾区的疏残林，保护利用原有地被物，补植阔叶树种。在南方可选用栎类、栗类等壳斗科，以及木荷、木莲、木楠、樟、桉、檫、枫香、紫穗槐、杨梅、相思树等。混交方式采用株间、带状、块状均可。在北方可选用刺槐、沙棘、山杏、枣等。林间要合理密植，以形成适宜的林分郁闭度，创造不利于松毛虫生长发育的生态环境，建立自控能力强的森林生态系统。

② 封山育林。对林木稀疏、下木较多的成片林地，应进行封山育林，禁止采伐放牧，并培育阔叶树种，逐步改变林分结构，保护冠下植被，丰富森林生物群落，创造有利于天敌栖息的环境。

③ 抚育、补植、改造。对郁闭度较大的松林，加强松林抚育管理，适时抚育间伐，保护阔叶树及其他植被，增植蜜源植物如山矾花、白栎花。对现有纯林、残林和疏林应保护林下阔叶树或适时补植速生阔叶树种，逐步诱导、改造为混交林。

（2）生物防治措施。

① 白僵菌防治。在各类型区中，均可使用白僵菌。南方应用白僵菌防治马尾松毛虫可在越冬代的 11 月中下旬或翌年 2～4 月放菌，其他世代（或时间）一般不适宜使用白僵菌防治。施菌量每亩 1.5 万亿～5.0 万亿孢子。北方应用白僵菌防治油松毛虫或赤松毛虫，需要温度 24℃以上的连雨天或露水较大的条件，施菌量应适当增加 3～4 倍。采用飞机或地面喷粉、低量喷雾、超低量喷雾；地面人工放粉炮。预防性措施也可采用人工敲粉袋、放带菌活虫等方法。

② 苏云金芽孢杆菌防治。应用苏云金芽孢杆菌一般防治 3～4 龄松毛虫幼虫。施药林分适宜温度为 20～32℃。施菌量每亩 40 万～80 万国际单位（IU）。多雨季节慎用。采用喷粉、地面常规或低量喷雾、飞机低量喷雾。喷雾可同时加入一定剂量的洗衣粉或其他增效剂。

③ 质型多角体病毒防治。用围栏或套笼集虫、集卵增殖病毒、人工饲养增殖病毒、离体细胞增殖病毒或林间高虫口区接毒增殖等方法收集病死虫，提取多角体病毒，制成油乳剂、病毒液或粉剂。使用时可在病毒液中加入 0.06%的硫酸铜或 0.1 亿孢子/mL 的白僵菌作为诱发剂，提高杀虫率。每亩用药量 50 亿～200 亿病毒晶体。采用飞机或地面低量喷雾、超低量喷雾或喷粉作业。

④ 招引益鸟。在虫口密度较低、林龄较大的林分，可设置人工巢箱招引益鸟。布巢时间、数量、巢箱类型根据招引的鸟类而定。

⑤ 释放赤眼蜂。繁育优良蜂种，在松毛虫产卵始盛期，选择晴天无风的天气分阶段林间施放，每亩 3 万～10 万头。也可使赤眼蜂同时携带病毒，提高防治效果。

（3）物理机械防治。

可采用人工摘除卵块或使用黑光灯诱集成虫的方法降低下一代松毛虫的虫口密度。

（4）植物杀虫剂防治。

采用 1.2%烟参碱喷烟防治幼虫，烟参碱与柴油的比例为 1∶20，每亩使用的药量为 0.4L。

（5）仿生药剂防治。

在必要情况下，采用灭幼脲（每亩 30g）、杀铃脲（每亩 5g）等进行飞机低容量、超低容量喷雾，或地面背负机低容量、超低容量喷雾，重点防治小龄幼虫。地面用药量要比飞机喷洒增加 50%～100%的药量。在松树被害严重、生长势弱的林地，可一并喷施灭幼脲和少量尿素（约每亩 50 g）。

（6）化学药剂防治。

防治松毛虫原则上不使用化学农药喷雾、喷粉、喷烟。若必须采用，则应选择药剂，在大发生初期防治小面积虫源地，迅速降低虫口数量。在北方对下树越冬的松毛虫，在春季上树和秋季下树前，可采取在树干上涂、缚拟除虫菊酯类药剂制成的毒笔、毒纸、毒绳等毒杀下树越冬和上树的幼虫。

计划制订

1. 小组分工

每 4~6 人为一组，设组长 1 名，操作员 2~4 名，记录员 1 名。

2. 工作准备

仪器：实体解剖镜、手动喷雾器或背负式喷粉喷雾机。

用具：望远镜、高枝剪、测绳、调查表、记录本、计数器、放大镜、毒瓶、捕虫器、标本采集箱、昆虫针、量筒、塑料桶、乙醇等。

材料：赤眼蜂、2.5%灭幼脲、0.6%清源保湿剂（苦参碱）、20%杀铃脲胶悬剂、苏云金芽孢杆菌制剂、白僵菌等防治材料。

3. 工作预案

以小组为单位领取工作任务，根据任务资讯，查阅相关资料，结合松毛虫虫情监测与预测预报办法和防治技术规程制定工作预案。调查预案包括调查时间、调查地点、调查树种、调查方法、数据处理等。防治预案包括防治原则和具体措施。

任务实施

1. 松毛虫及被害状识别

松毛虫成虫体多粗壮，鳞片厚，后翅肩角发达，静止时呈枯叶状；幼虫体多足型，体粗壮，体侧具有毛丛。被害针叶枯黄，严重发生时大面积松针被吃光，状如火烧。

2. 松毛虫虫情调查

1) 幼虫期调查

（1）越冬幼虫下树调查。越冬幼虫下树开始前，将树干中部的树皮刮去，把剪成扇形的厚塑料薄膜沿树干绑成闭合卷，结合处用大头针固定，形成开口向上的塑料帽，其上方绑 1~2 圈毒绳或抹毒环，每天 14:00~15:00 检查并记录塑料帽内的幼虫数。记录后将虫体去除，待幼虫下树结束后统计单株下树虫口密度。

（2）越冬幼虫上树调查。越冬幼虫上树开始前，于树中部绑毒绳，每天 14:00~15:00 检查幼虫数量。

2）蛹期调查

在幼虫结茧盛期（结茧率达到 50%）后 2～5d 进行剖茧，调查雌雄比、平均雄蛹重量、天敌计生率等。

3）成虫期调查

从结茧盛期开始，观察雌蛹羽化率，每雌虫产卵量，雌雄性比及羽化始见期、高峰期、终止期和发生量。

4）卵期调查

雌蛾羽化高峰后 1～3d 调查平均卵块数和每块卵的平均卵粒数，并连续观察卵的孵化率和天敌寄生率。

3. 松毛虫除治作业

1）毒绳防治法

第一步：在使用前 3～5d，用 2.5%溴氰菊酯乳油或 20%氰戊菊酯乳油、3 号润滑油、柴油或机油，按 1：1：8 的比例加热混合均匀。

第二步：再将 4 号包装纸绳浸入药液中 10min，捞出控干装入塑料袋，将口扎紧备用。

第三步：选择松毛虫或其他害虫上下树时，用绑毒绳的特制剪刀在每株树干胸径处将毒绳环树一周系好即可。

2）施放赤眼蜂防治法

第一步：取卵卡在低温下冷藏。

第二步：根据预测消息在松毛虫开始产卵前 2～3d，将卵卡置于适宜温度下培养，使出蜂时间与松毛虫产卵时间相吻合。

第三步：在松毛虫产卵初期和盛期，蜂量分别按 30%和 70%的比例，选择微风或无风晴朗天气，学生以组为单位在当地松毛虫产卵期到有松毛虫危害的林分挂卵卡。挂卵卡时，为了保持一定湿度，用树叶卷包卵卡，用大头针将卵卡钉在树枝的背阴面或树干逆风向举手高处。按蜂的活动效能（放蜂半径 10m）每 $667m^2$ 设 6～8 个放蜂点即可，一般每公顷放 75 万～150 万头。

第四步：用机油和硫黄粉（3：1）混合剂涂在枝条上，以防蚁害。

3）药剂防治效果检查

防治作业实施 12h、24h、36h，学生利用业余时间到防治现场检查药剂防治效果。

$$害虫死亡率＝\frac{防治前活虫数－防治后活虫数}{防治前活虫数}×100\%$$

知识准备

6.2.2　美国白蛾调查与防治（任务载体二）

1. 分布与危害

美国白蛾 *Hyphantria cunea* Drury，又名秋幕毛虫，属鳞翅目灯蛾科，是重要的食叶害虫，多年来一直被世界上很多国家作为重点检疫害虫，也是我国植物运输重点检疫的有害生物之一，在我国部分省区已列为安全领域重大预防处置事项。美国白蛾主要通过木材、木包装运输进行传播，也能够通过成虫飞翔进行扩散。该虫大发生时，几乎能将区域内果树的叶子全部吃光，严重影响树木的生长，树叶被吃光后，常转移到农作物和蔬菜上继续危害农作物和蔬菜叶片，给林木和农作物造成严重经济损失，给人类正常生活带来较大威胁。

美国白蛾原产于北美，在第二次世界大战期间随军用物资运输传播到欧洲部分国家，随后逐渐扩散到欧洲几乎所有国家，以及亚洲的朝鲜、韩国、日本，1979 年传入我国辽宁丹东，后又传至全国各地，目前主要分布于北京、天津、河北、辽宁、山东、河南、陕西等地。寄主有接骨木、悬铃木、葡萄、樱、五角枫、刺槐、糖槭、白蜡、杨树、栎、臭椿、桦、柳、连翘、榆、李、山楂、梨、桑、桃、樱桃、杏、丁香、苹果、海棠等 100 多种植物。美国白蛾食性杂，繁殖量大，适应性强，传播途径广，是危害严重的世界性检疫害虫，它喜爱温暖、潮湿的气候，在春季雨水多的年份危害特别严重。叶部受害表现为有缺刻、结网、食光等。

2. 形态识别

成虫　体白色，雄蛾体长 9～13mm，翅展 25～42mm，前翅具褐色斑点（可分不同斑型）或无斑点；雌蛾体长 9.5～17mm，翅展 30～46mm，前翅斑点少，越夏代大多数无斑点；复眼黑褐色，下唇须小，侧面黑色。

卵　圆球形，直径 0.4～0.5mm，初产时呈黄绿色，不久颜色渐深，孵化前呈灰黑色，点端黑褐色，有光泽，卵面多凹陷刻纹；卵多产于叶背，成块状，常覆盖雌蛾体毛（鳞片）。

幼虫　根据其头壳颜色可分黑头型和红头型两个类型，我国仅有黑头型这一个类型。幼虫体细长，老熟幼虫体长 30～40mm，沿背中央有 1 条深色宽纵带，两侧各有 1 排黑色毛瘤，毛瘤上有白色长毛丛；腹足趾钩为单序异型，中间趾钩长，10～14 根，两侧趾钩短，20～24 根。

蛹　茧灰色，很薄，被稀疏丝毛组成的网状物；蛹长 8～15mm，宽 3～5mm，暗红色，臀棘 10～15 根；雄蛹的生殖孔位于第 9 腹节，呈 1 纵向小缝口，雌蛹生殖孔在第 8 腹节，在此节下有 1 个圆形产卵孔（图 6-10）。

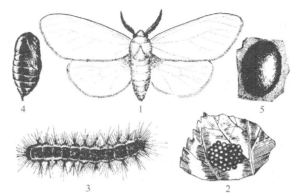

1. 成虫；2. 卵；3.发幼虫　4.蛹　5.茧（仿张培毅）。

图6-10　美国白蛾

3. 生活习性

该虫在我国1年发生2代，以蛹在树皮裂缝或枯枝层越冬。翌年5月开始羽化，雄蛾比雌蛾羽化早2～3d。成虫具有趋光性，白天静伏在寄主叶背和草丛中，傍晚和黎明活动，交尾1～2h后，在寄主叶背上产卵，卵单层排列成块状，覆盖有白色鳞毛，每卵块500～600粒，最多可达2000粒。雌蛾产卵期间和产卵完毕后，始终静伏于卵块上，遇惊扰也不飞走直至死亡。初孵幼虫有取食卵壳的习性，并在卵壳周围吐丝结网，1～3龄群集取食寄主叶背的叶肉组织，留下叶脉和上表皮，使被害叶片呈白膜状；4龄开始分散，同时不断吐丝将被害叶片缀合成网幕，网幕随龄期增大而扩展，有的长达1～2m；5龄以后开始抛弃网幕分散取食，食量大增，仅留叶片的叶柄和主脉。5龄以上的幼虫耐饥能力达8～12d,这一习性使美国白蛾很容易随货物或货物包装物或附在交通工具上作远距离传播。幼虫共7龄。6～7月为第一代幼虫危害盛期，8～9月为第二代幼虫危害盛期。9月以后老熟幼虫陆续化蛹越冬。

美国白蛾喜生活在阳光充足而温暖的地方，在交通线两旁、公园、果园、村落周围及庭院等处的树木常集中发生，林缘发生较重，尤其是光照与积温决定此虫在一个地区能否存活及可能完成的世代数。

计 划 制 订

1. 小组分工

每4～6人为一组，设组长1名，操作员2～4名，记录员1名。

2. 工作预案

以小组为单位领取工作任务，根据任务资讯，查阅相关资料及工作任务单要求，结合国家美国白蛾虫情监测及防治标准制定美国白蛾调查与防治预案。

调查预案包括调查时间、调查地点、调查树种、调查方法、数据处理等。

美国白蛾防治预案在体现实行分类施策，分区治理原则的基础上，具体措施应从以下几个方面考虑。

1）人工物理防治

（1）剪除网幕。在美国白蛾幼虫 3 龄前，每隔 2～3d 仔细查找美国白蛾幼虫网幕。发现网幕用高枝剪将网幕连同小枝一起剪下。

（2）围草诱蛹。适用于防治困难的高大树木。在老熟幼虫化蛹前，在树干离地面 1.5m 左右处，用谷草、稻草把或草帘上松下紧地围绑起来，诱集幼虫化蛹。

（3）灯光诱杀。利用诱虫灯在成虫羽化期诱杀成虫。诱虫灯应设在上一年美国白蛾发生比较严重且四周空旷的地块，可获得较理想的防治效果。在距设灯中心点 50～100m 的范围内进行喷药毒杀灯诱成虫。

2）生物防治

（1）苏云金芽孢杆菌。对 4 龄前幼虫喷施苏云金芽孢杆菌，使用浓度为 1 亿孢子/mL。

（2）周氏啮小蜂。在美国白蛾老熟幼虫期，按 1 头白蛾幼虫释放 3～5 头周氏啮小蜂的比例，选择无风或微风的天气，在 10:00～17:00 进行放蜂。

3）仿生制剂防治

对 4 龄前幼虫使用 25%灭幼脲Ⅲ号胶悬剂 5000 倍液、24%米满胶悬剂 8000 倍液、卡死克乳油 8000～10000 倍液、20%杀铃脲悬浮剂 8000 倍液进行喷洒防治。

4）植物杀虫剂防治

适用于防治低龄幼虫，使用 1.2%烟参碱乳油 1000～2000 倍液进行喷雾防治。

5）化学防治

于幼龄幼虫期喷施 2.5%敌杀死乳油 2000～2500 倍液或 90%敌百虫晶体 1000 倍液。

6）性信息素引诱

利用美国白蛾性信息素，在轻度发生区成虫期诱杀雄性成虫。春季世代诱捕器设置高度以树冠下层枝条（2.0～2.5m）处为宜，在夏季世代以树冠中上层枝条（5～6m）处设置最好。每 100m 设一个诱捕器，诱集半径为 50m。在使用期间诱捕器内放置的敌敌畏棉球每 3～5d 换一次，以保证熏杀效果。

7）植物检疫

植物检疫要求依照《美国白蛾检疫技术规程》（GB/T 23474—2009）执行。

3．工作准备

害虫识别材料用具：扩大镜、毒瓶、捕虫器、标本采集箱、昆虫针、乙醇等。

调查材料用具：望远镜、调查表、记录本及地形图等。

防治材料用具：塑料桶、量筒、高枝剪、周氏啮小蜂、2.5%灭幼脲、0.6%清源保湿剂（苦参碱）、20%杀铃脲胶悬剂、苏云金芽孢杆菌制剂、高射程喷雾器。

任务实施

1. 美国白蛾现场识别

第一步：被害状识别。观察树冠外缘是否有网幕，网幕内幼虫群集，取食寄主叶背的叶肉组织，留下叶脉和上表皮，使被害叶片呈白膜状。

第二步：各虫态识别。根据前述形态识别特征进行识别。

2. 美国白蛾虫情调查（幼虫网幕期）

（1）调查时间。调查的最适时期是美国白蛾的幼虫网幕期，不同地区的调查时间有所不同。例如，在辽宁第一代网幕期在 6 月 20 日～7 月 10 日，第二代在 8 月 20 日～9 月 10 日。

（2）调查地点。在监测范围内或美国白蛾发生区周围城乡绿化带和人们日常活动场所的四旁树；与发生区有货物运输往来的车站、码头、机场、旅游点及货物存放集散地周围的树木；沿公路、铁路及沿途村庄的树木。

（3）调查树种。美国白蛾主要喜食树种有糖槭、桑、榆、臭椿、花曲柳、山楂、杏、三球悬铃木、泡桐、白蜡、核桃、樱、枫杨、苹果、樱桃、杨等。一般喜食树种有柳、桃、胡桃楸、梨、刺槐、柿、紫荆、丁香、金银忍冬、葡萄等。

（4）调查方法。每调查单位要抽查 10%～30% 的树木，观察树上的网幕。第一代幼虫网幕集中在树冠中下部外缘；第二代幼虫网幕多集中在树冠中上部外缘。

如发现了新的疫情，应立即对疫情发生区进行详细调查。调查有虫（网）株数和林木受害程度。将受害程度分为轻、中、重三个等级。标准如下：

轻：有虫（网）株率 0.1%～2% 为轻度发生区（+）。

中：有虫（网）株率 2%～5% 为中度发生区（++）。

重：有虫（网）株率 5% 以上为重度发生区（+++）。

（5）虫情监测。部分参照《美国白蛾监测规范》（NY/T 2057—2011）执行。

第一步：各组根据任务量确定调查的树木数量和调查路线。

第二步：根据被害状识别，检查有虫网的树木数量，并数出每棵树有虫网的数目，并将结果填入表 6-8。

表 6-8　美国白蛾幼虫虫口密度调查表

调查时间	调查地点	调查株数/株	有虫株数/株	有虫株率/%	总网幕数/个	株平均网幕数/个
合计						
平均						

第三步：根据资讯中所学习的公式计算出有虫株率和单株平均网幕数。

第四步：根据方案中的标准预测害虫的危害程度。

3. 美国白蛾的除治操作

1）人工剪网幕法

第一步：仔细检查树冠，发现网幕用高枝剪连同小枝一起剪下。

第二步：剪下的网幕立即集中烧毁或深埋，散落在地下的幼虫立即杀死。

2）围草诱蛹法

第一步：将稻草扎成草帘。

第二步：在老熟幼虫化蛹前，在树干距离地面 1.5m 左右处，将草帘上松下紧地围绑在树干一周，诱集幼虫化蛹。

第三步：隔 7～9d 换一次草帘，将换下的草帘集中烧毁。

3）施放周氏啮小蜂

第一步：根据虫情监测的结果，选择在老熟幼虫和化蛹盛期为放蜂时间。

第二步：根据调查结果和放蜂时间，按蜂：虫［（3～5）：1］的比例放蜂。

第三步：选在晴天、10:00～17:00，布点距离 40～50m，打开培育好的装蜂瓶的瓶塞，放在平稳的地方，让蜂自行飞出，寻找寄主。

4）药剂防治法

第一步：每组根据防治对象选择一种合适药剂，

第二步：根据喷雾器流量和作业面积计算总用药液量，再根据总药液量和稀释倍数计算原药的用量。

第三步：根据计算结果，按方案规定的倍数进行农药稀释。

第四步：将配制好的药剂用背负式喷雾器进行药剂喷施，注意要喷洒均匀。

5）毒绳防治法

第一步：在使用前 3～5d，用 2.5%溴氰菊酯乳油或 20%氰戊菊酯乳油、3 号润滑油、柴油或机油，按 1:1:8 的比例加热混合均匀。

第二步：再将 4 号纸绳投入药液中浸 10min，捞出控干装入塑料袋，将口扎紧备用。

第三步：选择老熟幼虫下树前，将毒绳围绕树干胸径处一周并系好。

4. 药剂防治效果检查

防治作业分别实施 12h、24h、36h，学生利用业余时间到防治现场检查药剂防治效果。将检查结果填入表 6-9。

表 6-9　害虫药效检查记录表

检查日期	检验地点	取样方法	标准树	处理方法（药剂名称、浓度用量）	检查虫数/头						活虫数/头	死亡数/头	死亡率/%
					1d		2d		3d				
					总虫数	死亡数	总虫数	死亡数	总虫数	死亡数			

$$害虫死亡率＝\frac{防治前活虫数－防治后活虫数}{防治前活虫数}×100\%$$

6.2.3　其他食叶害虫及防治

　　叶部害虫种类很多，为了全面掌握林木叶部害虫的防治技术，学生可利用业余时间通过自学、收集资料，完成其他叶部害虫及防治学习内容。

　　1. 舞毒蛾 *Lymantria dispar* Linnaeus

　　1）虫态识别

　　成虫　雄成虫体长约 20mm，前翅茶褐色，有 4～5 条波状横带，外缘呈深色带状，中室中央有一黑点。雌虫体长约 25mm，前翅灰白色，每两条脉纹间有一个黑褐色斑点。腹末有黄褐色毛丛（图 6-11）。

1. 雌成虫；2. 雄成虫；3. 卵；4. 幼虫；5. 蛹。

图6-11　舞毒蛾

　　卵　圆形稍扁，直径 1.3mm，初产为杏黄色，数百粒至上千粒产在一起形成卵块，其上覆盖有很厚的黄褐色绒毛。

幼虫　老熟时体长 50～70mm，头黄褐色，有八字形黑色纹。前胸至腹部第 2 节的毛瘤为蓝色，腹部第 3～9 节的 7 对毛瘤为红色。

蛹　体长 19～34 mm，雌蛹大，雄蛹小。体色红褐色或黑褐色，被有锈黄色毛丛。

2）寄主及危害特点

该虫主要分布于河北、山西、内蒙古、辽宁、吉林、黑龙江、江苏、山东、河南、湖北、四川、贵州、陕西、甘肃、青海、宁夏、新疆、台湾等地。幼虫主要危害叶片，食量大，食性杂，严重时可将全树叶片吃光。幼虫可取食 500 多种植物，以杨、柳、榆、桦、落叶松、云杉受害最重。

3）生物学特性

1 年 1 代，以卵越冬。翌年 4 月底至 5 月上旬幼虫孵出后上树取食幼芽和叶片。幼龄幼虫可借风力传播，2 龄后白天潜伏于枯叶或树皮裂缝内，黄昏时上树危害，受惊扰后吐丝下垂。6 月中旬老熟幼虫于枝叶、树洞、树皮裂缝处、石块下吐少量丝缠固其身化蛹。6 月底成虫开始羽化。雄蛾白天在林间成群飞舞，雌蛾对雄蛾有较强的引诱力，卵产在树干、主枝、树洞、电线杆、伐桩、石块及屋檐下等处，每头雌蛾可产卵 400～1000 粒。

舞毒蛾的主要天敌如下：卵期有舞毒蛾卵平腹小蜂、大蛾卵跳小蜂；幼虫和蛹期有毒蛾绒茧蜂、中华金星步甲、双刺益蝽、暴猎蝽、核多角体病毒，以及山雀、杜鹃等几十种。这些天敌对舞毒蛾的种群数量有明显的控制作用。另外，舞毒蛾的发生也与环境条件有一定关系。在非常稀疏且没有下木的阔叶林或新砍伐的阔叶林内易发生，在林层复杂、树木稠密的林内很少发生。

4）防治措施

（1）人工防治。卵期可人工刮除树干、墙壁上卵块，集中烧毁。

（2）物理防治。成虫羽化期可安装杀虫灯诱杀成虫。

（3）生物防治。通过施放天敌昆虫或使用白僵菌（含孢量 100 亿/g，活孢率 90% 以上）、舞毒蛾核型多角体病毒（每单位加水 3000 倍，3 龄前使用）、苏云金芽孢杆菌菌粉 200～300g/亩兑水喷雾可有效防治舞毒蛾。

（4）化学防治。5 月上旬，在幼虫 3～4 龄开始分散取食前喷洒 20% 灭幼脲Ⅲ号，用药量 30～40mL/亩；25% 杀铃脲，用药量 10～20mL/亩；0.36% 苦参碱，用药量 150mL/亩；1.8% 阿维菌素乳油，用药量 7～10mL/亩；在幼虫 4～6 龄期喷洒 2.5% 溴氰菊酯乳油，用药量 40mL/亩。

2. 杨扇舟蛾 *Clostera anachoreta* Fabricius

1）虫态识别

成虫　成虫体灰褐，体长 13～20mm，翅展 28～48mm。前翅灰褐色，有 4 条灰白色波状纹，顶角有 1 暗褐色扇形斑，外横线通过扇形斑的一段呈斜伸的双齿形，外侧有 2～3 个黄褐带锈红色斑点，扇形斑下方有 1 个较大的斑点。后翅灰褐色（图 6-12）。

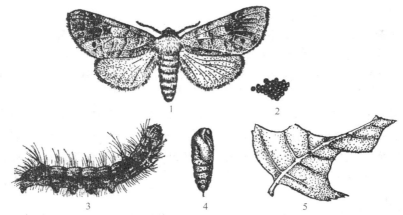

1. 成虫；2. 卵；3. 幼虫；4. 蛹；5. 危害状。

图6-12　杨扇舟蛾

卵　扁圆形，初为橙红色，近孵化时为暗灰色。

幼虫　老熟幼虫体长32～40mm。头部暗褐色，体灰白色或灰绿色，密被灰色长毛，各节横生橙红色肉瘤8个，其上具有长毛，两侧各有1个较大黑瘤，其上着生白色细毛1束，向外放射，腹部第1节和第8节背面中央有较大红黑色毛瘤。

蛹　体长13～18mm，褐色，尾端具分叉的臀棘。茧椭圆形，灰白色。

2）寄主及危害特点

杨扇舟蛾又名杨天社蛾，是杨树的主要害虫，以幼虫危害杨树和柳树叶片。除新疆、贵州、广西和台湾尚无记录外，几乎遍布中国各地。在春夏之间，幼虫取食叶片，1～2龄幼虫仅啃食叶的下表皮，残留上表皮和叶脉；2龄以后吐丝缀叶，形成大的虫苞，白天隐伏其中，夜晚取食；3龄以后可将全叶食尽，仅剩叶柄。严重时在短期内将叶吃光，影响树木生长，整年都危害，无越冬现象。

3）生物学特性

1年4代，3月中下旬越冬代成虫开始羽化、产卵，4月上旬为羽化盛期，4月下旬第1代幼虫开始孵出，5月上旬为盛期。6月上中旬第1代成虫开始羽化，7月上中旬出现第2代成虫，8月上中旬出现第3代成虫，8月下旬出现第4代幼虫，危害至9月上旬开始化蛹越冬，个别延长至10月上旬。越冬代成虫多产卵于枝干上，以后各代主要产于叶背面，常百余粒产在一起，单层块状。每头雌虫可产卵100～600粒，卵期7～11d。幼虫共5龄，幼虫期33～34d。一般蛹期5～8d，最后1代幼虫老熟后，多在土表3～5cm深处化蛹越冬。

4）防治措施

（1）人工防治。越冬（越夏）是应用人工防治措施的有利时机。由于杨树树体高大，加强对蛹和成虫的防治会取得事半功倍的效果。人工收集地下落叶或翻耕土壤，以减少越冬蛹的基数，根据大多数种类初龄幼虫群集虫苞的特点，组织人力摘除虫苞和卵块，可杀死大量幼虫。也可以利用幼虫受惊后吐丝下垂的习性通过震动树干捕杀下落的幼虫。

（2）物理防治。成虫羽化盛期应用杀虫灯（黑光灯）诱杀等措施，有利于降低下一代的虫口密度。

（3）生物防治。青虫菌稀释液 1 亿～2 亿孢子/mL、苏云金芽孢杆菌乳剂 2000 倍液树冠喷施。害虫产卵期可释放松毛虫赤眼蜂，设置 50 个/hm² 放蜂点，放蜂量 25 万～150 万头/hm²。杨扇舟蛾卵期有舟蛾赤眼蜂（*Trichogramma closterae*）、毛虫追寄蝇（*Exorista amoena*）、颗粒体病毒、灰椋鸟（*Sturnus cinerceus*）等天敌，要注意对天敌的保护利用。

（4）化学防治。对发生严重、喷药困难的高大树体，可用 40%氧化乐果乳油等打孔注药防治；在幼虫 3 龄期前喷施阿维菌素 6000～8000 倍液。2～3 龄期树，喷 25%灭幼脲 800～1000 倍液，或 1.2%烟参碱乳油 1000～2000 倍液，或 80%敌敌畏 800～1200 倍液，或 2.5%敌杀死 6000～8000 倍液。

3. 油桐尺蛾 *Buzura suppressaria* Guenée

1）虫态识别

成虫　雌虫体长 23mm，翅展 65mm，灰白色，触角丝状，胸部密被灰色细毛。翅基片及腹部各节后缘生黄色鳞片。前翅外缘为波状缺刻，缘毛黄色；基线、中横线和亚外缘线为黄褐色波状纹，此纹的清晰程度差异很大；亚外缘线外侧部分色泽较深；翅面由于散生的蓝黑色鳞片密度不同，由灰白色到黑褐色；翅反面灰白色，中央有 1 个黑斑；后翅色泽及斑纹与前翅同。腹部肥大，末端有成簇黄毛。产卵器黑褐色，产卵时伸出，长约 1cm。雄虫体长 17mm，翅展 56mm，触角双栉状。体、翅色纹大部分与雌虫同，但有部分个体的前、后翅的基横线及亚外缘线甚粗，因而与雌虫显著不同，腹部瘦小。

卵　圆形，长约 0.7mm，淡绿色或淡黄色，孵化前黑褐色。卵块较松散，表面盖有黄色茸毛。

幼虫　共 6 龄。初孵幼虫体长 2mm 左右。前胸至腹部第 10 节亚背线为宽阔黑带线，气门线浅绿色，腹面褐色，虫体深褐色。腹足趾钩为双序中带，尾足发达扁阔，淡黄色。5 龄幼虫平均体长 34.2mm，头前端平截，第 5 腹节气门前上方开始出现 1 个颗粒状突起，气门紫红色。老熟幼虫体长平均 64.6mm。

蛹　圆锥形，黑褐色。雌蛹体长 26mm，雄蛹体长 19mm。身体前端有 2 个齿片状突起，翅芽伸达第 4 腹节。第 10 腹节背面有齿状突起，臀棘明显，基部膨大，端部针状。

2）寄主及危害特点

油桐尺蛾又名大尺蠖、桉尺蠖、量步虫、油桐尺蠖，在我国重庆、四川、湖北、江西、安徽、浙江、海南、福建、广西、广东等地广泛分布。幼虫食性较广，主要危害油桐等经济林。随着大面积速生桉纯林的出现，在一些地区已成为速生桉树的主要害虫，可在短期内将大片速生桉树叶吃光，形似火烧，严重影响树势生长。

3）生物学特性

1 年 2～3 代，蛹在树干周围的土中越冬。次年 4 月上旬成虫开始羽化，4 月下旬至 5 月初为羽化盛期；5 月中旬为羽化末期，整个羽化期长达 1 个多月。5～6 月为第 1 代幼虫发生期。6 月下旬化蛹，7 月上旬成虫开始羽化产卵，7 月中旬至 8 月上旬第 1 代幼虫孵化。8月下旬至9月上旬一部分老熟幼虫开始化蛹越冬。少部分发生3代的，成虫于9月中旬羽化，幼虫发生于9月中旬至10月下旬，11月化蛹越冬。成虫羽化后当夜即可交尾，但以第二夜交尾最多。成虫趋光性弱，但对白色物体有一定趋性，喜栖息在涂白的树干上。交尾的当夜即可产卵，卵粒在初产时绿色，孵化时黑褐色。卵产在树皮裂缝、伤疤及刺蛾的茧壳内或在树皮光滑的幼树上，以刺蛾茧内者尤多。越冬代成虫的卵块表面盖有浓密绒毛，其他各代绒毛稀疏。雌虫产卵数100～2000粒/头。卵排列较松散。初孵幼虫仅食叶片周缘的下表皮及叶肉，不食叶脉。叶子被害处呈针孔大小的凹穴，留下的上表皮失水褪绿，外观呈铁锈色斑点；日久表皮破裂成小洞。该虫遇惊即吐丝下垂。2龄幼虫开始从叶缘取食，形成小缺刻，留下叶脉。5龄起幼虫食量显著增加，被害叶仅留主脉及侧脉基部。6龄则食全叶，5、6龄合计占总食量的89.21%。油桐尺蛾的食性较广，在桐叶被食完后，幼虫下树取食灌木、杂草。幼虫停食时，腹足紧抱树叶或树枝，虫体直立，状如枯枝。6龄幼虫尚有在每天中午爬到树干下避热的习性。老熟幼虫多在树兜附近土下3～7cm深处化蛹。在桐叶充裕，土壤疏松的林内，幼虫多在树干附近土中化蛹，越近树干蛹越多；坡地桐林，树干下方的蛹最多，两侧次之，上方最少。在食料不足时，幼虫为寻找食物四处爬行。蛹的分布缺乏规律性。土壤坚实，蛹的分布也较分散。气候是决定油桐尺蛾周期性猖獗的重要因子，夏季（7月）高温干旱，土壤干燥，常使蛹大量死亡。

4）防治措施

（1）人工防治。对发生虫害较重的林内，可于秋末中耕灭除越冬虫蛹；清除林内下木和寄主附近杂草，并加以烧毁，以消灭其上的幼虫或卵等。晚秋或早春人工将土中的蛹挖出喂家禽家畜，最好将蛹放入容器内让寄蝇、寄生蜂飞出；或结合垦复，挖捡虫蛹。对油茶尺蛾还可用培土埋蛹，埋死成虫。幼虫一般有假死性，可在地下铺以薄膜，摇动树干，将落下的幼虫消灭。在害虫发生较严重的地区，可人工于树干上捕蛾，刮卵或捕杀群集的初龄幼虫和卵，

（2）物理防治。可在树干基部绑5～7cm宽塑料薄膜带，以阻止无翅蛾上树，并及时将未上树蛾杀死；或于8月中旬在寄主植物叶背及杂草上收集尺蛾的虫茧；秋季在寄主树干捆一圈干草或一薄膜环（毒环），引诱越冬虫到此越冬，并于早春加以烧毁；成虫发生期可用黑光灯诱杀。

（3）生物防治。尽力保护与利用捕食性和寄生性天敌。

（4）化学防治。对低龄幼虫和成虫可应用80%敌敌畏乳油800～1000倍液、50%杀螟松乳油1000～1500倍液、2.5%溴氰菊酯乳油2000～3000倍液、90%敌百虫晶体800～2000倍液、30%增效氰戊菊酯6000～8000倍液、50%辛硫磷乳油2000倍液常规喷雾；或用50%杀虫净油剂与柴油按1∶1混配、50%敌敌畏乳油与柴油1∶2的混合液进行超低容量喷雾。

4. 白杨叶甲 *Chrysomela populi* Linnaeus

1）虫态识别

成虫　雌虫体长12～15mm，宽8～9mm；雄虫体长10～11mm，宽6～7mm，圆形，

体蓝黑色，具金属光泽，鞘翅橙红色或橙褐色。触角短，11 节。前胸背板蓝紫色，两侧有纵沟，纵沟之间较平滑，其两侧有较粗大的刻点。小盾片蓝黑色，三角形。鞘翅比前胸宽，密布刻点，沿处缘有纵隆线。

卵　长约 2mm，宽约 0.8mm。长椭圆形。初产时为淡黄色，后变橙黄色或褐色。

幼虫　老熟幼虫体长 15～17.6 mm。体扁平，近椭圆形。头部黑色，肛部灰白色，背面有黑点 2 列。中后胸及腹部翻缩腺强度突出，每遇惊扰则放出乳白色臭液。

蛹　长 8～10 mm，宽 6 mm。初为淡白色，近羽化时变成金黄色。

2）寄主及危害特点

该虫对杨、柳树有害，以幼虫和成虫蚕食叶片，主要分布于河北、山西、内蒙古、辽宁、吉林、黑龙江、山东、河南、湖北、湖南、四川、贵州、陕西、宁夏。

3）生物学特性

1 年 2 代，以成虫在枯枝落叶层下面或表土中越冬。越冬成虫翌年 4 月下旬上树，5 月上旬在叶面上产卵。卵竖立排列呈块状，每块粒数不等，少则几粒，多达 74 粒。成虫平均产卵 695 粒。卵经 7～8d 孵化，幼虫经两次蜕皮，历期 20d 左右便以尾端黏着于叶面上悬垂化蛹。蛹期 5d。气温高时 6 月上旬即有第 1 代成虫，6 月下旬也可见第 2 代成虫。早期羽化的成虫，于 7 月中旬至 8 月中旬，当温度超过 25℃时有入土休眠的现象。入土深度为 2～4cm。8 月下旬至 10 月上旬又飞出取食。第 2 代成虫当年只交尾不产卵，近 9 月中旬下树越冬。

4）防治措施

（1）人工防治。9～12 月，进行幼林抚育，清除林地的枯叶，破坏越冬场地；1～5 月，进行幼林抚育，及时清除林间杂草；5 月下旬成虫开始上树时，振动树干，成虫假死落地，人工捕杀；6～8 月，人工摘除幼叶上的卵、蛹，集中杀死。

（2）化学防治。在成虫和幼虫发生期，可用 15%吡虫啉胶囊剂、3%啶虫脒、4.5%氯氰菊酯于叶面喷雾防治。

5．**松阿扁叶蜂** *Acantholyda posticalis* Matsumura

1）虫态识别

成虫　体黑色，背腹面高度扁平，有侧脊，腹部腹面黄色，头胸部具黄色块斑；触角丝状，柄节及鞭节端部黑色，中间黄色；翅淡灰黄色，透明，翅痣黄色，翅脉黑褐色，顶角及外缘有凸饰，色较暗，微带暗紫色光泽。雌虫体长 13～15mm，头及腹部黄色斑块较淡，腹部末端被包含锯状产卵管的鞘所分裂，触角 35～38 节；雄虫体长 10～12mm，触角 33～36 节，柄节只背面为黑色，腹部腹面黄色，具光泽，足前侧褐黄色透明，腹部末端腹面完整，两侧具掌状抱握器 1 对（图 6-13）。

卵　舟形，浑白色，长约 3mm，孵化前变成浅灰色。

幼虫　体扁平，胸足 3 对，无腹足，腹部第 8 节两侧各具 1 肉突，似尾足，体长 17～25mm，胴部绿色，头褐色，越冬后部分变成淡绿色，侧脊泛红。

蛹　雌蛹棕黄色，长 15～19mm，雄蛹浅黄色，长 11～13mm，蛹羽化前呈黑色。

成虫

幼虫　　　　　　　蛹

图6-13　松阿扁叶蜂

2）寄主及危害特点

该虫主要分布于黑龙江、山东、山西、河南、陕西等地，主要危害油松、赤松、樟子松等。以幼虫取食针叶，大发生时针叶受害率达80%以上，枝梢上布满残渣和粪屑，林分似火烧一般。

3）生物学特性

1年1代，老熟幼虫在树冠投影下5～15cm深的土室中以预蛹越冬。翌年6月下旬化蛹、7月上旬为盛期，成虫羽化并产卵，7月下旬为盛期，8月上旬幼虫孵化，8月中、下旬为危害盛期，9月上旬至中旬老熟幼虫下树入土越冬，蛹期14～17d；卵期15～17d；幼虫6龄，历时40d左右；雌蜂寿命10～15d、产卵期3～4d，雄虫寿命7～13d。成虫多在晴天羽化，出土后约半天后即在树冠中上部飞翔、交尾产卵，以晴天10:00～16:00最多，阴雨天停息于枝条上；受惊后跌落地面飞跑，有多次交尾习性。卵散产于当年生针叶背面，极少在3年生叶上产卵，每雌产卵约23粒，最高50粒，有孤雌生殖能力。初孵幼虫于针叶基部吐3～5条丝结网并身居其中，半天后咬断针叶拖回网内取食，3龄后转移到当年生新梢基部吐丝筑高27mm、直径3～4mm的圆筒形巢，其大口为取食口而小口为排粪口，每巢1虫，4龄后期食量大增；1头幼虫一生取食约25束针鲜叶，有受惊后即退入巢内并有吐丝下垂习性。老熟幼虫从巢的大口爬出落地入土作椭圆形土室变成预蛹越冬。土室长10～15mm，宽5～8mm。林相整齐、林木生长势旺盛、郁闭度大的林分发生轻，反之则重。

4）防治措施

（1）营林防治。营造混交林，加强天然次生林的抚育管理，提高郁闭度；对大面积纯林，要营造防虫、防火林带、补种阔叶树种，改善林分结构，提高抗虫害能力。

（2）生物防治。白僵菌、绿僵菌、刨食树下松阿扁叶蜂幼虫的越冬期鸟类及其他哺乳动物、取食虫卵的黑蚂蚁等都是影响松阿扁叶蜂虫口密度的重要因素。在林内补充病原菌、招引益鸟、保护天敌生物，是长期强控制松阿扁叶蜂危害的有效办法。

（3）人工防治。小面积发生时，可人工摘除卵块、捕杀成虫，或在老熟幼虫越冬期，破坏其栖息场所，造成其自然死亡。

（4）化学防治。幼虫始发期，幼虫龄期小、抗药性差、防治效果好，是进行防治的最佳时期。可供选择的药剂有：森得保粉剂、80%敌敌畏乳油、0.36%苦参碱等，也可在成虫羽化率达到70%或幼虫2～3龄期，选择郁闭度在0.7以上的林分，采取烟剂进行定点施烟的方法施放苦参烟碱烟剂，或用阿维菌素油剂柴油稀释10倍后直接喷烟。

6. 黄脊竹蝗 *Ceracris kiangsu* Tsai

1）虫态识别

成虫 体长29～40mm，雄虫略小，体色以绿色、黄色为主，额顶突出使额面成三角形，由额顶至前胸背板中央有一黄色纵纹，越向后越宽。触角丝状，复眼卵圆形、深黑色。后足腿节黄绿色，中部有排列整齐"人"字形的褐色沟纹；胫节蓝黑色，有两排刺（图6-14）。

图6-14 黄脊竹蝗

卵 长椭圆形，上端稍尖，中间稍弯曲，长径6～8mm，棕黄色，有巢状网纹。卵囊圆筒形，长18～30mm，土褐色。

若虫 蝗虫的若虫称为蝗蝻，共5龄。5龄蝗蝻体翠绿色，前胸背板后缘覆盖后胸大部分。

2）寄主及危害特点

该虫分布于江苏、浙江、安徽、福建、江西、湖北、湖南、广东、广西、重庆、四川、贵州、云南等地，危害玉米、杂草、水稻、箣竹属、刚竹属植物。竹蝗大发生时，可将竹叶全部吃光，竹林如同火烧，竹子当年枯死，第二年竹林很少出笋，竹林逐渐衰败，被害毛竹枯死。

3）生物学特性

1年1代，以卵在土中越冬。越冬卵于四月底五月初开始孵化，孵化期可延续到6月上旬，卵孵化盛期为14:00～16:00，初孵跳蝻有群聚特性，多群聚于小竹及禾本科杂草上，1龄末2龄初开始上竹，3龄后全部上大竹，5龄跳蝻食量最大，占总食量的60%以上。成虫羽化时间以8:00～10:00为最盛，产卵多在2:00～6:00。

4）防治原则与措施

（1）人工防治。竹蝗产卵集中，可于11月发动群众至产卵多的地点人工挖除卵块。

（2）生物防治。保护和人工繁殖红头芫菁，捕食卵块，或使用蜡状芽孢杆菌、枯草芽孢杆菌和白僵菌，使初生跳蝗感染而亡。

（3）化学防治。在1～2龄跳蝻期，用25%灭幼脲Ⅲ号胶悬剂、25%吡虫啉乳剂喷雾防治，或用25%灭幼脲Ⅲ号粉剂喷粉防治；跳蝻上竹后，对竹腔注射5%吡虫啉，或用1%阿维菌素油剂与柴油按1：15的比例混合后喷烟。

任务评价

具体考核内容可参考表 6-10。

表 6-10　林木叶部害虫调查与防治任务评价表

任务名称：林木叶部害虫调查与防治			完成时间：	
序号	评价内容	评价标准	考核方式	赋分
1	知识考核	掌握叶部害虫种类及发生特点	单人考核 （笔试）	5 分
		熟知叶部害虫的生物学特性		5 分
		熟知叶部害虫的调查知识		10 分
		掌握叶部害虫防治知识		10 分
2	技能考核	能识别常见叶部害虫种类	单人考核	10 分
		调查路线清晰、方法正确、数据翔实	小组考核	10 分
		防治措施得当、效果理想	小组考核	10 分
		操作规范、安全、无事故	小组考核	10 分
3	素质考核	工作中勇挑重担，有吃苦精神	单人考核	2 分
		与他人合作愉快，有团队精神		2 分
		遵守劳动纪律，认真按时完成任务		2 分
		善于发现和解决问题，有创新意识		2 分
		信息收集准确，准备充分		2 分
4	成果考核	能在规定时间内完成调查报告，内容翔实、书写规范、结果正确	小组考核	10 分
		防治技术方案内容完整，条理清晰、措施得当，有一定的可行性	小组考核	10 分
总得分			100 分	

◇◇ 自 测 练 习 ◇◇

1. 填空题

（1）食叶害虫多为_____性害虫，以植物叶片为食，可造成树势衰弱，为_____侵入提供条件。

（2）大多数食叶害虫生活裸露，受外界环境影响_____，种群消长比较_____，有些种类出现周期性大发生现象。

（3）美国白蛾属鳞翅目_____科，是我国林业_____性有害生物。

（4）美国白蛾 1 年发生 2～3 代，以_____在_____、枯枝层、墙缝或地面表土层内越冬。

（5）松毛虫是鳞翅目_____科_____属昆虫的统称。体中到大型，粗壮多毛，前后翅无_____连锁，后翅肩角扩大，有 1～2 条_____。

（6）舞毒蛾幼虫主要危害叶片，1 年发生_____代，以_____越冬。

（7）黄脊竹蝗 1 年发生_____代，以卵在_____越冬。

2. 单项选择题

（1）以下食叶害虫中，属于重要的检疫害虫的是（　　　）。

　　A. 美国白蛾　　　　　　　　B. 马尾松毛虫

　　C. 黄刺蛾　　　　　　　　　D. 黄脊竹蝗

（2）周氏啮小蜂寄生美国白蛾的虫态是（　　　）。

　　A. 卵　　　　B. 成虫　　　　C. 老熟幼虫　　D. 蛹

（3）美国白蛾在我国的生活史为（　　　）。

　　A. 1 年 1 代，以卵越冬　　　B. 1 年 2～3 代，以蛹越冬

　　C. 1 年 1 代，以成虫越冬　　D. 1 年 1 代，以幼虫越冬

（4）舞毒蛾以（　　　）越冬。

　　A. 卵　　　　B. 幼虫　　　　C. 蛹　　　　　D. 成虫

（5）白杨叶甲前胸背板为（　　　）。

　　A. 红色　　　B. 蓝紫色　　　C. 橙黄色　　　D. 黄色

（6）落叶松毛虫在我国的年生活史为（　　　）。

　　A. 1 年 1 代，以老熟幼虫越冬

　　B. 1 年 1 代，以 3～4 龄幼虫越冬

　　C. 1 年 2 代，以蛹越冬

　　D. 1 年 2 代，以卵越冬

（7）叶蜂类幼虫腹足的对数为（　　　）。

　　A. 2～3 对　　B. 2～5 对　　C. 6～8 对　　D. 8～10 对

（8）制作毒绳的药剂最好选择下列哪一种？（　　　）

　　A. 溴氰菊酯　　B. 灭幼脲　　　C. 氧化乐果　　D. 磷化铝

（9）生产上常用赤眼蜂防治松毛虫，其寄生的虫态为（　　　）。

　　A. 成虫　　　B. 幼虫　　　　C. 蛹　　　　　D. 卵

3. 简答题

（1）简述食叶害虫的发生特点。

（2）森林食叶害虫的主要类群有哪些？

（3）简述如何防治黄脊竹蝗？

4. 论述题

（1）简述美国白蛾的发生规律及其综合防治。

（2）简述马尾松毛虫的发生规律及其综合防治。

项目 7　林木种实病虫害防治

项目描述

林木种实是育苗造林的材料，在其形成过程中常常遭受害虫的危害，一般可造成种实的产量和质量降低，严重时可导致种实颗粒不收，或在贮藏、运输过程中失去使用价值，直接影响育苗、造林和自然更新。常见的种实害虫有落叶松球果花蝇、紫穗槐豆象、刺槐种子小蜂、黄连木种子小蜂等。它们多在花期或幼果期产卵，幼虫蛀入种实内危害，随着种实的生长逐渐发育成长，成熟后自果内脱出或随种实带入贮收场所。此类害虫多隐蔽危害，不易早发现，往往失去防治时机，加大了防治的难度。因此，对这类害虫，重点是及时防治成虫及初孵尚未入果的幼虫。要建立种子园，实行集约管理，这样既可提高种实的质量和产量，又有利于对种实的保护。在种实采收、贮藏及调运过程中，要严格检查，及时处理，以减少害虫种群数量，控制其传播、蔓延。

本项目结合林业生产对种实害虫防治的典型工作任务实施教学。在识别森林植物常见害虫的基础上，学生可根据害虫发生的实际情况，通过自主学习和收集的信息资料，制订切实可行的工作计划，遵循行业林木种实害虫防治技术规程，在任课教师与企业技术员的共同指导下，完成对林木种实害虫的防治工作。

项目分析

任务名称	任务载体	学习目标		
		知识目标	能力目标	素质目标
任务 7.1 林木种实病害调查与防治	种实霉烂病调查与防治	① 了解林木种实病害种类及发生规律 ② 熟知林木种实病害的识别特征 ③ 掌握林木种实病害的防治措施	① 能识别林木种实病害 ② 会拟定林木种实害防治技术方案	① 培养学生对林木种实病虫害的正确认知和科学防控理念 ② 培养学生团队合作精神和认真求实的工作态度 ③ 提高学生分析问题和解决问题能力
任务 7.2 林木种实害虫调查与防治	落叶松球果花蝇调查与防治	① 了解种实害虫种类及危害特点 ② 熟知种实害虫的调查方法 ③ 掌握种实害虫防治原理与措施	① 会识别种实害虫种类及被害状 ② 能对种实害虫情进行调查 ③ 会拟定种实害防治技术方案 ④ 会实施种实害防治作业	

任务 7.1　林木种实病害调查与防治

实施时间：种子贮藏期、催芽期和播种至出芽期间。

实施地点：种子贮藏实验室或苗圃地。

教学形式：现场教学，"教、学、做"一体化教学。

教师条件：由任课教师与企业技术员共同指导，指导教师需要熟知种实病害的发生规律，具备种实病害的鉴别、调查与防治能力；具备组织课堂教学和指导学生实际操作能力。

学生基础：具备森林昆虫识别的基本技能，具有一定的自学能力和资料收集与整理能力。

 相 关 知 识

7.1.1　种实霉烂病调查与防治（任务载体）

1.　症状与病原

种实霉烂多发生于种实贮藏期，以及种实收获前、种实处理的环境中和播种后的土壤中。种实霉烂不但影响种实质量，降低食用价值和育苗的出苗率，而且食用霉烂的种实后对人畜有毒。例如，黄曲霉素是一种致癌物质。

多数在种皮上生出多种颜色的霉层或丝状物霉烂的种子一般都具有霉味。切开种皮时内部变成糊状，有的仍保持原形只在胚乳部位有红褐色的斑纹。

常见的引起种实霉烂的病原有青霉菌 *Penicillium* spp.、曲霉菌 *Asppergillus* spp.、链格孢菌 *Alternaria* spp.、匍枝根霉 *Rhizopusstolonifer* spp.、镰刀菌 *Fusarium* spp.等，其中由链格孢菌和青霉菌引起的种子霉烂相对最多，危害性也大（图 7-1）。

（1）青霉菌类。霉层中心部呈蓝绿色或灰绿色，边缘是白色菌丝。分生孢子梗直立，顶端一至多次分支，形成扫帚状，分支顶端产生瓶状小梗，小梗顶端产生成串的分生孢子。

（2）曲霉菌类。菌丝层稀疏，生有大头针状褐色或黑褐色子实体。分生孢子梗直立，顶端膨大成圆形或椭圆形，上面着生 1～2 层呈放射状分布的瓶状小梗，分生孢子，呈头状聚集在分生孢子梗顶端。

（3）链格孢菌。霉层毛绒状，褐色中显绿色，边缘白色。分生孢子梗深色，顶端单生或串生淡褐色至深褐色、砖隔状分生孢子。分生孢子从产孢孔内长出，呈倒棍棒形、椭圆形或卵圆形，顶端有喙状细胞。

（4）匍枝根霉。种皮上生有细长白色菌丝、老熟后菌丝上生出黑色孢子囊。菌丝分化出匍匐枝和假根；孢囊梗单生或丛生、与假根对称，顶端着生球状孢子囊，孢子囊内有许多孢囊孢子。

（5）镰刀菌。种皮上先生出白色霉层，中心部逐渐变为红色或蓝色。菌丝无色分隔，具有大、小两种孢子。大型分生孢子多细胞镰刀型，小型分生孢子单细胞椭圆形至卵圆形。

1. 青霉；2. 黑曲霉；3. 细交链孢霉；4. 匍枝根霉；5. 镰刀菌。

图7-1　引起种子霉烂的主要病原菌形态

2. 发生特点

病菌主要存在于土壤、空气、水、容器和库房中，种实与之接触所导致的种实表面带菌现象发生普遍。成熟的种实在采收、调制和储运时不慎造成的伤口也有利于病菌侵入。种实贮藏期温度高、湿度大时，霉烂更加迅速。种实霉烂菌生长的最适温度为25～27℃，在一般的温度条件下都能活动，因此湿度往往是种实发生霉烂的主要因素。

3. 防治措施

（1）对种实进出口或国内各地区调拨进行严格的植物检疫。做好种实产地检疫，建立无检疫性有害生物苗圃和种子生产基地，对国外引入的种实要先隔离试种再放行。

（2）及时采收。在采收、装卸或运输环节中应尽量避免机械损伤和冻害。对有病种实要集中于林外烧毁。

（3）种实贮藏入库前剔除坏种、病种、虫种，并进行干燥。除橡实、板栗等大粒种子外，一般应干燥至10%～15%。贮存期要保持低温（库内温度保持在0～4℃），以及适宜的CO_2含量和相对湿度。

（4）在林木生长期喷洒化学药剂加以保护。仓库应消毒处理，并经常保持库内卫生以减少病菌。

（5）种实带菌时，催芽、播种前要采用表面消毒、热处理、药剂拌种等方法消灭病菌。

4. 种子的消毒

林木种子表面常带有病原菌，催芽、播种前对种子进行消毒灭菌，是减少苗木病害的重要措施。用药剂处理种子的目的是杀灭附着在种子表面的病原菌。先将种子用清水浸泡 3～4h，再放入药液中进行处理。在种子消毒过程中，应特别注意药剂浓度，通常处理后的种子需要用清水冲洗干净。常用消毒方法有如下几种。

（1）福尔马林溶液消毒。在播种前 1～2d，把种子放入 0.15%的福尔马林溶液中，浸泡 15～30min，取出后密封 2h，然后将种子摊开阴干，即可播种或催芽。

（2）硫酸铜溶液消毒。用 1.0%硫酸铜溶液浸种 4～6h，取出阴干备用。该方法对部分树种（如落叶松）兼有消毒和催芽作用，可提高种子发芽率。

（3）高锰酸钾溶液消毒。以 0.5%的高锰酸钾溶液浸种 2h，或用 3%的高锰酸钾溶液浸种 30min，取出后密封 0.5h，再用清水冲洗数次，阴干后备用。注意胚根已突破种皮的种子不能采用此法，该法兼有一定的促进种子发芽作用。

（4）多菌灵、石灰水等药剂浸种。用 50%多菌灵 500 倍溶液浸泡 60min，或 1.0%～2.0%的石灰水浸种 24h，有较好的灭菌效果。用农用链霉素 4000 倍液浸种 30min 对细菌性病害有一定的防治作用。

5. 药剂拌种

用种子重量 0.4%～2.0%或 0.2%～0.5%的福美双或敌克松粉剂，先用 10～15 倍的细土与之配成药土，再拌种消毒，对防治苗木立枯病等有较好的防治效果。

 计 划 制 订

1. 小组分工

每 4～6 人为一组，设组长 1 名，操作员 2～4 名，记录员 1 名。

2. 工作方案

以小组为单位，通过相关知识学习和查阅相关资料，制定工作方案。调查方案包括调查时间、调查地点、调查方法及数据处理等。防治方案包括防治原则和基本措施。对调运的种实应进行严格的植物检疫，建立无检疫性有害生物苗圃和种子生产基地，对国外引入的种实要隔离试种。防治措施应从种子采收、贮藏、做好消毒几个方面考虑。

3．工作准备

用具：喷雾器、量筒、烧杯、天平、玻璃棒及盛装种实的各种容器。
材料：调查表、记录本及消毒药剂。

任务实施

1．种实霉烂病识别

第一步：观察霉烂种子表面的霉层，切开种子，观察其胚乳病变情况。
第二步：挑取少许霉层制成临时玻片镜检，识别病原菌种类和形态特征。

2．种实霉烂病调查

包装种子按照 0.5%～5% 的比例，散装种实按照 0.1%～1% 的比例，采取随机抽样法进行调查，统计种实被害率（表 7-1）。种实量大时可随机分成若干组，分别进行调查。

表 7-1　种实病害调查表

调查日期	调查地点	样品组别	调查种实数	受害种实		种实平均受害率/%	备注
				个数	百分率/%		

计算种实受害率，公式为

$$种实受害率 = \frac{感病种实数}{调查总种实数} \times 100\%$$

知识迁移

7.1.2　其他种实病害调查与防治

除种实霉烂病外，种实病害的种类还包括很多，如栗实干腐病、核桃炭疽病等。为了全面掌握林木种实病害的防治技术，学生可利用业余时间通过自学、收集资料等方式，完成其他种实病害调查与防治的学习任务。

1．栗实干腐病

1）分布
栗实干腐病广泛分布于板栗产区，在我国分布于河北、山东、陕西、河南、广东、广西、四川、江苏、安徽、浙江、湖南、湖北等地。

2）症状与病原

收获期无明显症状，在贮运期栗仁上形成小斑点，引起栗仁变质腐烂。栗仁上产生黑、灰、绿色腐烂病斑，干腐成洞，洞内产生黑色菌丝。引起该病的病原有胶孢炭疽菌 *Colletotrichum gloeospporioides*、聚生小穴壳菌 *Dothiorella gregaria*、腐皮镰孢菌 *Fusarium solani*、匍枝根霉 *Rhizopusstolonifer* spp。

3）发病特点

病菌在枝干上越冬，靠风雨传播。病菌在板栗雌花受粉期以后开始侵入花柱和栗苞外壳，侵入后处于潜伏状态，于采后贮藏中陆续发病。沙贮时 25℃易发病，15℃以下发病慢，5℃以下发病停止。

4）防治措施

（1）剪除病枯枝，减少侵染源。

（2）在花期和幼果发育期定期喷杀菌剂，阻止病菌侵入。在贮藏前用药剂处理种实。

（3）采收后在适宜的条件下进行保湿冷藏，以抑制病害的发生。

2. 核桃炭疽病

1）分布

核桃炭疽病广泛分布于核桃产区，是核桃的主要病害之一。

2）症状及病原

该病主要危害果实，产生黑褐色稍凹陷、圆形或不规则形病斑，严重时使全果腐烂，干缩脱落。天气潮湿时，在病斑上产生轮纹状排列的粉红色小点。危害该病的病原为果生盘长孢 *Gloeosporium fructigenum*。

3）发病特点

病菌以菌丝体在病枝、芽上越冬，成为来年的初侵染源。病菌分生孢子借风、雨、昆虫传播，从伤口、自然孔口侵入，并能多次再侵染。发病的早晚和轻重，与高温高湿有密切关系，雨水早而多，湿度大，发病就早且重。植株行距小、通风透光不良，发病也重。

4）防治措施

① 冬季清除病果、病叶，并集中烧毁。

② 发芽前喷洒 3～5°Bé 石硫合剂。

③ 展叶期和 6～7 月各喷洒 1∶0.5∶200 倍波尔多液 1 次。果实发病初期喷洒 75% 百菌清、50%托布津可湿性粉剂 500 倍液。

具体考核内容可参考表 7-2。

表 7-2　林木种实病害调查与防治任务评价表

任务名称：林木种实病害调查与防治			完成时间：	
序号	评价内容	评价标准	考核方式	赋分
1	知识考核	掌握种实病害的发生特点	单人考核（笔试）	10 分
		熟知种实病害的调查知识		10 分
		掌握种实病害的防治知识		10 分
2	技能考核	能识别常见种实病害种类	单人考核	10 分
		调查方法正确、数据翔实准确	小组考核	10 分
		防治措施得当、效果良好	小组考核	10 分
		安全操作、无事故出现	小组考核	10 分
3	素质考核	有吃苦精神	单人考核	2 分
		有团队合作意识		2 分
		遵守劳动纪律，认真按时完成任务		2 分
		善于发现和解决问题，有创新意识		2 人
		信息收集准确，准备充分		2 分
4	成果考核	能在规定时间内完成调查报告，内容翔实、书写规范、结果正确。	小组考核	10 分
		防治技术方案内容完整，条理清晰，措施得当，有一定的可行性。	小组考核	10 分
	总得分			100 分

◇◇ 自 测 练 习 ◇◇

1. 填空题

（1）林业生产常见的种实病害有_____、_____、_____等。

（2）常见的引起种实霉烂的病原有_____、_____、_____、_____和_____。

2. 简答题

（1）种实霉烂的典型症状是什么？

（2）在贮藏和处理种子过程中，如何防止霉烂的发生？

任务 7.2　林木种实害虫调查与防治

实施时间：种实害虫成虫和幼虫危害初期。

实施地点：有种实害虫发生的种子园或母树林。

教学形式：现场教学，"教、学、做"一体化教学。

教师条件：由任课教师与企业技术员共同指导，指导教师需要熟知种实害虫的发生规律，具备种实害虫的鉴别、调查与防治能力；具备组织课堂教学和指导学生实际操作能力。

学生基础：具备森林昆虫识别的基本技能，具有一定的自学能力和资料收集与整理能力。

知识准备

7.2.1　落叶松球果花蝇调查与防治（任务载体）

1. 分布与危害

落叶松球果花蝇 *Strobilomyia laricicola*（Karl）隶属于双翅目 Diptera 家蝇总科 Muscoidea 花蝇科 Anthomyiidae，又名落叶松球果种蝇（图 7-2），分布于东北小兴安岭和山西林区，危害落叶松球果和种子。

1. 成虫；2. 幼虫；3. 蛹。

图7-2　落叶松球果花蝇

2. 生活史及习性

该虫在北方地区 1 年 1 代，以蛹越冬。成虫于翌年 5 月中旬开始羽化，6 月中旬结束。5 月中下旬开始产卵，6 月上中旬为产卵末期。在球果鳞片未展开时，产在球果基部的针叶或苞鳞上；球果鳞片展开后，则产在鳞片间靠近种子部位。一般 1 个球果内只有 1～2 粒卵，但在歉收年份，1 个球果上可产卵 10 粒。卵经 7～10d 孵化。幼虫孵化后立即蛀入鳞片基部取食幼嫩种子。在 1 个球果内 1 头幼虫可食耗 80% 的种子。球果受害初期，外部症状不明显，随着受害程度的加深，鳞片发育不良，较正常的小，且变色而提前干枯，球果弯曲畸形。

幼虫危害期25～30d，于6月下旬、7月上旬幼虫老熟脱果坠地，在枯枝落叶层或地下1～3cm处化蛹。老熟幼虫落地与当时降水量密切相关，一阵大雨后，老熟幼虫纷纷落地。蛹有滞育现象，同年越冬的蛹，有18%～58%至第3年才羽化。

计 划 制 订

1. 小组分工

每4～6人为一组，设组长1名，操作员2～4名，记录员1名。

2. 工作方案

以小组为单位领取工作任务，根据任务单要求和资讯学习，结合国家和地方林木种实害虫防治标准制定落叶松球果花蝇工作方案。

调查方案包括调查时间、调查地点、调查方法、数据处理等。

防治方案包括防治原则和基本措施。因为落叶松结实具有周期性，有大、小年之分，所以防治重点应放在集约经营采种的种子园、母树林进行。具体措施可从以下几个方面考虑。

（1）林业措施。在种子园实行深翻，将蛹埋于5cm以下土中，阻止成虫出土；或采取清理林地枯枝落叶的方法，均有一定的防治效果。

（2）防治成虫。于5月上中旬成虫羽化、产卵期用"741"插管烟雾剂按1.5～2.5kg/hm² 或蚊蝇净烟剂5～7kg/hm²定点放烟；用20%氰戊菊酯乳油2000倍液，喷树冠及地面植被；用糖醋液诱杀成虫，设置诱捕器15个/hm²；或挂放60块/hm²黄色粘胶板粘蝇或用桦树液配制成的0.2%四碘荧光素钠，诱杀成虫。

（3）防治幼虫。6月中下旬幼虫落地化蛹时，在地面施用含孢量50亿/g的白僵菌粉20～70kg，或倍硫磷等毒杀幼虫；用40%氧化乐果乳油对树干注射防治初孵幼虫，胸径10cm的母树每株注药8mL，胸径每增加5cm，增加药量2mL。5%杀铃脲乳油、25%灭幼脲III号悬浮剂、20%杀铃脲悬浮剂、5%伏虫灵乳油和30%辛脲乳油等昆虫生长调节剂，对防治落叶松球果花蝇效果很好。

3. 工作准备

仪器：打孔注药机。

用具：高枝剪、爬树器、放大镜、标本瓶、昆虫针、解剖刀、镊子等。

材料：调查表、记录本、地形图、白纸板、黄塑料板、胶带、粘虫胶、白糖、醋、白酒及所需药剂等。

任务实施

1. 落叶松球果花蝇现场识别

第一步：被害状识别。球果鳞片发育不良，较正常的小，且变色而提前干枯，球果弯曲畸形。

第二步：幼虫识别。老熟幼虫略呈圆锥形（蛆型），体长 6～9mm，淡黄色，不透明，腹末截面上有 7 对乳状突起。

2. 落叶松球果花蝇虫情调查

（1）踏查。在调查的林分中选择有代表性的路线边走边目测，记载林分状况因子、种实害虫种类、主要虫种、危害程度、分布状态及天敌种类等，用种实被害 10% 以下为轻微，11%～20% 为中等，21% 以上为严重的标准划分危害程度。分布状况标准按食叶害虫划分标准。

（2）详细调查。在踏查基础上，按与食叶害虫同样要求选设标准地。在标准地内可按对角线、分行或 Z 字形方法选取样株，一般选取 5～10 个样株。

在各样株上，分树冠的上、中、下位和阴阳面 6 个区域，各抽查 30～40 个种实（种实大的抽查 20 个），检查有虫种类，并填表计算虫果率和虫口密度（表 7-3 和表 7-4）。

表 7-3　种实害虫树冠分层调查表

调查时间：　　　　　标准地号　　　　树种　　　　树高　　　　树龄

样树号	树冠上位				树冠中位				树冠下位			
	阳面		阴面		阳面		阴面		阳面		阴面	
	无	有	无	有	无	有	无	有	无	有	无	有

表 7-4　种实害虫调查表

调查日期	调查地点	样树号	调查种实数	受害种实		害虫		不同虫种虫果率/%	总平均虫果率/%	备注
				个数	百分率/%	名称	种实平均虫（孔）数			

（3）计算果实受害率和单个种实虫口密度，公式分别为

$$果实受害率 = \frac{有虫果实}{调查总果实数} \times 100\%$$

$$单个种实虫口密度 = \frac{调查总活虫数}{调查总果实数}$$

3．落叶松球果花蝇除治作业

1）用糖醋液诱集落叶松花蝇成虫

第一步：在落叶松花蝇成虫羽化期，选择有虫危害的落叶松林分进行诱集。

第二步：称取蔗糖 300g、90%敌百虫 50g、米醋 300mL、白酒 100mL、水 250mL，倒入容器内配成糖醋液并带入林内。

第三步：在落叶松树冠距地面高 1m 左右的枝条上挂诱捕器，挂放密度为 15 只/hm²；将糖醋液倒入诱捕器，液面高度 3.5～5cm。

第四步：每天检查诱虫数，每隔 3d 换液 1 次。

2）用黄色粘胶板诱集落叶松花蝇成虫

第一步：选择落叶松花蝇成虫羽化初期，在落叶松林内进行诱集。

第二步：取 15cm×20cm 规格的，厚度为 0.05mm 的黄色塑料板 60 片，在其一端打 2 个孔，系好塑料绳；将桶装粘虫胶放在热水盆中预热；待胶软化后用排笔逐片两面涂胶；将涂好的黄色粘胶板重叠放在一起带入林内。

第三步：准备 1 根长 2.0～2.5m 的细杆，上端绑一铁钩，用其将黄色粘胶板挂在落叶松离地面 3～5m 高的侧枝上，挂放密度为 60 块/hm²。

第四步：每天观察黄色粘胶板诱蛾数量。

3）打孔蛀药防治法

第一步：准备药械，配好药剂。

第二步：用 40%氧化乐果乳油对树干注射防治初孵幼虫，胸径 10cm 的母树每株注药 8mL，胸径每增加 5cm，增加药量 2mL。

4．药剂防治效果检查

在防治作业实施 12h、24h、36h 后，学生利用业余时间到防治现场检查药剂防治效果。将检查结果填入害虫药效检查记录表。

知识迁移

7.2.2　其他种实害虫调查与防治

种实害虫种类还包括很多，如球果稍斑螟、桃蛀螟、栗实象、刺槐种子小蜂等。为了全面掌握林木种实害虫的防治技术，学生可利用业余时间通过自学、收集资料，完成其他叶部种实害虫调查与防治学习任务。

1．桃蛀螟 *Dichocrocis punctiferalis* Guenee

1）虫态识别

成虫　体长 12mm，翅展 22～25mm，体、翅黄色。胸部于领片中央有由黑色鳞片组成的黑斑 1 个，肩板前端外侧及近处各有黑斑 1 个，胸部背面有 2 个黑斑。前后翅上有许多大小不一的黑斑。腹部第 1、3、4、5 节背面各有 3 个黑斑，第 6 节只有 1 个，第 2、7 节无黑斑，雄虫第 8 节末端黑色，雌虫不明显（图 7-3）。

1. 成虫；2. 卵；3. 幼虫；4. 蛹。

图7-3　桃蛀螟

卵　椭圆形，长 0.6mm，宽 0.4mm，表面粗糙布细微圆点，初乳白色渐变橘黄、红褐色。

幼虫　体长 22mm，体色多变，有淡褐、浅灰、浅灰蓝、暗红等色，腹面多为淡绿色。头暗褐色，前胸盾片褐色，臀板灰褐色，各体节毛片明显，灰褐至黑褐色，背面的毛片较大，第 1～8 腹节气门以上各具 6 个，成 2 横列，前 4 后 2。气门椭圆形，围气门片黑褐色突起。腹足趾钩不规则的 3 序环。

蛹　长 13mm，初淡黄绿后变褐色，臀棘细长，末端有曲刺 6 根。

茧　长椭圆形，灰白色。

2）寄主及危害特点

主要分布于东北（南部）、华北、华中、华南、西南。桃蛀螟为杂食性害虫，寄主植物多，主要包括桃、李、板栗、柳杉、雪松、云杉，以及许多农作物和果树等。

3）生物学特性

桃蛀螟的发生代数因不同地区而异，北方地区 1 年发生 2～3 代。长江流域及其以南 1 年发生 4～5 代，世代重叠严重。以老熟幼虫在树皮缝隙、僵果、落叶、贮栗场、向日葵花盘、玉米或高粱秸秆，以及穗轴内越冬，具转移寄主危害习性。第 1 代幼虫主要危害桃、李的果实，第 2 代部分继续危害，部分转移危害玉米、向日葵等，其他代主要危害板栗等其他果树及玉米、高粱等作物。成虫具强趋光性，昼伏夜出，多产卵于枝叶茂密处的果实上，以及 2 个或 2 个以上果实的紧靠处。幼虫孵化后多从果肩或果与果、果与叶相接处蛀入果内，蛀孔处常流胶并排有大量褐色虫粪。老熟幼虫在被害果梗洼处、树皮缝隙内结茧越冬。

4）防治原则及措施

（1）消除越冬幼虫。在每年4月中旬，越冬幼虫化蛹前，清除玉米、向日葵等寄主植物的残体，并刮除苹果、梨、桃等果树翘皮，集中烧毁，减少虫源。

（2）物理防治。在越冬成虫羽化前对果实套袋，预防蛀果。成虫期设置高压电网、黑光灯、杀虫灯或糖、醋液诱杀成虫。秋季采果前，于树干绑草诱集越冬幼虫，早春集中烧毁。拾毁落果和摘除虫果，消灭果内幼虫。

（3）生物防治。幼虫孵化期，采用苏云金芽孢杆菌30亿～45亿IU/hm² 倍液喷雾。林间释放赤眼蜂。

（4）化学防治。成虫产卵盛期，采用30%高效氯氰菊酯2000～3000倍液喷雾。

2. 栗实象 *Curculio davidi* Fairmaire

1）虫态识别

成虫　体长6.5～9mm。头黑色；头管细长，是体长的0.8倍，前端向下弯曲。雌虫头管长于雄虫。前胸背板密布黑褐色绒毛，两侧有半圆点状白色毛斑。鞘翅被有浅黑色短毛，前端和内缘具灰白色绒毛，两鞘翅外缘的近前方1/3处各有1个白色毛斑，后部1/3处有1条白色绒毛组成的横带。足黑色，细长，腿节呈棍棒状。腹部暗灰色，腹端被有深棕色绒毛（图7-4）。

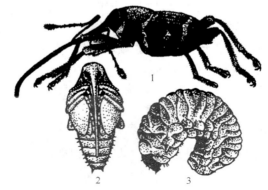

1. 成虫；2. 蛹；3. 幼虫。

图7-4　栗实象

卵　乳白色透明，椭圆形。

幼虫　纺锤形，乳白色，头部黑褐色，老熟幼虫体长8.5～11.8mm。

蛹　长7.5～11.5mm，乳白色，复眼黑色。

2）寄主及危害特点

该虫在中国板栗产区均有分布。该虫以幼虫危害栗实，栗实被害率可达80%以上，是影响板栗安全贮藏和商品价值的一种重要害虫。成虫主要危害板栗和茅栗，也可危害其他一些栎类。成虫咬食嫩叶、新芽和幼果；幼虫蛀食果实内子叶，蛀道内充满虫粪。

3）生物学特性

2 年 1 代，以老熟幼虫在土内越冬，第三年 6 月化蛹。6 月下旬至 7 月上旬为化蛹盛期，经 25d 左右成虫羽化，羽化后在土中潜伏 8d 左右达性成熟。8 月上旬成虫陆续出土，爬上树啃食嫩枝、栗苞吸取营养。8 月中旬至 9 月上旬在栗苞上钻孔产卵，成虫咬破栗苞和种皮，将卵产于栗实内。一般每个栗实产卵 1 粒。成虫飞翔能力差，善爬行，有假死性。卵经 10d 左右孵化，蛀食栗实，虫粪排于蛀道内。栗子采收后幼虫继续在栗实内发育，危害期超过 30d。10 月下旬至 11 月上旬老熟幼虫从栗实中钻出入土，在 5～15cm 深处做土室越冬。有些幼虫在越冬后有滞育现象，延续到第 3 年化蛹。

4）防治措施

（1）林业技术措施。可利用我国丰富的板栗资源选育球苞大、苍刺稠密、坚硬，且高产优质的抗虫品种。加强园区管理，清除园地板栗以外的寄主植物，特别是不能与茅栗混栽；捡拾落地残留栗苞，集中烧毁或深埋，提高栗园卫生条件；冬季垦复改土，深翻 10～20cm，捣毁越冬幼虫土室，减少虫源。栗果成熟后及时采收，尽量做到干净、彻底，不使幼虫在栗园内脱果入土越冬。

（2）物理防治。利用成虫的假死性，于早晨露水未干时，在树下铺设塑料薄膜，轻击树枝，兜杀成虫。将新采收的栗实在 50～55℃ 的温水中浸泡 15min，或在 90℃ 热水中浸泡 10～30s，杀虫率可达 90% 以上。需要注意的是，要严格把握水温和处理时间。处理后的栗实晾干后即可沙藏，不影响发芽。

（3）化学防治。7 月下旬至 8 月上旬成虫出土时，用农药对地面实行封锁，可喷洒 5% 辛硫磷粉剂、50% 杀螟松乳剂 500～1000 倍液、80% 敌敌畏 800 倍液等药剂；8 月中旬成虫爬上树补充营养和交尾产卵期间，可向树冠喷施 90% 晶体敌百虫 1000 倍液、25% 蔬果磷 1000～2000 倍液、20% 杀灭菊酯 2000 倍液或 40% 乐果 1000 倍液等药液；树体较大时，也可按 20% 杀灭菊酯∶柴油为 1∶20 的比例用烟雾剂进行防治。药杀脱果入土幼虫，栗实脱粒场所进行土壤药剂处理，以消灭脱果入土越冬幼虫。通常在幼虫化蛹前用 3%～5% 辛硫磷颗粒剂，50～100g/m² 混合 10 倍细土撒施并翻耕。将新脱粒的栗实放在密闭条件下（容器、封闭室或塑料帐篷内），用药剂熏蒸。药剂处理方法如下：一是溴甲烷，1m³ 栗实用药 60g 处理 4h；二是二硫化碳，1m³ 栗实用药 30mL，处理 20h；三是 56% 磷化铝片剂，1m³ 栗实用药 18g，处理 24 h。

具体考核内容可参考表 7-5。

表 7-5　林木种实害虫调查与防治任务评价表

任务名称：林木种实害虫调查与防治			完成时间：		
序号	评价内容	评价标准		考核方式	赋分
1	知识考核	掌握种实害虫的发生特点		单人考核（笔试）	5 分
		熟知种实害虫的生物学特性			5 分
		熟知种实害虫的调查知识			10 分
		掌握种实害虫的防治知识			10 分
2	技能考核	能识别常见种实害虫种类		单人考核	10 分
		调查方法正确、数据翔实准确		小组考核	10 分
		防治措施得当、效果良好		小组考核	10 分
		安全操作、无事故出现		小组考核	10 分
3	素质考核	工作认真、勇于吃苦		单人考核	2 分
		团队合作意识好			2 分
		遵守劳动纪律，认真按时完成任务			2 分
		善于发现和解决问题，有创新意识			2 分
		信息收集准确，准备充分			2 分
4	成果考核	能在规定时间内完成调查报告，内容翔实、书写规范、结果正确		小组考核	10 分
		防治技术方案内容完整，条理清晰，措施得当，有操作性		小组考核	10 分
总得分				100 分	

◇◇ 自 测 练 习 ◇◇

1. 填空题

（1）林业生产常见的种实害虫有_____、_____、_____、_____等。

（2）落叶松球果花蝇在北方地区 1 年_____代，以_____越冬。

（3）栗实象_____发生 1 代，以_____在_____越冬；成虫咬破栗苞和种皮，将卵产于_____。

2. 单项选择题

（1）落叶松球果花蝇在北方的年生活史为（　　）。

　　A．1 年 1 代，以蛹越冬　　　　B．1 年 1 代，以幼虫越冬

　　C．2 年 1 代，以卵越冬　　　　D．2 年 1 代，以成虫越冬

（2）落叶松球果花蝇幼虫类型为（　　）。

　　A．多足型　　B．寡足型　　C．无足型　　D．原足型

（3）下列害虫可以使用糖醋液诱杀的是（　　　）。

    A．刺槐种子小蜂   B．花布灯蛾

    C．白杨叶甲   D．落叶松球果花蝇

3．简答题

（1）调查和总结你所在地区主要发生的种实害虫，其危害的寄主植物是什么？

（2）简述落叶松球果花蝇的防治技术措施。

参 考 文 献

关继东，2007. 林业有害生物控制技术[M]. 北京：中国林业出版社.

李艳杰，2011. 森林病虫害防治[M]. 沈阳：沈阳出版社.

国家林业和草原局，2018. 松毛虫监测预报技术规程：LY/T 3030—2018[S]. 北京：中国标准出版社.

国家林业和草原局，2018. 杨树烂皮病防治技术规程：LY/T 3029—2018[S]. 北京：中国标准出版社.

国家林业和草原局森林和草原病虫害防治总站，2015. 林业植物检疫技术[M]. 北京：中国林业出版社.

国家林业和草原局森林和草原病虫害防治总站，2020. 中国林业有害生物：2014—2017 年全国林业有害生物普查成果[M]. 北京：中国林业出版社.

国家林业局，2012. 轻型直升机喷洒防治林业有害生物技术规程：LY/T 2024—2012[S]. 北京：中国标准出版社.

国家林业局，2013. 美国白蛾防治技术规程：LY/T 2011—2013[S]. 北京：中国标准出版社.

国家林业局，2015. 松突圆蚧检疫技术规程：LY/T 2425—2015[S]. 北京：中国标准出版社.

徐梅卿，2020. 我国青杨叶锈病的研究概况和防治策略[J]. 温带林业研究，3（3）：1-5，20.

叶建仁，贺伟，2011. 林木病理学[M]. 3 版. 北京：中国林业出版社.

中国民用航空局，1997. 飞机喷雾施设备性能技术指标第一部分：喷雾设备：MH/T1008.1—1997[S]. 北京：中国标准出版社.

中华人民共和国国家质量监督检验检疫总局，中国国家标准化管理委员会，2009. 松材线虫病检疫技术规程：GB/T 23476—2009[S]. 北京：中国标准出版社.